■ 走进心理学

# 趣谈
## 心理效应及其生活应用

张鹏程◎主编

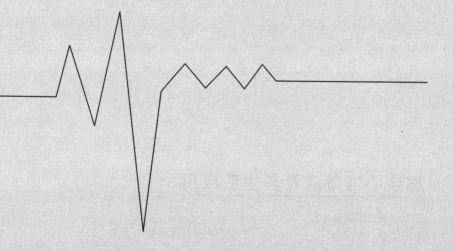

吉林人民出版社

**图书在版编目（CIP）数据**

趣谈心理效应及其生活应用 / 张鹏程主编. -- 长春:
吉林人民出版社, 2021.10（2023.11重印）
　ISBN 978-7-206-18584-7

　Ⅰ.①趣… Ⅱ.①张… Ⅲ.①心理学—通俗读物
Ⅳ.①B84-49

　中国版本图书馆CIP数据核字（2021）第206318号

# 趣谈心理效应及其生活应用

主　　编：张鹏程
责任编辑：卢俊宁　　　　　　封面设计：张聪聪
吉林人民出版社出版 发行（长春市人民大街7548号 邮政编码：130022）
印　　刷：北京一鑫印务有限责任公司
开　　本：787mm×1092mm　　1/16
印　　张：20.5　　　　　　　字　　数：305千字
标准书号：ISBN 978-7-206-18584-7
版　　次：2021年10月第1版　　印　　次：2023年11月第2次印刷
定　　价：68.00元

如发现印装质量问题，影响阅读，请与印刷厂联系调换。

# 编委会

主　任：邓　铸　戴家隽　高建林　沈光宇
副主任：邓宏宝　沈永江　张鹏程　唐　勇
委　员：（按姓氏笔画排序）

王华荣　王佳丽　冯　霞　朱兴国　杨荣华
冷　英　张　晶　陈　燕　封周奇　施利承
姜永杰　贺丽春　袁　超　莫　闲　常　敏
符小斌　缪绿青　董早成

# 编写组

主　编：张鹏程
常务副主编：戴家隽　邓宏宝　沈永江
副主编：董早成　袁　超　符小斌
成　员　（按姓氏笔画排序）

于佩文　卫红佛　卫　诚　王　琪　左秀丽
朱钇冉　刘缪涵　汤园玲　李文娇　李　喜
杨东进　肖　倩　吴　琼　张秀娟　张　颖
陈　爱　金　晶　周　萍　单　舒　姚占群
唐　蓉　桑宇杰　黄叶红　黄晓军　黄锦锦
曹银凤　崔文浩　韩午阳　戴欣宜　魏泽霖

# 序

　　2021年的暑期，原本是有外出计划的，要去探望家人亲朋，游览祖国山川。但是因疫情原因，我只好安心呆在仙林东郊小镇读点书。虽远足受限，却也有意外惊喜，收到鹏程教授发来的新作书稿——《趣谈心理效应及其生活应用》。既有趣谈之趣，又有应用之道，读来会有豁然开朗之感！"人类心理与其说'神秘'，倒不如说'隐秘'"，说的好！

　　我反对故弄玄虚之风，不喜欢有些人把心理学搞得"神秘兮兮的"去唬人。如果心理学的书把人类心理写得很"神秘"，许多人就不敢去读啦！有勇敢者去读，之后果然慨叹：心理学好神奇啊！再问"怎么神奇啦？"答"看不懂！"张鹏程教授和他的同事、学生做了一件好事，编撰了这本普及性读物，用来告诉人们，人的心理不神秘，只是有点"隐秘"，因为它发生在脑壳里边——我们普通人都不会携带一个脑成像仪，当然看不清楚脑壳里边的玄机。隐秘的事，就不可知吗？不是的，隐秘的事同样可以被探究。但是"神秘"的事不好探究，因为"神"在哪里？凡人掌控不了！说到这里，我们需要有一点历史唯物主义的认知方式。在人类刚开始对自身心理活动（早些时候叫"灵魂"）感兴趣时，科技水平还相当低，甚至说相当朴素或原始，人们对许多看得到的或听得到的现象都理解不了，更别说隐秘的心理活动啦。后来有许多哲学家善于观察，勤于思考，得出许多关于心理的、灵魂的真知灼见，这里当然也包括我们中华民族早期伟大的哲学家老子、孔子、荀子等。18世纪后，科学与技术发展使得探秘人类心理活动发生机理成为可能，心理学逐渐成为一门新的学科。我们不仅可以观测伴随内部心理活动而出现的外部表情、动作、生理变化等，甚至也可以探测脑内神经活动。于是，人的心理活动越来越容易被人类自己认知啦。

　　心理学从19世纪末20世纪初成为独立学科到现在，不过150年左右的时间。但其发展速度惊人，也已积累起一整套表达概念、理论体系、研究技术，分支学科更是高达100余种，成为重要的基础学科之一。当然，很多人学习心理学，不一定都关心它的科学地位，而是想解决生活中的心理困扰，这完全无可厚非。既然是心理学，就该能解决心理困扰嘛！于是，心理学开始越来越受欢迎，专家多啦，学生多啦，课程多啦，书籍多啦，做心理治疗的心理医生也多啦！有意思的是，存在心理障碍的人数好像也变多啦！这简直就是悖论！去探访一下其中的缘由，意外地发现有部分人竟是因为读了心理学的书，才开始自卑或抑郁的！这可以看作另一种"心理效应"吧？人的心理真是奇特，心理效应真值得探究。经过一个多世纪发展，心理学积累了很多关于"心理效应"的记载，并做了解释。有的解释讲究事实依据、科学基础和合理逻辑，是可以给人以智慧的；也有的解释充满玄学，让人迷惑，有时确有"洗脑"功效，但却贻害无穷。张鹏程教授团队花了很多时间，专门对心理学中积攒的各种"效应"进行梳理、甄别、分类，挑选出那些常常发生且影响人们日常生活的案例，再做解释拓展和应用价值挖掘，以简明扼要、清新流畅的语言呈现，读来让人很受启发，在不经意间为我们揭示了很多藏在脑壳内的"隐秘"心理活动。选择现实生活中确实发生的现象，用科学的心理学进行解释，然后用于指导生活、学习和工作实践，提高我们的理性水平，这也是减少心理困扰或心理障碍的有效路径。

关于心理学是不是一门科学，总是有人质疑，甚至有人坚决反对！坚决反对者也是有不同类型的，原因不同，动机不同。不排除，其中有些人本来学习了心理学，但是没有真正整明白心理发生发展的机理，抱着某一笃信的"理论"以其自认为合乎逻辑的方式解释着精神现象；有些人尚未学习过多少心理学，甚至没有接受过多少科学课程的熏陶，对物理世界运动的机理就知之不多，更别说对精神现象发生机理的认知啦，所以很容易跟着别人的套路走，陷入"神秘说"泥淖；有的人，自己知道人的心理并不神秘，但还是要把它说的很玄，目的就是要把本来明白的人整成不明白的人，如某教育机构校长就能让人相信他们已经用实验证实"煮熟的鸡蛋孵出活小鸡"的荒诞之事，然后再举办"全能脑"潜能开发班，目的是让不明就里、又急于让孩子"出奇制胜"的家长奉献银两。真是睁着眼睛说瞎话，终究害人害己！

　　毋庸置疑，许多心理困扰的解决需要理性。学习心理学，就是要提高我们有关于心理现象的理性水平，更好地从实际出发，理解和把握人的认知、情绪和行为。在我看来，心理现象是生命现象的一部分，是生命物质演化到一定高度所派生出来的运动现象。就人类心理而言，首先是由其高度发达的神经系统决定的，特别是脑皮层——据生物学发现，仅人的脑皮层就有超过100亿的脑细胞，而且分为六层结构，每一层细胞的类型、连接和活动方式均不同，可以说它是高度分化且高度有序的，是生命世界长期演化而来的高度有组织的物质系统。它为什么会发展到如此水平，又靠着什么支撑人类高级智能呢？细微机制还在科学探索中，是当今科学前沿的重要课题。但从一般性理解，这样一个高度发达的物质体系还是为机体适应环境而发展来的。外部环境变化多端，以刺激感觉器官的方式向人体发送信息，这些信息经过适应性计算并以电位变化方式传递到脑皮层，在脑皮层内引发一系列相互关联神经单元的电活动，发生耦合，出现兴奋或抑制，激活记忆中的知识经验，形成对当前刺激环境的认知和解释，进而引发富含安全信号的积极情绪或危险信号的消极情绪。认知和情绪影响着我们对周围人、事、物的理解和态度，也制约和影响着我们的行为与身心状态，各种心理效应就表现出来啦。所以，心理现象并不神秘，在本质上是人类高级神经系统派生出来的适应性功能。从另一方面来看，心理活动又是环境决定的，因为人脑加工的信息根本上来自于环境经由感觉系统传入的。所以，我们关于世界的认知，关于自身的认知，甚至积淀的世界观、文化特质，也是由小而大过程中环境信息生态决定的。最近我们国家为什么越来越重视文化环境治理呢？就是因为，一些低俗内容和负能量的资讯弥漫在日常生活中，充斥在各种媒体上，正在很大程度上侵蚀青少年的世界观、价值观和人生观，也导致许多青少年的心理失常、行为无序。资讯舆论生态治理就是要正本清源，营造崇尚科学、鼓励进取、坚持理性、注重创新、追求卓越等健康文化，以良好文化环境建设健康的社会心态，当是刻不容缓！

　　从物质运动出发理解这个世界，也包括理解人类自身，我们就更可能用理性把握自己的生活、学习和工作，不被伪科学所误导。我们还需要慢慢学习和训练思维方式——在头脑中进行信息加工和推演的方式，这是我们能否用理性认知世界、认知自己的关键。我信奉辩证唯物论的世界观和认知方式，因为这样既可以解释积极心态和积极心理效应，也可以解释消极心态和消极心理效应。这种认知方式和心态也是我们自小到大过程中逐渐学习训练而来的。正确理解人类，也应包括科学认识我们的消极心理和消极心态，包括病理性心理。人的生理系统有时会出现病变，其在一定范围和程度时可以治疗，当然治疗方法要正确适当；人的心理系统有时也会出现病变，同样，其在一定范围和程度时，可以治疗，前提是治疗方式方法要正确适当。所以，我们现在要大力发展心理学事业，培养心理学人才，概括说有两个根本目的：一是培养研究型人才，主要致力于探索人类心理活动中我们还不理解的那些部分，提高我们对心理现象的认识水平；二是应用型人才，着重研究和利用各种方法和技术帮助人们更好地解决生活、学习和工作中遇到的各种心理问题。虽然，心理学现在的发展水平还有限，还无法清晰地解释所有心理现象，但是这种情况正被改变。当今，脑科学得到前所未有的重视，让我们对自身神经活动乃至意识活动的认识充满期待！

正如，张鹏程教授团队所言，心理学所取得的知识需要从科学的天空回到人们日常生活的大地，滋养心灵，帮助我们既能享受快乐时光，也能接纳情绪低谷带来的独特体验，用积极心态和理性行动去面对生活中的光辉岁月和苦难时光！

最后想说，衷心感谢写作组的老师和同学们，为心理学科学普及所做的开创性工作，这样的探索弥足珍贵、意义非凡。谨此，我代表江苏省心理学会，呼吁更多同仁携起手来，积极投身到心理学理论研究和实践应用的主战场，让江苏盛产出更多国内领先的心理学成果，使心理学的智慧真正成为引领经济繁荣、社会进步和我们自身完善的新的驱动力量！

江苏省心理学会理事长

邓　铸

2021年9月于南京师大随园

# 目　录

# 瓦伦达效应

## 一、名词释义

个体为了实现预期目标时所伴随的患得患失心态，称为"瓦伦达效应"或"瓦伦达心态"。

## 二、发现背景

瓦伦达是美国一个著名的钢索表演艺术家，以精彩而稳健的高超演技闻名。有一次，他需要为重要的客人表演。为了成功，在名人面前扬名，他一直仔细琢磨每一个动作和每一个细节。演出开始时，由于他认为自己有100%的把握不会出错，所以没用保险绳。然而，意外发生了。当他走到钢索中间，仅仅做了两个难度并不大的动作之后，就从10米高的空中摔了下来，不幸身亡。事后，他的妻子说："我知道这次一定要出事。因为他在出场前就这样不断地说，'这次太重要了，不能失败'。"在以前每次成功的表演中，他只是想着走好钢丝这件事的本身，不去管这件事可能带来的结果。瓦伦达太想成功，而无法专注于事情本身，太患得患失了。如果他不去想这么多走钢索之外的事情，以他的经验和技能是不会出事的。后来，心理学家把这种为了实现预期目标时所伴随的患得患失心态，称为"瓦伦达效应"或"瓦伦达心态"。

## 三、生活应用

### （一）学校教育

当下，学生的学习压力越来越大，无论是成绩好的学生，还是成绩差的学生，每逢考试都有不同程度的焦虑。学生为什么会产生考试焦虑呢？这里的原因很多，其中有一个重要原因是，担心考不好会被家长批评，被老师教育，被同学嘲笑，如此等等，使得每次考试都显得"非常重要"。正是这种对考试后果的顾虑，对考试结果的患得患失，使得学生在考试过程中出现了"瓦伦达心态"。为此，学校教育的过程中，教师应该及时关注班级学生的"瓦伦达心态"，鼓励学生在竞争的过程中，关注问题本身，而不是考试成绩好坏所带来的后果。例如，针对学生面对考试结果患得患失的现象，教师可以让学生关注学习过程，即鼓励学生平时要好好学习，争取每天及时学会教师所教授的内容，至于考试时考什么内容，考试成绩如何，以及考试结果可能有哪些负面影响等等，这些都不需要多虑。事实上，关注问题本身，关注过程，往往也会有好的结果。

（二）婚恋家庭

婚恋家庭中也存在"瓦伦达现象"，例如，目前社会中出现的"大龄剩女"现象尤为典型。尽管存在"大龄剩女"现象的原因很多，诚如分析的那样，"大龄剩女"主要出现在特定的领域，如高学历女性群体，她们拥有更大的个人选择权，更高的个体生活自由度。但是，不可否认的是，"大龄剩女"们在择偶过程中，同样存在患得患失的现象：一方面，渴望爱情；另一方面，又害怕对方不是真爱；一方面，希望对方是高富帅；另一方面，又觉得优秀的男人不可靠；一方面想找个平凡的男人好好过日子；另一方面，内心又不甘心。于是乎，就以"没有眼缘""没有时间相处"等种种借口，索性就再等等。事实上，遇到一个心仪的人，与之恋爱本身就是值得的。至于因想象而产生的各种负面困难，只能在两个人后期相处的实践过程中加以解决，而不是在头脑中预演产生似乎一切都不可以解决的看法，以至于因自己的不合理想象而错过真爱，这就不可取了。简单一句话，避免恋爱中的"瓦伦达现象"，请你大胆地去尝试吧！

（三）人际交往

友情是重要的人际情感，也是美好的人类情感之一。那么，在人际交往的过程中，是否也存在"瓦伦达现象"呢？答案是肯定的。例如，生活中，有两个小朋友。男的叫小明，女的叫小红。小明被小红的外貌、谈吐、个性特征等等所吸引，他非常想跟小红交朋友。但是小明心想："如果我主动跟她打招呼，她不理我怎么办？即使理我，她要讥笑我、嘲讽我，怎么办？"小明这种既兴奋，又紧张恐惧的心理，某种程度上也属于"瓦伦达现象"。事实上，小明想跟小红交朋友，小明只需要自信地走向小红，不失礼貌地问候，直接跟小红说，想跟她交个朋友，一起玩耍。至于小红是否愿意，那只能交给小红了，结果并不是自己能控制的。因此，在人际交往过程中，避免"瓦伦达现象"重现，我们同样需要积极主动地沟通，全身心地放在交友本身上，用自己的真诚、热情、幽默等等打动对方，而非时时刻刻关注结果是否能成功。

**（四）单位工作**

对于个体来说，"单位"非常重要。人生的三分之一时间几乎都是在单位度过。那么，在单位工作过程中，"瓦伦达效应"是如何表现出来的呢？现举例加以说明。小王大学毕业后，应聘到一家国企工作。由于小王年轻有为，踏实勤奋，工作业绩好，很快得到领导赏识，不到两年时间，就晋升为部门经理。作为经理，小王一方面感觉很开心，付出得到了回报，同时也倍感压力。尤其是在工作中，一方面担心自己不够勤奋、做的不好，对不起提拔他的领导；另一方面，又担忧自己太勤奋，被其他部门经理评为"爱表现""出风头"等等，使得小王常常失眠，直接影响工作效率。小王这种矛盾心理，是单位工作过程中常见的"瓦伦达心态"。事实上，小王只要继续踏踏实实做好自己的工作，抱着对自己负责、对工作负责的态度，争取做到"竭尽全力后的不勉强，而不是两手一摊不作为"，这样工作效率自然就提高了。一般情况下，此时会得到领导的认可，同事也会给予较好评价。

# 四、瓦伦达效应的启示

## 启示1：好心态赢未来

不言而喻，"瓦伦达效应"给予我们的第一个启示就是我们在生活或工作中要常常保持良好的心态。一个人若对未来抱有积极的态度、进行积极的暗示、充满积极的想象，那么，这个人就会以愉悦的情绪面对周遭的事情。一般来说，积极的情绪，有助于人们集中注意力，有助于人们发挥创造力，有助于人们行为的发生。因此，良好的心态，有助于正视事情本身，有助于你获得成功，有助于你赢得未来。正所谓"有心栽花花不开，无心插柳柳成荫"。希望大家面对人或事，常以平常心对待，尽力去做即可，这样往往能收到很好的效果，才不会产生瓦伦达效应。

### 启示2：重过程促结果

过程与结果，孰重孰轻？长期以来，无论是学术界，还是生活中，都争论不休！就瓦伦达效应而言，也许过程更重要。也就是说，如果一个人在从事某项任务时，心里想的不是成功，就是失败，而忽视过程，那么结果往往会不理想。相反，如果能把握过程，那么结果自然不会很差。以学习为例，最为重要的是平时学习过程。如果一个同学能够在平时把该学的都学会、把掌握的知识都掌握，那么就不会担心考不好，就不会考前失眠，就不会出现瓦伦达效应。

# 暗示效应

## 一、名词释义

暗示效应是指用含蓄的方式对他人的心理或行为产生影响，使得被暗示者的言语、思想或行为与暗示者的期望相符。

## 二、发现背景

第二次世界大战期间，由于美国兵力不足，而战争又需要一批军人。于是，美国政府就组织关在监狱里的犯人上前线战斗。为此，美国政府特派了几个心理学专家对犯人进行了战前的训练和动员，并随他们一起到前线作战。训练期间，心理学专家们并没有过多地对他们进行说教，而特别强调让犯人们每周给自己最亲的人写一封信。信的内容由心理学家统一拟定，叙述的是犯人在狱中的表现是如何地好，如何接受教育、改过自新等。专家们要求犯人们认真抄写后寄给自己最亲爱的人。三个月后，犯人们开赴前线，专家们要犯人给亲人的信中写自己是如何服从指挥，如何勇敢等。结果，这批犯人在战场上的表现比起正规军来毫不逊色，他们在战斗中正如他们信中所说的那样服从指挥，那样勇敢拼搏。后来，心理学家就把这一现象称为暗示效应。

## 三、生活应用

### （一）学校教育

相比于大人而言，青少年更容易接受心理暗示。青少年的心智尚未发育成熟，更容易受到权威的影响，接受他人传递的价值观念和行为方式，所以在生活和学习中，家长和老师都可以做积极的心理暗示，引导孩子做出相应的正确决定。尤其是在日常的班级管理工作中，若能有意识地运用暗示效应，可以收到较好的效果。例如，很多学校周一都有升国旗仪式，仪式上宣讲师生慷慨激昂的演讲，有助于提高学生的学习信心，提升学生的学习动力。某种程度上讲这样的活动就是一个心理暗示的过程，让学生在每周伊始就精神振奋、意气风发。再如，对于考试中由于紧张导致发挥失常的学生，老师及时的肯定、有效的鼓励、正面的引导，有助于学生在下一次考试中获得更好的成绩。

（二）婚恋家庭

在恋爱择偶中要学会暗示，比如说你有一个彼此都有好感的异性朋友，想要发展成情侣，如果你明白暗示效应就可以事半功倍。很多人在遇到心仪的人以后，总是想着被动等待获得爱情，这种守株待兔的态度显然是消极的。这个时候你可以积极地暗示对方自己对他的好感，让对方自己衡量该如何做出抉择。当你给足了对方暗示的时候，如果对方对你动了情，不用你主动，反过来他会向你示爱。毕竟你的暗示很明显，一方面是告诉对方你喜欢他，另一方面是告诉他"你可以追求我"。别小看了心理学上的"暗示效应"，可能有的时候一个举止并不是太明显，但是时间久了，不断的暗示行为累积起来的情感也是不容小觑的。那些之所以会以为暗示起不到太大作用的人，往往是因为他们把暗示当作了短暂性的行为。事实上，暗示效应之所以这么强大，是因为它具有长久性。长时间的暗示比较容易让对方在这样的环境下被感染到，从而能使对方变得主动一点，起到潜移默化的效果。总而言之，感情世界里想要另一个人也变得主动一点也不是不可以，你可以把你内心真实的想法变成看得到的行动来暗示对方，或许会收获一个更好的结局。

（三）人际交往

其实心理暗示在人际交往中也随处可见：一个人生了一场大病，经过一段时间的休养之后感觉状态还不错，决定出去走走。碰到了一个熟人，这人看着他很高兴，甚至有点羡慕地说："老张气色真好！看来就是得多休息，你看你现在不仅胖了点，连皮肤都白了，看上去年轻了好几岁。"

老张顿觉神清气爽，仿佛真的年轻了几岁。心情不错，身体仿佛也轻巧了许多，转到了菜市场，一个熟人惊讶地望着老张说："老张啊！你这是怎么了？你看你脸色暗黄，气色这么差！看来病得不轻，好好保重啊！"老张顿时就像泄了气的皮球一样，心情瞬间跌到了谷底，只想马上回家休息。正如上面这个小故事所说的那样，老张对自己身体状态的感知很容易被他人的言语所暗示，而产生相应的感受。因此在与人相处的过程中，我们的言语和行为，通常会对对方产生影响，这个影响有可能是好的，也有可能是坏的。总之，在人际交往中，我们常常使用着暗示，或暗示别人，或被别人暗示，大家要学会用积极的暗示提升自己的人际关系能力。

**（四）单位工作**

暗示效应在单位工作中往往也发挥着重要作用。举一个耳熟能详的例子——望梅止渴。东汉末年，曹操带兵打仗，在行军的路上遇到了很大的困难。方圆百里都没有水源，将士们都干渴难忍，有的士兵已经缺水晕倒。曹操在几番寻水均无所获时，突然灵机一动想到了办法。他回过头，对正处于干渴中的士兵说："将士们，翻过前面的那座山，就有吃不完的梅子。"士兵们一听到梅子，想起梅子那酸甜的味道，口中都不由得流出了口水。于是，士兵们突然都有了力气，奋力向前行进。最终将士们在"梅子"的鼓舞下，到达了有水的地方。在企业中，管理者通常会运用"暗示效应"，通过言语的激励、展望美好的宏图愿景，从而使员工不断发掘自身潜力，全身心投入到工作中。我们经常会看到企业员工做晨操，管理者不断说着"我能行、我可以"这样鼓舞人心的话，员工们也会受到感染努力工作。

## 四、暗示效应的启示

### 启示1：积极暗示增强信心

积极的暗示可以提升个体的自信心，避免自我否定而带来的消极状态。一般来说，在竞技赛场上，竞争非常激烈，参赛者可能会受到比赛环境、比赛结果的种种压力，或因比赛时一时失利而放大自己的缺点，产生自卑、胆怯等不良心理状态。这时候我们就可以适当地进行心理暗示，告诉自己是最棒的，后面还有机会。即使本次意外失败，至少让自己了解到自己有哪些不足，今后在训练中加以克服，下一次比赛就一定能成功。不仅是在竞技场上，现实生活中，只要我们善用心理暗示，长久下去，相信你会变得越来越自信。

**启示2：积极暗示激发潜能**

生活中，自我暗示往往会影响一个人潜能的发挥。比如，一位不善于表达的员工需要在公司大会上发言，他就很容易产生焦虑心理，甚至引起呼吸困难，头晕目眩的生理反应。这往往是心里一直受着"我不行、我不能、我会失败、我会出丑"的消极的暗示。因此，要学会通过积极的心理暗示，鼓励自己一定能行，克服焦虑，激发语言表达能力的充分发挥。

# 破窗效应

## 一、名词释义

破窗效应认为，环境中的不良现象如果被放任存在，会诱使人们仿效，甚至变本加厉。

## 二、发现背景

美国斯坦福大学心理学家菲利普·津巴多进行了一项实验，他找来两辆一模一样的汽车，把其中的一辆停在一个中产阶级社区，而另一辆停在相对杂乱的社区。他把车牌摘掉，把顶棚打开，结果记录设备都还没陈设好，停在较为杂乱社区的跑车就已经出现第一组"破坏者"，并且想私吞这辆跑车。此时，来来往往的不论开车或行走的路人，都停下来想去抢走车子上任何值钱的东西。紧接着重头戏来了，一位"破坏者"在有系统地拆卸后，成功扒走这辆置于混乱社区的跑车。而放在中产阶级社区的那一辆，人们路过、开车经过它，看着它，整整一个星期，竟然没有任何人对它"下手"。之后，政治学家威尔逊和犯罪学家凯琳提出了"破窗效应"理论，如果有人打坏了一幢建筑物的窗户玻璃，而这扇窗户不能及时地维修，那么就有更多的人去打烂更多的窗户。久而久之，这些破窗户就给人造成一种无序的感觉，结果在这种公众麻木不仁的氛围中，犯罪就会滋生、猖獗。

## 三、生活应用

### （一）学校教育

破窗效应也发生在学校教育中，例如，现在很多中学都会有早读课的教学环节设置，这段时间规定学生自行背诵课文内容要点或回顾昨日学习知识。小王所在的班级无论是班风还是学风都很好，但是由于早读课大多时候没有老师监督，或只是偶尔突击检查一次。最开始出现一两个学生在早自习上睡觉的现象，当学生们看到没有人管时，就觉得可以睡觉、可以聊天。于是，他们周围的学生就渐渐地也加入了其中，从而影响更多的学生。早自习的状况的"破窗"，还会蔓延到上课，形成另一个"破窗"，最终导致了班风急剧变差！一个班风良好的班级从出现第一个睡觉的学生发展到大多学生课堂上睡觉，有人见证了这一转变，只经历了短短2个星期！因此，在学校教育中，教师应当尽早地发现学生的"破窗"情况，及时采取有效的措施。

（二）婚恋家庭

在婚恋关系中，不少情侣或夫妻因为一点鸡毛蒜皮的事，动不动就提分手、离婚。每当遇到一些小问题或是情绪激动时，就容易拿分手或离婚要挟对方，这样做不仅没有成功地改变对方，反而难以收场，走向离婚。还有人误以为用谎言可以维持感情，打破了"说假话"和互相猜忌的窗户。一旦隐瞒了一次，就难免一个谎接一个谎地圆。而对方一旦觉察到自己被欺骗，难免心生芥蒂，失去信任，这样的后果会让自己再也不相信世间会有真诚的感情。还有人在家庭中任由自己的坏情绪泛滥，对家人粗暴相待，打破了"暴力"的窗户，由语言暴力渐渐发展成肢体暴力，使家人间不再交心，甚至对对方造成难以估量的伤害。因此，我们在一开始就要遏制住自己"破窗"的冲动，平时定下规矩，比如吵架不能随口提分手，家中不得使用任何形式的暴力等，并实施恰当的惩罚机制，让双方都能体验更好的感情生活，拥有更和谐的家庭氛围。

（三）人际交往

在人际交往过程中，你可能觉得随地吐痰不是什么罪大恶极的毛病，但别人却很可能会因为你这个"小毛病"就把你定义为没有素质的人。诸如此类，像什么闯红灯、不走斑马线等等，都是你表现出来的很小的一部分"破窗"。古人在人际交往中讲究"观人于无意，观人于酒后，观人于临财临色"，看上去这些小缺陷不代表什么，可实际上正是这些应该遵守的规范才是一个人素质的体现。恶习亦然，"勿以恶小而为之"，放任"破窗"不管，可能发展为更大的罪恶，从而也会让人失去朋友。因此，一个人除了善良，还有一点非常重要且必须拥有的品性就是讲原则，无论是对自己还是对别人，窗户破了应该及时修补，而不应觉得只是一扇窗子而任由更多的窗户被打破。

### （四）单位工作

关于单位中的"破窗效应"，我国一些企业有着惨痛的教训。例如，当年红极一时的著名民营企业三株集团，对一位客户因其产品问题将其告上法庭的事情不以为意，未及时对出现的"破窗"进行修补，导致一审败诉。经媒体报道后全国消费者都以为其产品有毒，信誉和形象一时尽毁，市场急剧萎缩。事后，尽管三株积极补救，终审胜诉，但已太迟，三株因这场官司遭受的经济损失高达数十亿元，原有市场已丧失大半，再也无力回天。鉴于"破窗效应"引发的危害，世界上许多优秀企业都非常重视，在出现问题时会采取全部收回有关产品的举动，以表现企业的社会责任意识，如强生、可口可乐、戴乐等公司在产品出现信誉危机时就曾大规模地召回自己的产品，并通过开记者招待会等公关手段去挽救形象。不管是个人还是工作，一旦发现"破窗"就应果断采取危机管理措施，避免"破窗效应"发生。否则，企业难免要为"破窗效应"付出惨重的代价。

## 四、破窗效应的启示

### 启示1：避免破窗，应当防微杜渐

任何一种不良现象的存在，都在传递着一种信号，这种信号会导致不良现象的无限扩展，因此必须高度警觉那些看起来是偶然的、个别的、轻微的"过错"。如果对这种行为不闻不问、熟视无睹、反应迟钝或纠正不力，就会纵容更多的人"去打破更多的窗户玻璃"，从而演变成"千里之堤，溃于蚁穴"的恶果。诚如刘备所言，勿以善小而不为，勿以恶小而为之，无论是在生活中还是工作中，一旦发现"破窗"就应当立即采取措施，避免酿成大错！

**启示2：警惕破窗，消除不良心理**

"破窗"的出现，会助长人们的四种心理形成：一是"颓丧心理"。即使有做人的法律的底线、道德的底线、良心的底线，即使主观上不愿去做坏人，但是消极的言行仍会不自觉地透露你的心理活动，对他人或社会产生不利的影响。二是"弃旧心理"。这种人往往是这样一种思维模式："既然已破废，那就随它去吧"。三是"从众心理"。良莠不分、盲目随从、消极地规避风险与责任，而不考虑应该承担行为的后果。四是"投机心理"。这是一种不想努力就要达到目的的歪曲心理，当看到有机可乘并且能得到既得利益的时候，就会侥幸去试一试。可见，这四种心理危害都是巨大的，应当高度警惕。

# 投射效应

## 一、名词释义

投射效应是指个体将自己身上具有的心理行为特征推测成在他人身上也同样存在的现象。

## 二、发现背景

早期，经典精神分析理论认为投射是个体将自己的过失或不为社会认可的欲念加诸他人，它发生在潜意识。这是一种心理防御机制，用于减轻焦虑和压力及保卫自我，以维持内在的人格。后来，儿童发展心理学认为投射是处于自我中心时期的儿童常认为他人的感觉与自己是一样的，即同化投射，在自我中心时期过渡不良的人常会出现同化投射。同化投射可能产生在潜意识层，也可能产生在意识层。类似的同化投射现象在成人中也会发生，它是同理心与同情心的反面，人们不从他人角度而是由自身角度认识并推测他人与自己有同感。目前分析心理学认为投射是一种看不到的、存在于人们自身的事物，它们在外部现实中寻找一个与它们相似的事物，然后它们把自己投射到这个合适的吸引物中去。投射不是有意识地主动地进行的，投射的发起者是具有自主性的无意识心理内容，这些心理内容具有自发地反映自己、进入意识的自主功能。

## 三、生活应用

### （一）学校教育

在学校的教育问题上，几乎每个教师都会受到"投射效应"的影响，他们倾向于认为,学生的知识掌握程度应该跟我们预期是一样的。这样的结果就是,我们往往从一个成人的角度去看待学生遇到的问题,很少能从学生自己的视角、思维水平去考虑。一些教师一直很困惑:我上课都讲过的题目,为什么最后做作业或者考试学生回答不出来呢?其实,孩子们上课认真听讲只不过是教师最关注的那一面罢了,而孩子平时磨洋工、效率低的那一面,教师选择性地屏蔽了,只接受"我讲过的内容你们都听进去并且掌握了"。不管是老师还是学生在教育中往往把自己的心理特征,比如个性、情绪、观念、好恶,"投射"给别人,认为别人也具有和自己相同的心理特征,这就是心理学上的"投射效应"。因此,教师们应当少用自己的评判标准或主观意识去评价学生,多关注学生的想法。

### (二)婚恋家庭

有些人在恋爱相处的过程中容易在不经意间陷入一个误区,即觉得自己付出多少,对方也就应该付出多少。这就是典型的"投射效应"的表现,把自己对感情的观念,强加到伴侣身上。例如,两个人在一起后男方对女方特别体贴,两个人也有过特别甜蜜的时光。后来随着两个人相处越来越久,男方内心产生了不平衡,觉得为什么只有自己一直在付出,而女友不肯为他做一些表现爱情的举动呢?而此时女方习惯了男方对她的好,在开始追逐她的过程中,两个人的感情地位已经显现出来了。女方一直觉得理所应当享受这样的好,而男方想的是我为你付出了这么多,你就应该像我对你一样对我好,将自己的观念强加到女方身上。双方都在用自己内心的想法来评价对方,这只会适得其反。可是爱情不是做买卖,没必要讨价还价。斤斤计较的恋爱,换来的多半也是一拍两散。时时想着对方爱得没有自己多,算来算去,你就会发现对方已经不爱你了。

### (三)人际交往

正如智者所说,我们可以从一个人的选择中,推测出他的价值观和心境。如果他选择金银,我们就知道他爱好钱财,与他交往,只要让他有钱财的收益,他就乐意为你做事,与你成为朋友。如果他喜欢美女,我们就知道他是个好色之人,与之交往,让他享受到美色的快乐,就能让他欢心,成为你的朋友。如果他选择做人做事的至理名言,那他就是位大贤。

如果一个人经常疑心别人打他小报告，我们就可以推断出很可能他就是个背地里打小报告的人。如果一个人总觉得别人在骗他，别人心怀不轨，我们就可以推断出他是个心地阴暗、撒谎骗人的人。如果一个人觉得别人都是好人，什么事都往好处想，那他就是个好心、乐观、善良的人。每个人的成长背景、生活环境、受教育程度、人生经历都各不相同，正因为如此，我们在日常的人际交往中，要看到这些差异，尊重这些不同，利用普遍存在的投射效应，揣测出他人的真心意图和心境。

### （四）单位工作

投射效应是管理者招聘面试员工时极易发生的一种认知误差，如果被面试者与管理者爱好相同、有着类似的情感经历、对于某一件事情秉持着同样的看法，相较其他面试人员，管理者更易于把选票投给可以让自己产生共鸣的面试者。比如，管理者在与面试者进行交谈时，当得知面试者与自己毕业于同一所大学时，便情不自禁地对面试者关注起来，甚至聊起了与大学有关的事情，通过一番关于校园经历的交谈后，对比其他的面试者，情感上的重合使管理者更易于把校友招聘到公司内部。然而对于公司而言，根据职务的具体要求，此位校友却不是最优的选择。投射效应使管理者的招聘活动建立在个人的偏好上，使人员招聘偏离了组织的目标，不利于团队合作中的性格互补。因此，进行人员面试时，管理者尽量多谈及面试人员的过往工作经历。在确定招聘选择时，多参考一下来自相关部门主管和人力资源部门的意见，才能够降低投射效应对于人员招聘的认知误差。

## 四、投射效应的启示

### 启示1：认清自己的投射心理

生活中，人们更倾向于把自己作为标准，来评判别人是怎样的人，而不是按照实际情况进行判断。因此，当对方的性格特征跟自己很相似的时候，我们往往能做出正确的推断。投射是一种认知心理的偏差，过度理想化地认为别人就是自己所想象的样子，没有真正地看清别人，这也是容易看错人的原因。应对投射最好的方法就是面质和澄清。辩证地、一分为二地去和你投射的人澄清，区分你的投射和他自己本身，让他回归原本的面貌，你也看清楚自己的投射，这才是克服投射效应的良方。

### 启示2：审慎地"以己度人"

当我们遇到一个我们以为是灵魂伴侣或崇拜偶像的时候，我们会感觉对方被美好、优雅的光环笼罩着，从而产生与其共处一生的感受。此时，我们应当思考，对方是否是真的如此完美？还是我们只是喜欢、崇拜自己心里那个形象，而对面这个人其实是我在心里臆想出的完美形象，过度赞扬和吹捧自己喜爱之人，使评价的主观性无限放大。因此，生活中我们不仅应该严谨审慎地"以己度人"，还应该谨防自身内心臆想，错误地评价他人。

# 霍桑效应

## 一、名词释义

当人们知道自己成为关注对象而改变行为倾向的现象，叫"霍桑效应"或"宣泄效应"。

## 二、发现背景

1924年11月，以哈佛大学心理专家梅奥为首的研究小组进驻西屋（威斯汀豪斯）电气公司的霍桑工厂，他们的初衷是试图通过改善工作条件与环境等外在因素，找到提高劳动生产率的途径。他们选定了继电器车间的六名女工作者为观察对象。在七个阶段的试验中，支持人不断改变照明、工资、休息时间、午餐、环境等因素，希望能发现这些因素和生产率的关系——这是传统管理学观点。但是很遗憾，不管外在因素怎么改变，试验组的生产效率一直未上升。为了提高工作效率，这个厂请来包括心理学家在内的各种专家，在约两年的时间内找工人谈话两万余人次，耐心听取工人对管理的意见和抱怨，让他们尽情地宣泄出来。结果，霍桑工厂的工作效率大大提高。这种奇妙的现象就被称作"霍桑效应"或"宣泄效应"。

## 三、生活应用

### （一）学校教育

学生也是社会人，传统的外部奖励，对提升学生的学习积极性的作用很有限。如果正确地利用"霍桑效应"，就可以更好地提升学生的积极性。例如小王学习总是慢半拍。同学们都会用拼音读书了，他字母还认不全；孩子们做20以内的加减法已经很熟练，他连10以内的加减法还没有搞懂。在家长带小王去医院后，经医生诊断，孩子一点问题没有，智力正常。这使妈妈放心了许多，但是需要找到让孩子快速赶上的方法。经过家校沟通我们发现：由于家长工作太忙，没有时间陪伴孩子，孩子很孤僻，没有安全感；凡事没有兴趣，体现在学习上就是动力不足。老师和家人商议后做了一个决定：家长在家带小王学习，做小王最亲密的陪伴；老师在校给予小王更多的鼓励，相信他一定会赶上去。在双方的关心下，小王的学习动力逐步被激发，也知道如何学习了。从此，小王的成绩稳步上升。这就是"霍桑效应"的妙用，关注孩子，提升孩子的内在动力，就容易提高孩子的积极性、激发其潜能。

### （二）婚恋家庭

"霍桑效应"体现在婚恋家庭中表现尤为明显的就是婆媳关系，因为年龄、观念、此前家庭环境的不同，势必会使得双方在很多问题上存在着分歧，而这些分歧有时候又很难达成一致。如果因为没有顺遂某一方的心愿而引发不满，这种不满情绪得不到合理宣泄会在心里越积越深，影响双方关系。

"美女，我已经说过好几次了，洗完澡要把洗发水和沐浴露都放回原来的位置，你又忘了哦，惩罚你今天中午给我做你最拿手的排骨汤！"

小王和她婆婆之间的日常对话，也许有人会觉得那样说话明明是在挑毛病，可当事人却并不生气。其实有些话直接说出来反倒不会让人觉得不舒服，所以婆媳间像姐妹俩一样将这些"不和谐"以及"不满意"之处讲出来，让对方知道并且在心里引起重视，反倒会使双方的关系得到改善，合理而适时的宣泄比长期积攒后的爆发来的更加有利，这就证明了"霍桑效应"在婆媳关系相处中的重要性。

### （三）人际交往

社会关系是一个复杂的体系，每个人都是其中的一分子，永远跳脱不出来。那么，在人际交往的过程中，是否也存在"霍桑效应"呢？答案是肯定的。例如，微博是我们常用的社交软件，可是随着时间的推移，我们用微博的次数逐渐的降低。可当我们偶尔发一次微博，却得到了别人的点赞，看到微博有几名访客，而产生被人关注的感觉时，就会马上点进个人的空间。当自己更新的内容被更多的人点赞时，就会更有动力去分享自己的生活。微博的事例告诉我们：沟通、倾听、宣泄是保持良好的人际关系必不可少的因素。不管作为何种身份，你愿意倾听别人，让别人感受到被注意，给予对方适当的称赞与夸奖，会增加他们的责任感和使命感。提升效率的同时，也可以改善人际关系。当我们需要和别人保持联络时就可以活学活用，积极地给别人发的微博微信点赞回复，与他们分享自己的生活趣事，耐心询问倾听他们的心理诉求，这样两个人的关系就会逐渐亲切起来，感情自然而然地也就提升了。

### （四）单位工作

最近几年，随着互联网公司的大量涌现，扁平化管理成为一种趋势。极限挑战节目组在第七季探访了占地900多亩，建筑面积72万平方米的vivo新总部，它的磅礴气势总能在第一时间惊爆所有人的眼球。vivo希望给员工带来的不只是一个优秀的办公环境，他们更想要倡导一种健康的生活方式。从标准的足球场地，到与NBA合作的高规格篮球场，可供员工休闲放松的vivo Park，再加上精准把控每一个环节、从价格到品质都全面优化的员工食堂，在寸土寸金的园区中体现无微不至的关怀，这就是"霍桑效应"的体现。提高员工的工作效率，办公环境、薪资、福利等只是提高工作效率的基本条件，以前的管理把物质刺激作为唯一的激励手段，而"霍桑实验"发现工人所要满足的需要中，金钱只是其中的一部分，更多的则是需要情感上的慰藉，包括安全感、和谐感、归属感等。"霍桑实验"还证明，管理人员尤其是基层管理人员应像霍桑实验人员那样重视人际关系，设身处地地关心下属，通过积极的交流，达到感情的沟通。

## 四、霍桑效应的启示

### 启示1：学会积极关注、认真倾听

人人都有被关注和被倾听的需要，人不是单个、孤立的存在，人总是处在一定的社会关系中。人们与他人交往时，会产生各种情绪，这些情绪会影响人的认知。在霍桑实验中，当工人被他人关注和倾听时，会感受到被尊重，并产生自我价值认同感，进而激励他们努力工作，从而提高生产效率。在心理咨询中，我们对来访者要保持足够的尊重，予以积极关注，并且认真倾听，满足他们被关注和被倾听的需求，帮助来访者更好地舒缓情绪，调节状态。

### 启示2：学会放手管理、注重沟通

霍桑效应所说的盯着孩子看，不是让家长全程都盯着孩子。如果一直盯着的话，孩子可能会对家长产生一定的依赖性。比如说当作业不会做时就会一直询问家长，便会使孩子丧失独立思考的能力，让孩子变得懒惰，反而会适得其反。很多家长认为孩子年龄小，跟孩子说什么都不懂，其实孩子有自己的想法。所以家长这个时候一定要特别注意，跟孩子聊天的时候要多一些倾听与沟通。因为孩子是一个很敏感脆弱的个体，他需要我们的细心呵护。尤其是当孩子成绩退步的时候，家长应该跟孩子一起分享交流，找出问题所在。

# 鸟笼效应

## 一、名词释义

鸟笼效应是指人们在偶然获得一件原本不需要的物品的基础上，会被别人或自己用习惯思维的逻辑误解，不自觉地继续添加更多自己不需要的东西。

## 二、发现背景

1907年，詹姆斯从哈佛大学退休，同时退休的还有他的好友物理学家卡尔森。一天，两人打赌。詹姆斯说："我一定会让你不久就养上一只鸟的。"卡尔森不以为然："我不信！因为我从来就没有想过要养一只鸟。"没过几天，恰逢卡尔森生日，詹姆斯送上了礼物——一只精致的鸟笼。卡尔森笑了："我只当它是一件漂亮的工艺品，你就别费劲了。"从此以后，只要客人来访，看见书桌旁那只空荡荡的鸟笼，他们几乎都会无一例外地问："教授，你养的鸟什么时候死了？"卡尔森只好一次次地向客人解释："我从来就没有养过鸟。"然而，这种回答每每换来的却是客人困惑而有些不信任的目光。无奈之下，卡尔森教授只好买了一只鸟，詹姆斯的"鸟笼效应"奏效了。实际上，在我们的身边，包括我们自己，很多时候先在自己的心里挂上一只笼子，然后再不由自主地朝其中填满一些什么东西。经济学家解释说，这是因为买一只鸟比解释为什么有一只空鸟笼要简便得多。即使没有人来问，或者不需要加以解释，"鸟笼效应"也会造成人的一种心理上的压力，使其主动去买来一只鸟与笼子相配套。

## 三、生活应用

### （一）学校教育

鸟笼效应在学校教育方面可以有着积极的作用，例如，小王同学成绩优秀，深得老师喜爱但是偏科严重影响了他的德智体美劳全面发展，小王同学的数理化学得很精，可是文科类学科却让人头疼。尤其是语文，每次写作文两三行就完工了，问其原因就说没话写，语文成了困扰他的老大难。经过家校沟通后，老师也尝试着送他"一只鸟笼"看看有没有用，即提议让他去当语文课代表。当上语文课代表的小王同学，面对着一些同学的指指点点，下定决心奋发图强，决心在期中考试中取得一个好成绩。语文课代表就像那华丽的"鸟笼"，而他人的质疑则成了他前进的动力。俗话说要趁热打铁，于是，老师家访时和小王父母商量买了一大堆书，可以培养他写作文的能力。当小王处于这样一个环境中时，他会在潜移默化中被这个环境所"同化"，因为环境给他的心理暗示让他在不知不觉中学习，语文成绩提升了一大步，实现了老师的目的。

### （二）婚恋家庭

婚恋家庭中也存在"鸟笼效应"，俗话说，女为悦己者容。在恋爱中，谁不想拥有一个漂亮且身材很好的女朋友呢？如果直截了当地和她说希望她减肥，可能更会引起女生的不满。与其明说多希望她去运动保持好身材，不如给她买身漂漂亮亮的运动裙子。利用"鸟笼效应"，如果她经常看到这身衣服摆在面前，就会想着放着也会浪费，不如找个机会穿上吧。那么就算是为了穿上这么一身衣服，她也会主动地想要去打球健身，最后双方都能愉快地达到目的了，这是"鸟笼效应"的体现。与其因为减肥的事情正面冲突留下不快，不如选择另辟蹊径，既达到了自己的目的，还会让女朋友因为收到了男朋友送的漂亮裙子而格外开心，这就是"鸟笼效应"在恋爱中的妙用。

### （三）人际交往

俗话说：邻居处的好，相当捡个宝。小张和小刘是邻居，小张将搬家售卖剩下的精美书桌送给了小刘。书桌搬回自家书屋后，刘青发现书屋那破旧的木藤椅与书桌相差甚远，于是刘青买一个皮质沙发来搭配书桌，心里觉得舒服了许多。朋友来家做客，他为展示自家的新书房，请朋友进来看看，朋友对书桌和转椅赞不绝口。朋友说："不错，不错，要是能把书橱换一下就更好了。"刘青看了看，觉得书橱有些破旧了，于是又花钱换了书橱。这天，又有朋友光顾了刘青家，来到了书房，还是同样夸赞了一番。但："你的书房什么都好，是光线暗了些，要是能把墙打开，建一个落地窗就更加明亮了。"刘青听后觉得有道理。一个书房把刘青折腾得够呛，而这一切的一切又都是因为那张书桌，何必呢？就像有了一个豪华的笼子，必定会养一只与笼子相配的鸟一样，这就是"鸟笼效应"。在与他人相处的时候，我们难免会受到他人的影响，就像小张一样，在不断听取其他意见时，忽略了自己真正的需求。因此，人际交往过程中，我们需要保持独立的思考，追随自己内心的想法，而不是从他人那里获得认同。

**（四）单位工作**

"鸟笼效应"的促销策略在现实商场中也极为常见，连咖啡界星巴克、瑞幸和饮品界CoCo都在用。比如新开的理发店经常使用低价手段来吸引顾客，低门槛把本来不想办卡的顾客忽悠了。其实，我们往往被吸引办卡，不是因为Tony老师理发技术好，而是因为推销办卡手段高明。如果在你快要离开的时候，收银小姐姐笑容甜美地为你奉上几张优惠券，比如2张免费剪发、2张免费护理、1张8折烫发券，你就更加纠结了。即便这家Tony老师水平不是特别高，但有了这些券，不用又觉得可惜。所以，在这样的心理下，你就会不自觉地选择这家店。看到优惠就会有消费的冲动，这是"鸟笼效应"在发挥作用。

## 四、鸟笼效应的启示

### 启示1：理性认识需求，保持独立判断

在日常生活中，大多数人的消费需求都会受到商家营销手段的极大影响。比如女性喜欢贪图小利，看到商品打折便会有大量囤货的冲动，以至于过了保质期还没用完；男性喜好面子，只要贴上能显示身份的标签，

便会"一掷千金"证明自己的实力。这种一时冲动的消费，往往会使我们过后后悔不已。因此在消费时，要保持独立判断，根据自己的真实需要和经济实力来理性消费，避免"鸟笼效应"的最好办法，是从拒绝接受商家的"鸟笼"开始。像鸟笼效应一样，生活中人们或多或少都会受到心理暗示。尤其是在相似的环境中，人们很容易被"同化"。如果你太在意他人对自己的评论和看法，那么你就更容易记住一些负面的东西，使自己心灵受到打击。事实上，你的形象在不同人的眼里都是不同的，所以不要太在意，应该减轻外界对自己心理上造成的压力，忽略消极暗示，保持自信做自己。

**启示2：忽略环境影响，坚持做好自己**

什么事情都不是绝对的，别人认为合理的东西不一定都是对的。我们看待事情的时候要考虑它的两面性或者多面性，多思考，通过不同方面获得不同的信息，从而提升自己对环境的认识和判断。卡尔森原本并不想买鸟，但却首先接受了空荡荡的鸟笼，在他人的质疑和影响下，迫于环境和心理压力，买了并不想买的鸟。所以不要让环境的变化轻易同化自我，更不要在众人目光的审视下随意放弃坚持。

# 曝光效应

## 一、名词释义

我们对经常暴露在眼前的人和事物会有好感，随着熟悉程度加深，也会加深对他们的喜欢，这种现象称为"曝光效应"。

## 二、发现背景

在20世纪60年代，心理学家扎荣茨也进行过关于这方面的实验，证明只要让被试者多次看到不熟悉的刺激，他们对该刺激的评价就要高于其他被试者没有看到过的类似刺激。研究者在这些实验中采用的刺激有英文单词、中文汉字、绘画、面孔图片、几何图形和听觉刺激。通过他的这些研究，他认为人们在无意识的认知情况下，仍会发生曝光效应，即"无需推论的偏好"，他也发现了只要一个人或事物不断在眼前出现，自己就有机会喜欢上这个人或事物。即人们会偏好自己熟悉的事物，是人们在熟悉陌生事物后产生的结果。我们对经常出现在我们眼前的人或事物会有好感，随着熟悉程度加深，我们也会加深对这些人或事物的喜欢。后来，心理学家把这种偏好自己熟悉的事物的现象，称为"曝光效应"。

## 三、生活应用

### （一）学校教育

"曝光效应"可以有效地应用于我们的日常学习生活中，优化学习成果。如：用碎片化、多次学习的方式取代长时间的集中学习。这和传统的机械重复是不一样的，机械重复是对不熟悉的事物一遍一遍的重复，而这种重复是基于"熟悉"之上所建立的重复，这种"熟悉"一开始来自无意识的学习，在此基础上进行重复更能激发孩子对于学习的兴趣，并且也更能从"熟悉"的知识上产生一定的联想和想象，从而收获新的知识。具体以学生背单词为例，与其每周需要背100个生词，不如细化成每天背15个生词。其方式也可以由记忆性背诵变为把单词串成小故事、和老师同学一起比拼、做单词手册、利用互联网自主学习等方式。这样，既有利于发挥学生学习的主动性，也能让整个学习过程充满乐趣。但要注意的是，曝光效应的对象也必须是正面积极的，一旦忽视这一点，可能会适得其反。

（二）婚恋家庭

我们刚认识一个人的时候会觉得对方其貌不扬，但是时间久了以后，会发现对方变得好看，甚至还有点魅力。大部分的情侣都选择身边的人，因为我们会偏好自己所熟悉的事物。所以多年的好友在成为恋人以后，比其他人要相对的稳定。如果有一个朝夕相处的朋友，那无论你的状态好坏、是否紧张或难受，他都看在眼里，甚至可以预知你对某事的反应是怎样的。这样的陪伴会形成长期牢固的关系。试着回忆一下，从小到大是不是我们的同桌、发小、室友等经常在一起相处的人，在情感上会更加亲密与依赖呢？这其实就是"曝光效应"在发挥作用。男生与女生之间的"日久生情"大概也是这个道理，出现的次数越多，人们对其产生的好感度也越高。如果你有喜欢的人，就可以通过高频地在他面前出现来提升他对你的好感度，前提是他本身不会反感。

（三）人际交往

人际交往中，"曝光效应"也随处可见，尤其是通过网络等形式可提高自身的存在感，从而达到引起对方注意与关注的目的。如：有一个公司招聘了20位计算机专业的应届毕业生，一开始大家的起点都相同，可半年后，金波却吸引了老板的注意，开始上手公司的核心业务了。同伴们对此现象都很好奇，纷纷来向金波请教"秘诀"，金波说多多点赞老板的朋友圈，当然点赞也是要有技术含量的。

第一是看老板朋友圈发的什么内容。如果是常规的吃饭聚餐出差旅游等点赞就可以了；如果发的是自己的伴侣或者孩子，就不能只点赞了，一定要夸一夸；如果是心灵鸡汤、励志文章等，最好是在文中找到自己喜欢的句子再加上一个表情；如果是学术会议或者学校获得的奖项等，必要时候可以转发分享。第二是看老板的朋友圈是什么时候发的。虽然想要老板尽早对自己有印象，但一定不要在正常上班时间点赞、评论，这样会直接暴露自己的工作态度，影响领导对自己的评价，"彩虹屁"也是需要很多技巧的。

由此可见"曝光效应"在职场的妙用，可以让我们达到事半功倍的效果，但错误地使用也会适得其反。

### （四）单位工作

如果我问你："饿了吗"，你的脑中会不会闪过一条广告？这就是"曝光效应"。研究表明，在产品面世初期，消费者对产品还不熟悉的时候，就可以通过高频的曝光效应快速提升用户好感度。这就是为什么身着统一制服的外卖小哥能够快速地让大家接触"饿了么"外卖的原因。在快速发展的时代，一句朗朗上口、简洁明了且定位精准的广告不停地在耳边回响，说了上半句大部分人都可以接出下半句，这就是企业广告里面的"曝光效应"。

再如某品牌的售后营销，在产品同质化日益严重的今天，售后服务作为销售的一部分，已经成为众厂家和商家争夺消费者市场的重要领地，是树立企业口碑和传播企业形象的重要途径。特别是针对于乡镇的消费者来说，能够提供及时上门的售后服务显得更为重要，因此在农村某品牌口碑的形成就是靠用户的口耳相传建立的，随着忠诚用户的群体不断扩大，某品牌已成为他们购买家用电器的首选品牌。其实在这个过程中，企业的品牌定位也在逐步形成，某品牌成为低中高端品牌中性价比最高、设计最为时尚简约、功能最为先进和全面、综合评分最高的家用电器品牌。

## 四、曝光效应的启示

### 启示1：曝光要适度

出现率越高的事物，越容易在我们心中留下深刻的印象，但前提是不要过度接触。不适当的曝光内容和曝光对象会让人产生相反的作用，就像我们在生活中总是见到相同的事物会产生厌恶心理一样。因此，我们在与人交往中，最好保持一定的交往频率，循序渐进、潜移默化地让对方适应并接受我们的存在。另外，在彼此熟悉无冲突的基础上，互留一点神秘感和恰当的空间距离，会更好地促进彼此间关系的维持，减少彼此之间的距离感。

### 启示2：曝光成习惯

都说好的习惯形成需要21天，但21天不是终点，是新的起点，要让好的习惯运用重复曝光的原理，保持一定的频率反复做一件事，坚持不懈便形成了一种习惯。一个好习惯，无论大小，带来的影响必将是巨大的，它将会有益于人的一生。有专家指出，一个人的日常活动，其中90%是在不停地重复同一个动作，并在潜意识中转化为程序化的惯性，不用思考，便自动运作，这就是习惯的力量。突破极限、积累知识和增长才能，这些都需要不断重复习惯性的动作和行为。因此，我们在培养习惯的时候不妨采用"曝光"的方法，让行为不断暴露在人们眼前，接受、适应行为，直至习惯养成。

# 青蛙效应

## 一、名词释义

青蛙效应也叫惰性自杀效应，指人天生就是有惰性的，总愿意安于现状，不到迫不得已多半不愿意去改变已有的生活。若一个人长期沉迷于这种无变化、安逸的生活时，往往会忽略周遭环境的变化，当危机到来时只能坐以待毙。

## 二、发现背景

"青蛙效应"源自十九世纪末，美国康奈尔大学曾进行过一次著名的"青蛙试验"：他们将一只青蛙放在煮沸的大锅里，青蛙触电般地立即跳了出去。后来，人们又把它放在一个装满凉水的大锅里，任其自由地游动。然后用小火慢慢加热，青蛙虽然可以感觉到外界温度的变化，却因惰性而没有立即往外跳，直到后来热度难忍而失去逃生能力而被煮熟。科学家认为，这只青蛙第一次之所以能"逃离险境"，是因为它受到了沸水的剧烈刺激，于是便使出全部的力量跳了出来。而第二次由于没有明显感觉到刺激，这只青蛙便失去了警惕。然而当它感觉到危机时，已经没有能力从水里逃出来了。于是，青蛙便在舒适之中被烫死了。

## 三、生活应用

### （一）学校教育

"青蛙效应"实验与学校教育有密切的相似之处。教师好比实验者，实验的池子好比一次次考试，青蛙好比受教育的学生。如果学生在学习过程中，总是不去反思自己成绩的得失，安于现状，没有忧患意识，缺乏真正努力，那么最后就会像凉水锅里的青蛙一样，输得很惨。例如，高中生小王在学期开始时成绩在班级的中上游，在一次考试中他的成绩有所下降，但他认为成绩的起伏都是正常现象，没有必要过度担心。因此，他将试卷放到一边，并没有总结得失，也没有认真地反思自己的学习方法和学习态度。在接下来的考试中小王每次都会退步一点，即使在老师和家长的提醒下，他也没有尝试去改变，仍然抱着无所谓的态度。学期末他的成绩一落千丈，等他意识到的时候，才发现自己已经落后了很多，课堂上老师讲授的内容也理解不了。

### （二）婚恋家庭

热播的某电视剧中的王漫妮是众人眼中的标准都市女性，她独立、清醒，同时也是典型的"精致穷"。身为柜姐的她，在自己的工作中没有认清自己的位置，深信自己既有颜值又有脑子，永远值得拥有更好的。遇到浪漫多金的海归梁志超后，在金钱与浪漫的双重追求下，准备进入人生下一个阶段，却发现自己被小三了。可这时再想离开，却发现自己早已深陷其中。于是迎来了全剧的高潮，王漫妮想要和梁志超理清关系却发现自己吃的用的甚至贴身的内衣都是对方买的。感情中的金钱和浪漫就似柴火，将包裹着青蛙们的这潭水渐渐升温，而人们却没有意识到要逃避正在将自身引入"被煮熟"这一不可挽救的境地。最后逃避问题的婚姻就会像青蛙一样被煮熟、支离破碎，没有被解决的问题像沸腾时产生的气泡一样浮出水面。

### （三）人际交往

一生得一知己足矣！拥有志趣相投的好友是所有人都梦寐以求的事情，但我们总会发现许多"爱得深切"的朋友，回过头看，那些弥足珍贵的朋友似乎都渐渐远去，这是为什么呢？"青蛙效应"可以解答这个问题。举个例子：小王大学毕业后忙于自己的工作，曾经形影不离的朋友也很少见面，但他坚信友谊长存。殊不知平淡的时间就似温水，你没来找我，我也没去找你。直到有一天，小王遇到急事寻求好友帮助被拒绝后，才发现曾经的友情早已结束，彼此的生活中已经有了新的可以替代你的位置的人出现，他不得不接受现实。"青蛙效应"启示我们，在人际关系中，要与亲密的好友保持联系，不要因为以前在一起美好的经历而忽视当下的经营和相处。

### （四）单位工作

比尔·盖茨是深刻理解"青蛙效应"的成功企业家，他曾经说过微软离破产永远只有18个月。他认为一个企业想要长久的生存，就必须具有危机意识。当今企业的生存环境比以往更加艰难，危机随时都会产生，没有任何一个企业可以保证长盛不衰，就如同创造手机界神话的诺基亚后来销声匿迹一样，1865年创始人艾德斯塔在芬兰北部建立了木材纸浆厂，诺基亚逐步诞生。在随后的一百年，诺基亚逐步发展壮大，也分化了最主要的部门电信部，正是这个部门成就了后来家喻户晓的诺基亚。然而在信息技术高速发展的时候，苹果、安卓等的崛起，并没有使诺基亚产生危机感，也没有寻求创新，最终被微软收购。就这样曾经风靡全球的诺基亚品牌轰然倒下，退出历史舞台，这就是企业管理中"青蛙效应"的典型案例。

## 四、青蛙效应的启示

### 启示1：走出舒适圈

你每天喜欢做什么事情呢？是刷抖音、玩游戏、看微博、晒各种朋友圈吗？你为什么喜欢做这些事情呢？我认为做这些事情有一个共同的特点，那就是能够给你带来愉悦感和舒适感。问题是，这些令你愉快的事情能够让你成长吗？能够激发你的才能吗？同样，你每天不喜欢做的事情是什么呢？是学习或工作吗？你为什么不喜欢做这些事情呢？我认为做这些事情也有一个共同的特点，那就是很多时候并不能让你快乐，会让你面对更多的挑战。但是这些令你不愉快的事情恰恰是能够激发你的潜能，使你变得更为优秀的事情。因此，从这个意义上看，生活中要做些有难度、有挑战的事情，决不能像青蛙一样，永远待在自己的"舒适圈"里，而是要学会做自己不喜欢做的事情。

### 启示2：保持危机感

现实生活中处处充满竞争，每个人都应该时刻充满危机感和不满足感，今天的成功并不意味着明天的成功。你只有不断地保持自己的饥饿意识，设定远大的目标，才不会在生活中各方面的竞争中被打败；你只有时刻保持有面临着危机的心态，才能在真正的危机到来时临危不乱。贪图安逸、不思进取；沉湎现状，不思改进，必然会遭到社会的无情淘汰。只有与时俱进，主动地改变自我，积极地适应变化，才能掌握人生的主动权。

# 权威效应

## 一、名词释义

权威效应是指一个人要是地位高，有威信，受人敬重，那他所说的话及所做的事就容易引起别人重视，并让他们相信其正确性，即"人微言轻、人贵言重"。

## 二、发现背景

美国心理学家们曾经做过一个实验：某高校举办一次特殊的活动，请德国化学家展示他最近发明的某种挥发性液体。当主持人将满脸大胡子的"德国化学家"介绍给阶梯教室里的学生后，化学家用沙哑的嗓音向同学们说："我最近研究出了一种具有强烈挥发性的液体，现在我要进行实验，看要用多长时间能从讲台挥发到全教室。凡闻到一点味道的，马上举手，我要计算时间。"说着，他打开了密封的瓶塞，让透明的液体挥发……不一会，后排的同学，前排的同学，中间的同学都先后举起了手。不到2分钟，全体同学举起了手。此时，"化学家"一把把大胡子扯下，拿掉墨镜，原来他是本校的德语老师。他笑着说："我这里装的是蒸馏水！"可见，同学们总是认为权威的"化学家"是正确的楷模，服从他会使自己产生安全感；另外，一个成绩或表现十分优秀的同学举手，逐渐地大家都举起了手，因为同学们总觉得自己的行为要与权威人物相一致才不会出错，这种现象便是"权威效应"。

## 三、生活应用

### （一）学校教育

权威的存在是有它重要的意义的，越是权威的人，这种影响力就越大。在学校中，老师是学生的权威，老师通过日常一系列的言行举止和情绪态度影响学生。例如，小王是一名出色的英语老师，经常在各种教学比赛中获奖，从而成了他们学校的"金牌老师"。新学期小王刚接手了一个新的班级，对学生的学情以及班级整体水平还不够了解。由于这位老师的权威性，学生们对其充满了尊重。自此之后，小王所带的这个班级无论是在学业成绩还是活动比赛都获得了优异的成绩。可见，在教学尤其是课堂管理过程中，教师对学生而言是"权威人物"，不论是专业知识还是人生阅历都有绝对的优势。我们要充分利用这一优势在学生中确立自己的权威，充分发挥"权威效应"，从而使自己的教学理念有效地执行。

### （二）婚恋家庭

"权威效应"同样也出现在婚姻家庭当中。例如，小陈和老公结婚10多年了，夫妻关系也不错。可是，最近这几年，小陈老公嫌她唠叨，说她总爱发脾气。从生活到工作，每一个细节都要管，觉得自己老婆只盯着他缺点看。此外，上中学的女儿嫌弃小陈，说别人的妈妈怎么怎么好，自己的妈妈对她左看不惯右看不顺眼的，觉得小陈一天到晚嘴巴没有停过。此时，小陈觉得特别委屈，认为自己唠叨是因为爱这个家，如果不是这样管着，这个家还是家吗？其实事后，小陈也不想这样。每次唠叨完后，小陈自己也很后悔，可就是控制不了。女人也许想在唠叨中实现"权威效应"，这是普遍存在的社会心理现象。女人以为不断地唠叨就可以改变男人、改变孩子，认为只有这种方式才可以让对方听从，来实现自己的控制权和领导权。但是唠叨多了就没人听从你的意见，同时会造成沟通困难，导致家庭的破裂。

### （三）人际交往

在人际交往中，利用"权威效应"能够达到引导或改变对方态度和行为的目的。南朝的刘勰写出《文心雕龙》无人重视，他请当时的大文学家沈约审阅，沈约不予理睬。后来他装扮成卖书人，将作品送给沈约。沈约阅后评价极高，《文心雕龙》最终成为中国文学评论的经典名著。之所以初次请沈约审阅书稿其不予理睬，是因为当时的刘勰仅仅是一个名不见经传的读书人，对于沈约来说其身份毫无权威性，自然其作品也必定是平平无奇，不值得浪费时间。而后来偶然阅读《文心雕龙》，沈约当时并不知作者是谁，在初步阅读后自觉该作品水平很高，可能出自某位大家之手，因此在心里自行添加了几分权威性，于是才一改往日的姿态，耐心阅读。《文心雕龙》成为经典，一部分源自其书稿的真实创作水平，而另一部分也因为得到大文学家沈约的推荐与赞美。

（四）工作单位

小圆是一个做事非常勤快的小助理，但是有时候，她也会给她的领导许总惹一些小麻烦。有一次，许总让她打印开会用的文件。她打印好了之后就去送给领导，可是路上不小心把文件掉在了地上。由于文件是许总开会急需的，小圆就马上手忙脚乱地将文件捡起来。领导开会的时候看着稿子，发现出了问题。由于小圆打印的时候非常粗心，没有添加页码。而且，因为稿子曾撒落一地，许总给大家讲文件的时候，只能临时组织文件并重新标记页码，所以耽误了时间。知道了这件事情之后，小圆非常心虚。可是许总并没有责怪她一句，而是在下次打印的时候，亲自在小圆面前操作示范了一遍。小圆发现一个位高权重的领导，细心和专注的时候更加值得尊敬。所以在工作中，领导有时候会利用"权威效应"，用自身的行为去引导和改变下属的工作态度，这往往比命令的效果更好。作为员工，也要善于学习领导的优秀品质。

## 四、权威效应的启示

### 启示1：善用权威身份

各行各业都在使用权威身份，以便达到预期目的。例如，各种商品在推销时选择的代言人，一般都是名人。之所以选择名人代言，这背后就是利用名人的权威效应，即名人很优秀，那么他或她代言的产品也一定是质量好的。又如，在小学教育中，家校配合非常重要，因为小学生处于习惯培养阶段，而很多时候小学生不听父母的话，但是某件事情若说是老师规定，老师要求，那么很多事情做起来就容易多了。因此，生活中要善于运用权威效应。尤其是当自身在某个领域已有成为权威的实力，而并未为人熟知时，要善于包装、打造自身的专业形象，以引起他人的信任，树立权威意识，进而为实力的展现打下基础。

### 启示2：学会质疑权威

权威者做的事并非都是正确的，有些事也只能在特定的背景下才是正确的，培养自身逻辑思辨能力才是正确判断的根本。相信权威是种省力、省思考的选择，在忙碌的生活中，小事可以稍许省力，但重大事件的判断选择必须要自己谨慎思考。在面对权威人物的教导时，我们不能盲目轻信、盲目顺从，放弃了独立思考和创新精神，我们要有反思和实践的意识。即便是权威人物，也有其自身的局限性，即便是无名小卒，也有无穷的潜力和独特的优势。因此，我们要学会质疑权威，养成勤思考的习惯。

# 马斯洛效应

## 一、名词释义

马斯洛效应是指人的需要由生理需要、安全需要、归属与爱的需要、尊重的需要、自我实现的需要五个等级构成的现象，即马斯洛需要层次理论。

## 二、发现背景

1943年，马斯洛在《人类动机理论》一书中提出了著名的需要层次理论，该理论主要基于三种基本假设，即人要生存，他的需要能够影响他的行为。只有未满足的需要能够影响行为，满足了的需要不能充当激励工具；人的需要按照重要性和层次性排成一定的次序，从基本的（如食物和住房）到复杂的（如自我实现）；当人的某一级的需要得到最低限度满足后，才会追求高一级的需要，如此逐级上升，成为推动人们继续努力的内在动力。一般来说，一个人从出生到成年，其需要的发展过程，基本是按照马斯洛提出的需要层次进行的，但顺序并非固定。

## 三、生活运用

### （一）学校教育

孔子曰："不富不教"，即家境过度贫寒的人，很难接受教育。这是因为一个人如果饭都吃不饱，生理需求没有得到满足，那么就无法集中精力去学习，很难进入高层次的精神需求。与之相似，2011年，民间发起的"免费午餐"公益活动引起了全国对于农村地区义务教育学生吃饭和营养问题的关心。为此，2011年10月，中央决定从2011年秋季学期起，启动农村义务教育学生营养改善计划。营养改善计划的实施，无疑再次体现了教育中要满足学生的基本生理需求。有调查表明，吃饱早餐上学的学生，比那些不吃早餐参加补习班学生的学习效率要高。另外，如果教师一味地上课，剥夺学生的课间时间，高强度的学习很容易让学生产生疲劳感，从而影响学习效率的提高。这种疲劳感像饥饿一样，也属于生理需求。

**（二）婚恋家庭**

在爱情和婚姻中，也同样存在马斯洛效应。生活中有很多相爱的情侣，会因为多种原因分手，比如金钱、房子、车子等等，但这些因素的背后往往存在生理需求、安全感、归属感等等。例如，小红一直有个追求者小马，他不仅家庭显赫，而且学识渊博，对小红一见钟情。可是小红觉得两个人没有办法在一起，首先是因为两人一个在上海一个在北京，父母肯定不会同意她去北京，其次小马的家境和学历远胜于自己，未来是否会移情别恋？看到小红一直迟疑不决，小马就主动跟小红沟通。当知道小红主要是因为两地原因时，小马就主动提出要去上海发展，并在上海买房子。这样就打消了小红的顾虑，满足小红的安全感需求，最终有情人终成眷属。

**（三）人际交往**

马斯洛效应在人际交往中的应用，可以通过迎合别人的话术将低层次的客户往更高的方向上引导，从而唤醒更高一个层次的向往。例如，马先生是一个做海产品贸易的生意人，最近想换一辆新车。当销售顾问小王知道后，忙说："马先生，您真有品味！几个月前，咱们省的钢材大王林总也提了这一辆。你还别说提车后生意更加红火了，我看您提这辆车就很合适，一看您的品位就不凡，看来您也是未来的海产品大王，相信您提了这辆车后生意也会越加红火。您看您是做有息贷款，还是无息贷款呢？"于是，这单生意就做成了。上面的例子是我们常见的情景，通过反向利用马斯洛效应，赢得客户的信任，在交流中给客户留下满意的印象，最后促进了销售率的提升。

**（四）工作单位**

在工作中，马斯洛效应也存在其中。例如，曾经和同事一起下班，前脚刚迈出公司大门，这位在公司工作了快10年的仁兄，长吁一口气，如释重负地说："终于下班了！"那种情形，好像刚刚经历了一场浩劫，现在一下得到了释放。一般来说，这种心态跟公司的心理环境有关。如果员工每天在公司都要处处提防、尔虞我诈，这耗费了他们大量的时间和精力，那么可想而知他们的工作效率肯定会下降。其实这背后的辛酸，内心深处想赶紧逃离的感觉，是源自马斯洛的第三层需求——归属与爱的需求缺少。这就告诉我们，一个优秀的公司，一定要注重员工的心理建设，形成良好的企业文化，让员工有真正的归属感，若在公司上班就像回到家里一样令人向往，那么这样的公司员工才会干劲十足，这样的公司在市场上也才有竞争力。

## 四、马斯洛效应的启示

### 启示1：遵从需要规律，正视心理需求

马斯洛提出人的需要有一个从低级向高级发展的过程，这在某种程度上是符合人类需要发展的一般规律的。只有在满足最基本生理需要后才会转而追求更高级的需要。上述各需求层次之间是有内在联系的，需求的五个层次之间依次递进。当低一层次的需求"相对"满足之后，追求高一层次的需求就会成为主导需求；并不是低层次需求"完全"满足之后，高层次需求才成为最重要的。另外，人们在某一时刻可能同时并存好几类需求，只不过各类需求的强度不同而已，但一般情况下会有一个是主导需求。

### 启示2：发现当下需要，积极自我实现

马斯洛的需要层次理论指出了人在每一个时期，都有一种需要占主导地位，而其他需要处于从属地位。这一点对于管理工作具有启发意义。马斯洛需要层次论的基础是他的人本主义心理学，人的内在力量不同于动物的本能，人要求内在价值和内在潜能的实现乃是人的本性，人的行为是受意识支配的，人的行为是有目的性和创造性的。因此，每个人可以通过发现自己的心理需求，来完善自我，实现自我。

# 示弱定律

## 一、名词释义

示弱定律是指在人际交往中，通过放低姿态，展示自己弱势的一面，反而能取得人们的理解，获得更多机会。

## 二、发现背景

1996年春，以登山为生的瑞典人克洛普与其他12名登山者一起登珠峰。但在距离峰顶仅剩下300英尺时，他毅然决定放弃此次登峰，返身下山。那就意味着前功尽弃、功败垂成，然而他做出这个决定的原因是他预定的返回时间是下午2点，虽然他仅需45分钟就能登顶，但那样会超过安全返回的时限，无法在夜幕降临前下山。同行的另外12名登山者，无法认同克洛普的决定，不听他的劝告，毅然向上攀登。虽然12名登山者中的大多数到达了顶峰，但最终错过了安全返回的时间，葬身于暴风雪中，让人扼腕叹息。克洛普经过对恶劣环境的适应，在第二次攀登中轻松地登上了峰顶。这一典故告诉人们：要成功，有时也要学会妥协。克洛普敢于示弱，审时度势，把握全局，最终攀上了成功之巅。

## 三、生活应用

### （一）学校教育

在学校教育中，教师不妨有意识地蹲下身来，放下架子，往往会收到意想不到的效果。举个例子，某学校组织一次合唱比赛时，不巧班上一向活跃的文艺委员请了事假，这可急坏了五音不全的王老师。在班会课上，老师主动向学生示弱，请同学们帮忙一起出主意。这时，班上一向默默无闻的宋同学却站了出来，勇于接下这"活"，从选歌曲、租服装、精心排练一手操办，精彩的演出博得了大家阵阵喝彩。事后，王老师诚恳地对宋同学说："谢谢你！要是没有你，我真不知怎么办。"宋同学听后一脸开心。从那以后，她变得活泼开朗起来，一旦有什么比赛或活动，她总是极富激情，敢于创造。可见，教师适时示弱，承认自己的不足，有时能激发学生的积极性，从而让学生在实践中收获自信和成就感。

### （二）婚恋家庭

小王和女友小张每次吵架，不管谁是谁非都是他先认错。身边的朋友都说他这样没有原则地妥协会惯坏女友的，女友的脾气只会越来越坏。但小王总是笑笑说没关系，他觉得只要确定对方是爱自己的，那谁先低头就不再重要。有一次他俩吵架，又是小张的问题。小王气坏了，于是在家打游戏一直没联系小张。他觉得这回如果他不去找小张，小张也不会主动来找他，那他俩也就真的分手了。但惊喜的是在傍晚的时候，小张拎着大包小包的蔬菜水果来到小王家，在厨房默默地做饭。吃完饭之后，小张拉住了小王的手，说："你说过咱俩生气不许超过24个小时的，你看，都快到了，你别生气了。"那一刻小王看着小张无辜的脸，竟然笑出了声。恋爱中是需要适当示弱的，这种示弱不是无下限的讨好，也不是无原则的哀求，而是在两个人感情出现问题的时候主动退让一步，多体谅一些，让彼此紧绷的心弦早一点松下来。一味地争强好胜，可能真的留住了面子，却失去了爱情。

### （三）人际交往

小李是一位汽车推销员，他对各种汽车的性能和特点都非常了解。本来，这对他是极有好处的，但遗憾的是他喜欢争辩。当客户过于挑剔时，他总要和顾客进行一番舌战，常常令顾客哑口无言。事后，他还得意地说："我让这些家伙大败而归。"可经理批评他："在舌战中你越胜利就越失职，因为你会得罪顾客，结果你什么也卖不出去。"后来，小李认识到了这个问题，逐渐变得谦虚多了。有一次，他去推销某牌汽车，一位顾客傲慢地说："我喜欢的是另外一个牌子的汽车，这个车你送我都不要！"小李听了，微微一笑："你说得对，那个牌子的汽车确实好，这个厂设备精良，技术也很棒。既然您是位行家，您说说它的优势是什么？"于是，两个人开始了海阔天空式的讨论。终于，小李做成了生意。为何小李以前争强好胜却遭到批评，而后来不再和顾客争辩反而成了模范推销员呢？可见，他掌握了一项重要原则，那就是——在和别人聊天时要懂得示弱。

### （四）单位工作

小飞在进入新的工作环境之后，自恃学历较高、经验丰富，处处一马当先，急于显示自己的能力，这样锋芒毕露的做法往往会使职场新人陷入被动。首先，小飞与新环境之间尚处于磨合期，对工作的内容、企业的操作模式，尚未了然于心。急于求成的心态往往使他在工作中产生较大的失误。其次，由于小飞急于表现自己，常常会忽略同事及上司的意见和感受，从而在别人心中留下"目中无人"的印象，长此以往只会处处不讨好。若再这样发展下去，不仅人际关系会变得异常脆弱，而且工作上的配合度也会越来越差。所以，在职场中，一味地逞强，处处表现得锋芒毕露未必就是好的，如果处理不当反而会使自己陷入不必要的拉锯战中，工作上也会遭遇更大的阻力。因此，有时候"示弱"不失为一种以退为进、争取更多优势的手段。

## 四、示弱定律的启示

### 启示1：示弱是一种智慧的力量

很多人都喜欢逞强而不喜欢示弱，总以强大来标榜自己，想以强大来赢得尊重和崇拜。实际上，毫不示弱反而导致自己的短处暴露无遗。在这种看似强大的心理攻势面前，人们也不会做出退步，示弱反而能取得人们的理解，有的时候更能获得生存和发展的空间。这就是"示弱定律"。通过展示自己弱势的一面，从而使对方放松绷紧的神经，进而营造一种轻松、活跃的交流氛围。示弱作为一种独特的行为方式，是一种人生智慧和安全之道。

**启示2：示弱是一种聪明的退让**

示弱并不是真正的弱不禁风，毫无强硬之气，示弱是一种聪明的退让。现实中很多人为了争面子，为了争一口气，往往会酿下巨大的祸患，甚至造成永远无法弥补的悲剧。夫妻之间若因一时的争吵，彼此都不肯向对方低头，很有可能导致离婚；朋友间为了一时的面子，互不相让，谁也不给谁台阶下，导致友谊在一瞬间破灭。工作中处处争强好胜，反而无法融入集体，无法赢得工作伙伴的认可与尊重。因此，在工作、学习和生活中，我们需要学会"示弱"。示弱就是一种扬人之长、遮己所短的语言技巧，目的是使交易的重心不偏不倚，或使对方获得一种心理上的满足，从而达到自身的目的。

# 酸葡萄与甜柠檬效应

## 一、名词释义

人们为了缓解在追求预期目标失败时产生的不安心理，采用提高现已实现的目标价值和贬低原有目标，从而达到了心理平衡的现象，称之为酸葡萄与甜柠檬效应。

## 二、发现背景

酸葡萄与甜柠檬效应来源于伊索寓言的故事：有一只狐狸原想找些可口的食物，但遍寻不到，只找到一只酸柠檬，这实在是一件不得已而为之的事，但它却说："这柠檬是甜的，正是我想吃的。"这种只能得到柠檬就说柠檬是甜的自我安慰现象，有人也称甜柠檬心理或甜柠檬作用。其实质是把恶性刺激变为良性刺激，以达自我心理平衡，免去自我苦恼与痛苦。这与酸葡萄效应一样，都是以某种"合理化"的理由来解释自己所追求目标失败时的情景，以达内心之安、心理自救的目的。其差异只在于酸葡萄效应是把所追求的目标价值变低，而甜柠檬效应是把现已实现的目标价值提高。可见，这两种效应都是起到宽慰自己的效果。

## 三、生活应用

### （一）学校教育

起初，小伟同学的成绩一直很优秀，并多次获奖。但最近因身体不好，连着两次考试都不理想，小伟就认为自己不是学习的料。他妈妈为此很着急，孩子身体本来就不好，担心这样折腾下去后果会很严重。为此，她希望老师能帮助小伟，从过度的焦虑中走出来。老师及时跟小伟进行沟通：一方面表扬了他的闪光点，祝贺他在金钥匙选拔中脱颖而出，领先众多的同学，那些考试成绩领先的同学肯定是没有专心竞赛；另一方面又跟他说，养好身体，练好心理素质是最关键的，别太看重考试的分数，并告诉他成绩只是一时的，并不能说明一切。在老师的几次劝慰后，小伟的脸上又洋溢起微笑，摆脱了考试焦虑。当学生过分沉浸在由于困难或目标未达成而导致的心理不安、紧张乃至消沉的负面情绪中，教师可运用"酸葡萄"与"甜柠檬"效应，帮助他们摆脱由焦虑带来的危害，及时调整心态。

**（二）婚恋家庭**

在恋爱中，我们该如何更好地运用酸葡萄和甜柠檬效应，来帮我们树立信心，让我们在对方面前可以游刃有余地展示自己的魅力呢？比如说当看见追求的女生时，你的目光不要只局限于她的优点，你要明白她也会有缺点。同时告诉自己，她就是一个普通的女生，只不过是因为你对她的喜欢，她才自带女神光环而已。当然这里要提醒大家一下，使用酸葡萄和甜柠檬效应，并不是让你自我安慰一下就万事大吉了。对于自己身上的缺点，还是要正视并努力改正的。如：想苗条就去减肥，不会打扮就提升品位，家境不好就努力工作。千万不要因为用了酸葡萄和甜柠檬效应就自我安慰说："我身上所有的缺点其实都是优点，我不需要做任何改变"，那你只会活在自己的幻想中。所以，当你被女生迷倒，不能从容地释放魅力时，不妨使用一下酸葡萄和甜柠檬效应，为自己树立信心。同时，在行动上努力改善自己的缺点，这样才能够在女生的面前更加收放自如，完美地释放出自己的魅力。

**（三）人际交往**

在生活中，经常会遇见一些人莫名其妙地讨厌我们，虽然我们知道自己不可能赢得所有人的喜欢，但碰到有些人莫名的敌意时总是会有些心里不舒服。比如：你穿得漂亮一点，他说你这么穿不冷吗？你去旅游，他说旅游有什么意思，还不如宅在家里。其实你只是就事论事，没有什么炫耀的意思。这种见不得你好的嫉妒心，就是酸葡萄心理。但同时我们时常会把这种酸葡萄心理，用在自己身上。让我们能够合理地进行心理调适，保持心理平衡，促进心理健康。不过，在懂得了这种酸葡萄心理后，平时与人打交道时，我们也应该明白以下两点：其一，不能让酸葡萄心理演变成一种嫉妒心理。一个人若嫉妒别人，可能会失去了向他人学习的机会，还会失去友谊，影响团结。只有摆脱嫉妒心理，用真诚的心、欣赏的目光对待他人，我们才能够得到他人的喜欢。其二，当别人表现出一种酸葡萄心理时，我们最好的反应是恰到好处地安慰而不是指责。当我们遇到这样的事情时，不妨换位思考，让对方嫉妒的事情可能是他做不到的，此时可以安慰他并尝试帮助他。这样不仅会提升自己的价值和形象，也会收获一份友谊。

（四）单位工作

在一次例会上，老板让小柴和小王做经理竞选发言，员工进行民主投票。小王深得民心，成功当选部门经理。小柴很沮丧，但是他并没有一直沉寂在悲伤中。因为他心里想的是自己能力还不够、也不善于交际，要是真让自己当上经理，可能会管不好下属，还不如在平时多花点时间来弥补自己的不足，在今后取得更大的成功。这样，小柴成功地找回了自信和快乐，这就是"甜柠檬效应"的积极作用。有"酸葡萄心理"的人，也是爱吹毛求疵的人，喜欢揪着别人的小错误不放，会站在道德的制高点上，对别人的行为指指点点。企业管理中最忌讳的就是出现这样的管理者，一味地只会指责、过分要求员工，这样只会使得员工在工作中产生大量的负面情绪，也会降低员工的工作效率和对企业的归属感。因此，只会"鸡蛋里挑骨头"的人不适合做管理者，无法发现员工的闪光点和潜能，一味打压，怕员工"出头"而挤掉自己的管理者同样不可取。

## 四、酸葡萄与甜柠檬的启示

### 启示1：适度安慰，远离烦恼

"酸葡萄"效应和"甜柠檬"效应是人们运用最多的一种心理防卫机制，其合理化作用具有明显的积极意义。比如好胜心过强的同学受到挫折后，适当地应用此效应能减轻心理压力。当我们感情失意时，就可以自我安慰"天涯何处无芳草，何必单恋一枝花。"面对事业的挫折，我们可以告诉自己"条条道路通罗马""塞翁失马，焉知非福？"降低原有目标的价值，提升已实现目标的价值，将"酸葡萄"与"甜柠檬"效应加以合理的运用，会让我们的生活充满更多的幸福感。

**启示2：珍爱所有，活在当下**

人们已拥有的东西，慢慢地就会不珍惜了；而未得到的，又总是下意识地幻想它的美好。尤其是在情感世界里，我们为什么容易对初恋念念不忘呢？因为得不到的往往认为是最好的。在那段青涩的时光里，我们因为还不太懂得如何处理情感而分开，但恋爱的过程是浪漫而难忘的。回忆起来，总有些遗憾与期许。现实生活中，很多爱情都融入柴米油盐。而值得一提的是，真正的爱情却时常要在柴米油盐中沉淀，在相互磨合与相互扶持中共同成长，方见真爱。与其沉浸在过去的美好中，不如好好经营好当下的生活，珍惜自己所拥有的，活在当下。

# 野马效应

## 一、名词释义

因芝麻小事而大动肝火，以致因别人的过失而伤害自己的现象，称为"野马效应"。

## 二、发现背景

非洲草原上有一种吸血蝙蝠，常叮在野马的腿上吸血。它们依靠吸食动物的血生存，不管野马怎样暴怒、狂奔，就是拿这个"小家伙"没办法，它们可以从容地吸饱再离开，而不少野马因此被活活折磨死。动物学家发现吸血蝙蝠所吸的血量极少，远不足以使野马死去，野马的死因是暴怒和狂奔。对于野马来说，吸血蝙蝠只是一种外界的挑战，一种外因，而野马对这一外因的剧烈情绪反应才是造成它死亡的最直接原因。人在生活中难免会遇到不顺心的事，如不能宽容待之，一时情绪激动，甚至暴跳如雷，会严重危害自身健康。动辄生气的人很难健康、长寿，很多人其实是"气死的"。于是人们把因芝麻小事而大动肝火，以致因别人的过失而伤害自己的现象，称之为"野马效应"。

## 三、生活应用

### （一）学校教育

在当今这种快节奏高效率的学习环境下，教师和学生都承受着来自各方的无形压力。当压力过大时，如果把消极的情绪发泄放在第一位，那悲剧可能也就随之而来了。以郑州某中学一学生跳楼身亡为例，学生A因违反学校规定上课带手机，老师针对此事进行了批评教育，学生A承受不了就选择跳楼结束生命。事件发生后学校第一时间拨打120急救电话，很不幸最后抢救无效宣布死亡。在各种新闻媒体上我们总能看到此类事件的发生，对于每一条鲜活生命的消亡，我们的心情都是沉重的。造成这种现象的原因很多，其中无疑与情绪管理有关。因此，我们要学会收敛自己的脾气，任何时候都不要感情用事，因为冲动是魔鬼，会让自己做出无法挽回的事情，只有这样才可以避免"野马效应"带来的危害。

**（二）婚恋家庭**

从前车马很慢，书信很远，一生只够爱一人。如今爱情逐渐演变成快消品的时代，分手、离婚似乎已是家常便饭。人们会因为一些细节而爱上一个人，可在朝夕相处下，总会因为对一些事情意见不统一而发生矛盾。两个人可以因为相同的兴趣爱好走到一起，为平常的日子增添更多惬意的时刻，可时间久了也会为一点点小事争吵。情侣之间吵架好像是非常正常的一件事情，如果两个人在一起没有争吵的话反而显得不那么正常了。因为感情就是把两个本来生活习惯或者说是脾气秉性不相同的人聚到一起，所以生活当中难免会发生很多摩擦和碰撞，但是一味地吵架任其发展，终究会让感情慢慢地淡化甚至分道扬镳。在恋爱中，两个人要经常沟通，表达自己的情绪，不因为小事而大动干戈，达成默契，才能避免"野马效应"。

**（三）人际交往**

人际关系就是人们在生活或生产活动过程中所建立的一种社会关系。人际关系中"野马效应"带来的危害尤为明显，对群体生活的和睦相处产成了很大影响。例如，陈家与王家是邻居，王家门口有一棵老树，常年不修剪，导致树枝经常伸到陈家老宅的屋顶上，一到刮风下雨就会刮坏陈家的屋子。后来又因为王家修路，将泥土堵在路边，雨水冲刷了泥土，堵塞了下水口。陈家不堪其扰，多次向村委会举报未果，王家认为其小题大做，两家心生间隙。一日，陈家忍无可忍，联合家人动手，砍断了自家屋顶上的树枝。王家人见此心生不悦，与陈家发生争吵后动手，致一人死亡多人受伤。事实上，这场邻里矛盾也是因为"野马效应"带来的冲动而导致悲剧的发生，通过沟通就能解决的小问题反而造成了人员伤亡实在是很可悲，所以对对方不满的时候要及时提出来，不要憋在心里默默扣分。这样不仅影响感情，更是对生命的不尊重。"野马效应"可大可小，如果不能够消除它，我们也要最大程度地降低它带来的伤害。

### （四）单位工作

单位是人们社交的主战场，人生几乎三分之一的时间都是在单位度过，工作中的情绪会影响人一天的状态和思绪。此种场景中的"野马效应"是怎么表现的呢？我们来看下面这个例子：2018年重庆某地，一辆公交车由万州区江南新区往北滨路行驶，当车行驶至万州长江二桥桥上时，与一辆由城区往江南新区行驶的小型轿车（车内只有驾驶员）相撞，造成公交车失控冲破护栏坠入长江，小型轿车受损。公交车坠入长江后，相关部门积极搜救，事故导致十几名乘客身亡。后经调查发现事故原因是公交车司机与公司领导闹矛盾和拆迁补偿问题未达成一致，一时冲动做出了报复社会的极端行为。在这个司机身上呈现的"野马效应"就是拿与老板的矛盾来惩罚自己，更是对无关人员造成了难以磨灭的伤痛，令人唏嘘。因此，在企业管理中，尤其要关注员工的心理健康，及时发现员工的负面情绪，以免因为员工冲动造成无法挽回的后果。

## 四、野马效应的启示

### 启示1：遇事应冷静，不被负面情绪所反噬

动物学家们的研究表明，蝙蝠并未吸取足以导致野马失血过多而死的血量。野马真正的死因，是蝙蝠的叮咬让它们脾气暴躁，不停狂奔，最后活活累死。这个效应给我们的警示是，外界的因素往往不足以致命，导致危机产生的真正原因是内在情绪的失控。外在事物给我们造成的伤害大小，往往取决于我们自身的态度和做法。如果无限放大这些食物的不良影响，让自己的情绪肆意发展，只会给我们自身造成伤害。所以，如果不能很好地管理我们的情绪，将它操控在良性运行的状态下，那么就得做好准备支付恶劣情绪所造成的巨大代价。遇事冷静思考，认真考虑自己的冲动

行为会产生的负面后果，学会排解自己的情绪，才能使我们远离"野马效应"。

### 启示2：做情绪的主人，大步迈向成功

这里引用延参法师的一段话：冲动是魔鬼，让你常常后悔都来不及；愤怒是愚昧，让你像山野之中的草时刻受罪；躁进是后退，方向总是不对；意气是祸水，害人又害己。人生需要宽容，宽容是最高智慧。两个人发生矛盾，如果有一方可以冷静，收敛自己的脾气，悲剧便可以挽回。脾气越大越没本事，就像驴拉车一样，累了或者脾气来了就嘶吼，让人们不得不用皮鞭抽打它。如果用声音的大小来判断社会地位，那么人类便不是驴的对手。一流的本事加上好脾气，这是真正能做大事的人。一个人能不能成就大事业，看他脾气大小怎么样就可以了，脾气越大，成功的概率就越小。

# 斯特鲁普效应

## 一、名词释义

由于优势反应的干扰，个体难以迅速准确地对非优势刺激做出反应的现象叫"斯特鲁普效应"，又称为Stroop效应。

## 二、发现背景

1935年美国心理学家John Riddly Stroop发现被试在对用红颜色写成的有意义刺激（如："绿"）和无意义的刺激词进行颜色命名时，出现了前者的命名时间比后者的命名时间长的现象，这种对同一刺激的颜色信息（红色）和词义信息（绿）会相互干扰的现象被称为Stroop现象，即Stroop效应。它在研究注意的自动化加工中，起到了很好的解释作用，是注意研究中的经典范式之一。Stroop现象被发现以来，一直被认知研究所重视，是认知心理学中一种重要的现象，被誉为研究注意的"黄金标准"。

## 三、生活应用

### （一）学校教育

班主任是一个班级的管理者，负责班级的成绩、纪律、生活等方面，班主任也是与班级同学相处时间最长，最了解班级同学的老师。然而，班级管理者的位置也会导致不尊重其他任课教师的现象发生。刘老师是初三二班的班主任，平时对班级工作非常上心、兢兢业业，因此受到领导的器重与同学们的爱戴。但刘老师却因为对班级的纪律太过上心，也引起了同学和其他老师的不满。刘老师总是关心自己班级的纪律，因此一有空就到班里转悠，看看同学们有没有大声喧哗，有没有遵守课堂纪律。一旦发现有同学没有认真听讲，刘老师就会大声点出那位同学的姓名，即使讲台上有其他的任课老师正在上课。刘老师这样的行为往往会把认真授课的教师和专心听讲的同学吓一大跳，注意力一旦转移到了刘老师身上，就对课堂教学的质量造成了影响。这种现象正是Stroop效应，本来学生专注于课堂之上，可是刘老师的声音作为优势刺激的干扰太强，而弱化了学生对于课堂的注意力，影响了学习的效果。为避免Stroop效应带来的负面影响，刘老师应当注意场合发挥班级管理者的作用，例如在其他老师上课时或管教学生的过程中，班主任应当尊重配合，如需亲自管教，则私下沟通，以免干扰学生的学习注意力，破坏其他任课教师的权威。

**（二）婚恋家庭**

在婚恋家庭中，Stroop效应是如何表现的呢？小明和小红相恋已有三年了，今天是他们的婚礼，是两个人最幸福的一天。两个人以及各自的家庭为这一天准备了很久，包括攒下了筹备婚礼的钱，购置了所需物品，邀请了亲朋好友，希望能给双方留下一个最美满的回忆。婚礼如期举行，一切都井井有条，然而他们的司仪却出了岔子，原来小明和小红并没有邀请专业的司仪，而是邀请一位见证了他们感情的好友来担任这个角色。主持其实是一个很难把握分寸的工作，主持人要根据现场的情况和观众的反应随时变换自己的身份。有时需要他活跃气氛，有时要求他只是作为陪衬。可是好友并没有类似的经验，尽管做足了功课，却用力过猛。在活跃气氛的时候，一直在自我表现，却把新人忽略在了一边，尽管会场里非常热闹，两位新人却感觉这个晚上并不是属于自己的，在新婚当日留下了遗憾。在这场不太完美的婚礼中，司仪的不恰当行为使他成为了本场的主角，让宾客们忽略了一对新人。因此，在爱情中无论是哪个环节都应该是双方协商，明确主次，方能不留遗憾。

**（三）人际交往**

人际交往中也会出现"Stroop效应"。例如，小红正在参加一场期待已久的读书会，知名作家的参与让小红倍感珍惜，希望能有所收获。活动中，小红突然发现前面坐着自己喜欢已久的男生，这个发现让小红脸红心跳，无法专心听讲。于是在这场读书会上，小红因为一直在关注暗恋的男生，没有把注意力放在活动上，甚至当那位知名作家发言时，小红也没有听到他在讲什么，小红浪费了这次读书会的学习机会。在这个例子中，小红心仪的男生就是优势刺激，而读书会的内容则成了一个非优势刺激，优势刺激降低了小红对非优势刺激的注意。在这个案例中，原本小红是有清晰的学习目标，并且付出努力来争取活动机会的。所以，对于她来说，活动的重要性更甚于与那位男生交往，清晰地认识到这一点，她可以通过调位置、认真记笔记等方式保证注意力集中于活动当中。

### （四）单位工作

在单位工作中，Stroop效应也无处不在。阿伟是一个公司的员工，平时的阿伟工作认真、乐于助人、有上进心，因此阿伟在公司人缘也很好。这天，阿伟正在开会，会议讲的内容非常重要，是关于这次与甲方洽谈的种种事项。但阿伟会前忘了把手机关掉，会议进行过程中，手机突然亮了，他本来在认真地参与会议，只是下意识地看了一下屏幕，没想到手机推送的信息竟然是他最关注的体育赛事的消息，阿伟的注意力一下子就被推送的信息吸引过去了。结果显而易见，阿伟错过了会议上的重要内容，当领导询问会议内容时，阿伟发现自己什么都不知道。在这个例子中，Stroop效应也发挥了很大的作用，会议的内容是弱势的刺激，而手机的内容是优势刺激，在优势刺激的干扰下，阿伟失去了对弱势刺激的注意力，从而错过了会议的重要内容。为了避免无关刺激降低工作效率，我们在进入工作状态前，可以整理好工作环境，清除那些可能吸引自己注意力的各种无关刺激，如手机、食物等等。

## 四、Stroop效应的启示

### 启示1：懂规矩，避免喧宾夺主

"Stroop效应"告诉我们，人际交往过程中要注意避免喧宾夺主。喧宾夺主又称僭越，客人到了主人家，本应守规矩，有礼貌，结果把别人家当成自己家一样，言行举止主次颠倒，显得十分失礼。人际交往中边界感很重要，这种界限实际上是在诠释：我能接受什么，不能接受什么。它是一种限制，限制我们不要随意侵犯他人，同时也保护我们不被打扰。在不同的人际关系中，都有一个合适的边界，学会不僭越，在任何关系中都懂得适可而止，才不会产生"Stroop效应"。

### 启示2：聚焦点，避免无关干扰

"Stroop效应"让我们看到，我们在日常工作生活中可能会受到许多无关刺激的打扰，而降低效率。因此，认清事情的主次，学会合理安排时间，是我们避免"Stroop效应"负面影响的重要措施。比如，在通过时间管理来安排每天的任务时，我们要优先把时间放到最重要的事情上，不要让各种零散的任务和事情冲淡本该早日完成的事情。对于大多数的人来说，我们的很多行为决策都是无意识的，几乎不会意识到日常生活中有很多不重要的事情占据了你的时间。因此，要尽量保持一个可以专注的环境，避免受到无关刺激的干扰。

# 阿伦森效应

## 一、名词释义

阿伦森效应是指随着奖励减少而导致态度逐渐消极，随着奖励增加而导致态度逐渐积极的心理现象。

## 二、发现背景

阿伦森是一位著名的心理学家，他认为人们大都喜欢那些对自己赞赏不断增加的人或事，而反感对自己赞赏态度或行为不断减少的人或事。为什么会这样呢？其实主要是挫折感在作怪。从倍加褒奖到小的赞赏乃至不再赞扬，这种递减会导致一定的挫折心理，但一次小的挫折一般人都能比较平静地加以承受。然而，继之不被褒奖反被贬低，挫折感会陡然增大，这就不大被一般人所接受了。递增的挫折感很容易引起人的不悦及心理反感。阿伦森效应的实验是通过4组被试对某一人给予不同的评价，借以观察某人对哪一组最具好感。第一组始终对之褒扬有加，第二组始终对之贬损否定，第三组先褒后贬，第四组先贬后褒。此实验对数十人进行后，发现绝大部分人对第四组最具好感，而对第三组最为反感。

## 三、生活应用

### （一）学校教育

老师让学生临摹字帖，从最简单的"一""二""三"这些字开始，学生写的时候老师就说他握笔姿势不对，角度和高度都不对。学生有点难过，但他意识到自己确实存在这些问题，于是他根据老师说的问题努力改正。第二天老师在他写字时说"不错，握笔姿势对了，但是笔握得太高了不好用力，笔也立得太直了。"学生听到后马上就进行了调整。字帖写完后，老师对他说"今天写的比昨天好一点了，但还是有很多问题"。于是老师一个一个问题给学生指出，并教导他如何改正，学生都欣然接受了。几天下来，学生对于学习写字不再像最开始那样烦躁，反而越来越有耐心，字也有了明显的进步。和上述例子一样，在学校课堂教学中，阿伦森效应的现象比比皆是。老师的表扬，会让学生产生愉悦感，但持续的表扬则可能使学生因自满而裹足不前；老师的批评，会给学生以警示作用，但过多的批评，肯定会引发学生的消极情绪；先批评，后不断增加表扬，会使学生客观地认识到自己的缺点，继之更多地关注自己的优点，持续地感受到自己的进步，进一步激发学习的勇气和兴趣。

### （二）婚恋家庭

婚恋家庭中会出现阿伦森效应吗？答案是肯定的。小芳是一位刚结婚一年多的女子，自述婚后日子越过越没意思。深入交流之后，问题浮出了水面：原来她的老公婚前对她极好，不仅经常夸奖她聪明、美丽、能干，而且每逢一些特殊的日子都会送给她精心准备的礼物来为她庆祝，在她身体不舒服的时候悉心照顾她。可是婚后却不一样了，在一些特殊的日子里，她像婚前一样满怀期待得到老公的礼物、夸奖或者约会庆祝，但老公却慢慢地越来越忽视，渐渐地少了礼物，少了赞扬，少了约会。前几天七夕，她老公不但没有鲜花，没有礼物，甚至连一条祝福的短信都没有。她因此感觉自己受到了冷落，甚至开始认为老公婚前的浪漫、体贴和深情都是装的、假的，只是为了让她嫁给他，婚后便暴露本性，对她爱答不理、不甚上心。这样的想法让小芳开始情绪波动增大，时不时就烦躁易怒，总是和老公争吵，婚姻生活越来越糟糕，双方都在这段婚姻生活里备受煎熬。为避免阿伦森效应带来的消极影响，我们在与爱人相处的时候应多关注对方的感受，让对方持续地感受到你的关心、欣赏和重视，而不要像案例中小芳的老公一样婚前体贴入微，婚后冷落忽视，让妻子屡屡失望，难以平复。

### （三）人际交往

"阿伦森效应"同样适用于我们平时的人际交往。例如，刚开始和一个陌生人接触，没必要什么事都表现得太好，甚至全盘托出，如果把这些事都表现完了，那么接下来减法印象就开始作怪了。如果你之后不像之前那样很好地去处理这件事，这时候你在别人眼里就变味了。俗话说"好事不出门，恶事传千里"，就算你之前做过九十九件好事，也会被这一件较差的突发事件所影响。甚至对其他人来说，还会有一种"你一直在表演、假装你很好"的心态。由于你不可能一次性就把自己的缺点一一展现，所以不要害怕对方会因为你的这些缺点而离开。反而是当这些缺点已经慢慢凸显的时候，尝试正视它！正视它以及学会如何去改善，让对方对你有一个肉眼可见的改变过程，这对两个人的关系来说是再好不过了！

### （四）单位工作

初入职场时，保持良好的第一印象是相当有必要的，但不需要过分刻意表达，否则会适得其反。例如，有的新员工初入职场表现得过于热心肠，过度表现自己，一旦热情下降，行为标准也随之下降，评价可想而知也会下降。其实不只是刚入职时，阿伦森效应也会发生在老员工身上，比如日常的表扬、批评、奖励与惩罚，无论你的年龄、性别、工龄、级别，可能都会受其影响。而善于应用阿伦森效应的人，总是先指出问题再慢慢鼓励表扬，就像我们民间说的"打一个巴掌揉三揉"，这样让人更容易接受。可见，阿伦森效应其实是在提醒我们不要因为自己的"先扬后抑"的表现，让同事对我们产生不良的印象，同时也要时刻提醒自己，对人的评价要客观，不要受此效应影响。

## 四、阿伦森效应的启示

### 启示1：合理应用褒贬和奖惩

人人希望得到肯定。即便是自己有些不足，也希望得到"还有希望"的期待，而不是被"一棍子打死"。赞美、夸奖和奖励，这些都可以带给人满足和愉悦，但是过度的褒奖容易让人无法正确认识自己；批评、否定和惩罚，这些都会带给人失落和不自信，但是有理有据的批评惩罚也可以让人认识到自己的缺点。所以合理运用褒贬和奖惩，可以帮助一个人更好地认识自己，在学习、工作和生活中都做得更好。在评价他人时，要先抑后扬。在指出不足后，给予必要的肯定和鼓励，这样对方就更容易接受，就会带来积极的效果。

**启示2：客观看待他人及自己**

人无完人，每个人都有优缺点，不能因为别人先表现出了自己优点，而后在发现了他的缺点或者注意到他的错误后就直接推翻原有的印象。因此，要客观看待，不要在言行举止上表现出前后明显的差异。在日常工作与生活中，应该尽力避免由于自己的表现不当而造成他人对自己的印象朝着不良方向的逆转，多以一颗平常心来面对周围的褒贬，方能避免受它的影响而形成错误的态度。

# 超限效应

## 一、名词释义

超限效应是指刺激过多、过强或作用时间过久，从而引起不耐烦或逆反的心理现象。

## 二、发现背景

美国著名幽默作家马克·吐温有一次在教堂听牧师演讲，最初他觉得演讲很让人感动，准备捐款。过了10分钟，牧师还没讲完，他有些不耐烦，决定只捐一些零钱。又过了10分钟，还没讲完，于是他决定1分钱也不捐。等牧师结束了冗长的演讲开始募捐时，马克·吐温由于气愤，不仅未捐钱，还从盘子里偷了2元钱。虽然是一个很幽默的故事，但它表明了人的耐性和做事的冲劲是很有限的，一旦刺激过多、过强，刺激的时间过长，就会导致逆反心理，也就是"超限效应"。

## 三、实际应用

### （一）学校教育

超限效应在学校教育中时常发生，例如有些教师在批评学生之后，过了一会，又觉得还需引起重视，于是反复强调，重复批评了对方……这样一而再，再而三地重复同样的批评，使学生极不耐烦，认为这样的批评讨厌至极。为避免"超限效应"的出现，教师应该切记，如果一定要再次批评，也千万不要简单地重复，应该换个角度进行批评。这样，学生也不会觉得同样的错误一再被"穷追猛打"，厌烦心理就会随之减低。对于学生的表扬也不能搞"廉价"重复，否则也将导致超限效应。有些教师认为，多批评不好，多表扬就好了。其实不然，这里也有个限度的问题。例如：某班有个差生听惯了批评，他对批评根本不当回事。但是新学期换了个班主任。这名班主任一开始对这个差生的某些"闪光点"做了表扬，起初这个差生很受感动，但是过了一段时间，这个差生发现，老师对自己的表扬越来越多，而且许多是有意拔高的。他认为这是老师在哄自己，名义上表扬，实际上分明是看不起自己，不信任自己。于是，他一听到表扬，就大为恼火。总之，教师对学生的批评和表扬都不要过多重复或刺激过强，否则学生容易产生"超限效应"。

### （二）婚恋家庭

在婚恋家庭中也会出现"超限效应"。人到中年，很容易情绪化，明明都是琐碎的小事，却因为自己看不过眼，过度操心，太过唠叨，让身边的人很嫌弃你，很讨厌你，甚至远离你。太过唠叨，就会在无形中降低身价，就会让自己失去气度，就会给自己造成许多消极影响，就会让周围人选择远离你；带着唠叨生活，就会让自己活得吃力不讨好，还会让家庭的幸福感降低，亲人不愿意跟你交心。例如，夫妻情侣间经常会因为对方频繁翻旧账而吵架生气，或是总是拿对方在意、有愧和敏感的事情说事，导致对方不耐烦而发飙：我都知道自己错了，或者都是很久以前的事了，你老提来提去干什么？是不是想吵架，还是不想过了？想要避免在婚恋家庭中因为过度唠叨引起的"超限效应"，就要学会就事论事，不要频繁翻旧账，也不要因为琐碎小事过度唠叨。在婚恋中，让彼此舒服大于一切，其他都是对这句话的注解。

### （三）人际交往

等到有一天你会发现，那些真正能帮助到你，或愿意帮助你的人，并不是和你经常玩在一起、称兄道弟的那类人，而是那些许久未联系怕打扰到你，但心里依然有你的人。电影《飞驰人生》中说道："人在顺境时的友谊是不坚固的"。玩了很多年，走得很近的人，突然之间就不来往和走动的比比皆是。这种人际交往中的现象，可以用"超限效应"来解释。其中的原因就在于没有掌握一定的尺度——来往得太频繁，没有一点神秘感。且每次见面后的活动过多，一场还没结束就想着安排第二场、第三场，一下子搞到位。结果耗费大量财力的同时，也导致大家身心疲惫，给彼此的生活和家庭带来了不可避免的麻烦和压力。结果一两个月都不想再见彼此一面，关系渐行渐远。因此，在人际交往过程中，为避免"超限效应"，我们就要学会经营细水长流的关系。虽然不经常联系和打扰，但是却心系对方。而每次见面后，点到为止，有一种意犹未尽，还想着下次什么时候能再见到的迫切感觉。因此，在人际交往中保持适当的距离，会产生意想不到的结果。

（四）单位工作

工作中也会出现"超限效应"吗？答案是肯定的。举个例子，说到工作，必然少不了开会和培训。很多公司的会议和培训，长得堪比一部电视剧。开会之前心之所向，培训之后晕头转向。长时间痛苦的"刺激"，早已让人的心思飞到九霄云外。结果一天下来，既没讨论出个好结果，又没学到点东西。人的精力是有限的，时间一长注意力就开始分散。成年人的学习时间一般维持在50分钟，之后就需要放松休息，高效的会议应当控制适度的时间。再比如，大部分人在工作上难免会出现错误，上级如果对这个错误耿耿于怀，反复提及，就会令下属感觉不快，甚至会辞职不干。错误发生并发现后，下属会自责内疚，一次的批评教育应该就够了，切忌重复多次的训斥。为避免过度批评引起的"超限效应"，领导对工作出现差错的下属，应抱着积极、包容的态度，友善地处理好这些问题，给予批评时要就事论事，切忌翻旧账，切忌没完没了的批评，点到为止就好。

## 四、超限效应的启示

### 启示1：物极必反，过犹不及

超限效应启示我们要把握适度性原则，过多的重复，过强的刺激容易起反感。比如说我们很爱吃的食物，每天大量地食用，也会感觉食饱无滋味。在疫情防控期间，我们长时间地居家休息，不能外出工作、上学，也让人感觉休息得太久了。在与人交流中，要学会照顾好对方的感受，滔滔不绝、自说自话，很容易招致别人的反感，而别人一旦产生对抗，想必你也会感觉不舒服。因此，为了避免超限效应的影响，凡事把握好度，物极必反，过犹不及，适当频次、适当强度、适当的量，才是最好的。

**启示2：避免超限，适度表达**

古语云："话说三遍淡如水"，就是因为这三遍或三遍以上的啰嗦，仅是同样话语的重复、重复、再重复。要知道，再好吃的食物，让你天天吃，你也有吐的那一天。那又何必在别人、在孩子面前，做一个喋喋不休的"唐僧"呢？如果一件事，一个任务，甚至一个错误，我们可以由浅入深地进行分析，让对方觉得这不仅仅是指责、是埋怨、是贬损，而是真地想和他一起解决问题，杜绝下次再有同样的失误。这样的表达，不但可以找到深层次的原因，还能发现若干个解决方案，以备不时之需，这样的表达才不容易给对方带来抵触情绪。所谓超限，是人们超过了对"祥林嫂式"表达的忍耐限度，而触发了逆反心理。怎么解决？要么言简意赅，要么使自己表达更加精彩从而提高大家的忍耐阈值。

# 互惠效应

## 一、名词释义

互惠效应是指你付出别人所需要的，别人也会给予你所需要的，当我们接受了别人的帮助后，感到自己理应给予对等回报的心理现象。

## 二、发现背景

康奈尔大学教授丹尼斯雷根做过这样两组实验：邀请一些自愿参加实验的人来给一些画评分，第一组实验人员在大家评画时出去买了一些饮料，分给在座评画的每个人，第二组实验正常进行，实验人员没有外出买饮料。两组实验结束后，实验人员说自己在帮一个朋友销售一点彩票，能否帮个忙，花几美金买几张？第一组参加实验的人员很爽快地答应了实验人员的要求，而第二组参加人员则以种种理由拒绝了这个要求。通过这个实验我们可以看到接受了他人恩惠的人总是想要做点什么来作为回报，我们把这种心理称之为"互惠效应"。古语有云："投我以桃，报之以李。"让人们接受恩惠就自动产生了亏欠还债感，而这种亏欠感就会促使人们做出自动还债的行为。

## 三、生活应用

### （一）学校教育

在学校教育中，我们应该运用好"互惠效应"。中国有句老话："滴水之恩，涌泉相报"，也就是说，做人要懂得感恩。可是，我们在生活中看到，很多孩子集"万千宠爱于一身"，却不知感恩为何物。例如，有的孩子把父母对自己的付出认为是理所当然的事，一味地向父母索取，从不体谅父母，甚至为了满足自己的欲望，做出种种令人伤心的事。有媒体就曾报道：某地一位父亲为了挣钱供儿子上学，弹着土琵琶挨门挨户卖唱。儿子在大街上遇见后，竟然绕道而行。当父亲去学校给他送钱时，他对同学说，父亲是自己的老乡……学会感恩，并懂得关爱和回报，有助于孩子健康成长和良好人格的形成。因此，父母从小就要教育孩子懂得感恩，使孩子认识到对自己拥有和享受的一切抱有感激之情的重要性。在孩子的学习和生活中，我们除了利用"互惠效应"重视引导孩子与人交往懂得感恩之外，还要教会孩子善于保护自己，不要接受陌生人的恩惠。因为按照"互惠效应"，孩子接受了别人的恩惠，必然会削弱选择能力和判断能力，很容易吃亏上当。

### （二）婚恋家庭

婚恋家庭中也存在"互惠效应"。例如，小肖在恋爱中，他总是主动付出的那一方，对女方言听计从，爱护有加。出门在外，总是抢着买单，还经常送花、送礼物来讨女朋友的欢心。不论他对女朋友多好，女朋友非但不珍惜，反而对他呼来唤去，时常在朋友面前丢了面子。为什么会出现这么大的反差呢？其中一个很重要的原因是男方总在付出和给予，女方则在享受和索取。两者之间不是互惠的关系，存在着一种不公平"交易"。人性中，只有愿意付出的人，才会更珍惜；只会索取的人，离开时才很坦荡，没有丝毫的顾虑和犹豫。一段关系的久远，需要互惠平衡。当一方付出多却收获少，一方付出少却收获多时，就会失去平衡，造成不公平。要避免这些情况的发生，就要运用好"互惠效应"，做到及时的回馈和感恩，肯定他人成绩不抢功劳，掌握平衡。因为平衡，才会久远。

### （三）人际交往

日常生活中，我们有没有这样的感受：如果有朋友请我们吃饭，我们也会时刻记着下次回请朋友；有哪位朋友帮了我们一个忙，我们也应该想着找机会也帮他一次；有人送了我们一个生日礼物，我们也会想着对方过生日的时候送点礼物。总之，人家给了我们什么好处，我们都会想方设法去回报。为什么我们会产生这样的心理呢？这就是"互惠效应"的力量。

当我们受到恩惠、礼物和邀请后，我们自己也理应给予回报。因为对恩惠的接受往往与偿还的义务紧紧联系在一起。日常生活中，有些人总是想得到所有东西，不论在哪些方面都斤斤计较、为人刻薄，到最后即使得到了想要的，却也失去了人心。相反，有些人总是乐善好施、喜欢交朋友，因而在无形之中积累了大量的人脉和人情，在平时的生活工作中能起到很大的作用，这就是运用"互惠效应"产生的好结果。

**（四）单位工作**

"互惠效应"也是重要的职场生存之术。这里的互惠，是一种非常巧妙的方法，需要润物细无声，用你的体贴来感动别人，赢得好人缘。我们知道，职场关系夹杂着很多利益和权力。因此，当你刻意地去接近别人时，人们难免对你有所防备，这样即使实现了自己的目的，也会被人们所排斥。只有不经意间表现出来，顺其自然地对别人好，才能打动别人。例如，平时可以学会主动对同事"示好"，适时地给予同事帮助，这种看似是吃亏的行为，在将来的某一天会发挥巨大的作用。毕竟，别人给我们的好处，我们也会放在心上，当他们需要我们帮助的时候，我们也会愿意伸出自己的手。很多职场人总是要求公司多给自己一些回报，总感觉自己得到的不够多。实际上，公司、企业单位都是公平的，对待员工都是一视同仁的。那就是你有多大的能力、你为公司做了多少事，你就应该得到多少薪水报酬，这就是员工与单位之间的"互惠"。

## 四、互惠效应的启示

### 启示1：爱别人就是爱自己

俗话说"欲取必予"，你付出别人所需要的，他们也会给予你所需要的。古语有云："投我以桃，报之以李"。对于别人的恩惠，我们不能无动于衷，而要以另一种方式报答他人。你付出得越多，得到的回报就越多，因为你在关爱对方的同时，对方也会借助其他方式关爱你。俗话说："滴水之恩，当涌泉相报"。在中国优秀传统文化的熏陶下，一个人得到他人的帮助后，也会想着对方。当对方有求于自己时，常会表现得心甘情愿，理所应当地给予帮助。正是如此，有时候看似吃小亏的人却能够获得大利益。

### 启示2：理性对待促销活动

生活中促销活动很多，促进的方式也花样翻新。例如，双十一、双十二，每年各大门店的周年庆典促销活动等等。表面上看，促销活动就是打折活动，让人产生一种强烈的"你若不买就亏了"的感觉，于是在短期内，确实有助于提高商品的出售率。商家正是借助消费者"不买吃亏"的心理，通过让利提升商品的销售量，虽然某种程度上对消费者有利，但是往往会让消费者陷入"买买买"的局面。因此消费者在面对商家降价促销的时候，需要保持理性，以免过度消费。事实上，促销活动的背后，也是"互惠效应"在起作用，商家通过让利的行为使得消费者对商品产生兴趣，销售额的提升也会让商家的让利行为产生回报。

# 框架效应

## 一、名词释义

框架效应是指对于同样的结果，用不同的语言方式加以表达，会影响人们决策判断的现象。

## 二、发现背景

诺贝尔奖获得者丹尼尔·卡尼曼提出过一个经典的思维框架例子，假设一种疾病可能会造成600人死亡，为此提出了两种情景。情景一：对第一组被试（N＝152）叙述下面情景：如果采用A方案，200人将生还。如果采用B方案，600人全部获救的可能性是1/3，而有2/3的机会无人生还。结果72%的人选择A方案。情景二：对第二组被试（N=155）叙述同样的情景：如果采用C方案，400人将死去。如果采用D方案，有1/3的机会无人死去，而有2/3的机会600人将全部死去。结果78%的人选择方案B。实质上情景一和情景二中的方案都是一样的，由于提问方式的影响，使得第一组受访者主要考虑的是救人，而第二组受访者则主要考虑将要死亡的人数，因此，第一种情况下人们不愿冒死更多人的风险，第二种情况则倾向于冒风险救活更多的人，两种情况分别表现出对损失（死更多的人）的回避和对利益（救活更多的人）的偏好。由于这小小的语言形式的改变，使得人们的认知参照点发生了改变，参照点不一样，人们决策的方式也不一样。

## 三、生活应用

### （一）学校教育

学校教育中也存在"框架效应"。例如，月考前老师告诉同学们尽快收拾东西准备布置考场，15分钟过去了，依然有一个同学坐在座位上写东西。此刻，老师的语言表达若是："张同学，你能不能快些？全班都在等你一个人！"。那么，学生肯定是沮丧的、难过的、甚至是怨恨的，因为老师把学生推到了对立面。但是如果老师换上一副笑脸说："小张同学，你要是能快点收拾好，咱们班布置考场的速度就可以加快了，你也可以有更充裕的时间来准备考试"。这样的话，也许他就能比较快地收拾好离开了，这就是学校教育中的"框架效应"。为此，教师在教育管理学生时，要注意自己的说话态度和方式，多肯定，少否定，少用令学生讨厌的诸如"我不是强调了多少次？""这点小事你都干不好""你必须给我……"这样的用语。总之，不生气，不和学生较真，换个说法，让学生意识到问题所在，并主动地解决问题，何乐而不为？

### （二）婚恋家庭

婚恋家庭中的"框架效应"是如何表现的呢？当我们希望和伴侣完成一件事的时候，我们可以尝试运用"框架效应"增加对方同意的几率。比如，我想和我的男朋友一起去看电影，往往会说，"亲爱的，今晚我们去看电影好不好？"，那么对方的回复里，就有50%的可能是拒绝你的，他的回复可能是，"我今晚要加班"，或者"我今天不想去"等等，因为你把他回答的范围限定在了可以去或者可以不去。如果，你的范围限定在可以今天去，或者可以下次去呢？比如，你可以说"亲爱的，最近新上映了一部电影，我们是今晚去，还是明天晚上去看呀？"，这个时候，他的选择范围就是，今晚去或明晚去，那么同意的可能性就很大了。因此，在与伴侣的交往中，我们可以注意用巧妙的方式表达自己的需求，站在对方角度考虑，他可能会赞同，这比起指责、抱怨、生硬的命令可能有效得多。

### （三）人际交往

在人际交往中学会合理运用"框架效应"，可能会大大增加你的沟通效率。举个例子，有一个人新买了一辆很拉风的跑车，但是却对外宣称，车概不外借。没多久，却发现有一个朋友，总能借到这辆跑车。原来，第一次借到车的时候，这个朋友说了一句："×总，多久没洗车了？这么好的车这么脏？我朋友开了一间精洗店，洗车洗得又快又干净。油也快没了，那旁边就有个加油站，还可以顺便加个油"。他知道车主平时都很忙，所以没空去洗车。果然在车主抱怨平时太忙了之后，他就顺势说，我去给你把车洗洗，顺便把油加了。于是第一次借车就成功了。有了第一次，后来就简单多了。后续借车，只要看到车脏了，油剩下一半了，那个朋友就说，"×总，你的车又该洗又该加油了。我去给你洗车加油，顺便兜一圈。"每次借车无往不利！看完这个故事，我们可以领悟到：当人们感觉某件事带来的是"收益"而不是"损失"时，他们对这件事就不抵触，这就是人际交往中的"框架效应"。我们与人沟通时，也可以尝试站在让对方获得收益的角度来讲，让对方容易接受我们的建议或请求。

### （四）单位工作

在单位工作中，是否也会出现"框架效应"呢？答案是肯定的。年底将近，正是各单位部门对各项工作进行年终总结的"高峰期"。然而现实中，存在个别单位或部门工作总结打起"框架效应"的擦边球。有的在"数据"上做文章，如某项指标增长率在9%–10%区间，会说成"近10%"或"近一成"；又有的在"文字"上下功夫，如上年问题的整改还有遗留，被描述成"问题基本整改到位"；还有的在"说法"上动脑筋，如某项领域发展实际效果不明显、甚至未起步，会换成"我们将高度重视，推动目标如期完成"等说法。同样的工作绩效和任务结果，经过另一种"侧面委婉"的表达方式，看上去"说的也没错"，却巧妙地避开实际问题、故意美化工作"颜值"。无疑是加水分，蒙骗上级领导和群众，既不利于求真务实的工作作风建设，也不利于本单位部门认真对照工作得与失进行自我检视。在工作总结中利用"框架效应"美化数据、文字等，说到底是掩盖事实真相，以欺骗谋私利，应该杜绝。

## 四、框架效应的启示

### 启示1：深思熟虑，合理选择

既然框架效应会影响我们决策，那我们要如何减少框架效应的影响呢？有研究发现，对特定问题"参与度"更高的人，受该问题框架效应的影响会更低。"参与度"可以被认为是你对该问题的投入程度。与"参与度"较低的人相比，那些"参与度"更高的人更有动力去获取和处理与该问题相关的信息，这使得他们更不容易受到框架效应的影响。这意味着当我们要做出决策时，应该仔细思考涉及该问题的各项选择，并努力使自己对这一问题有更深入的了解。当我们仔细思考自己的选择时，框架效应便会减弱或消除。在此基础上更进一步的方法是，仔细思考我们做出特定选择的理由。当我们真正开始思考我们为什么偏偏做出某一选择时，我们才更有可能意识到，这个决定是否受到了该选项呈现方式的影响。

### 启示2：积极表达，提高效率

框架效应可能会对我们的生活产生消极的影响，它可以通过对糟糕的选择进行正面宣传来损害我们的决策。过于聚焦某件事情的表达方式（框架）会导致我们忽略实际的信息内容，而后者通常才是更重要的。但同时，意识到框架效应的影响也意味着我们可以利用框架效应来发挥我们的优势，比如套用更积极的表达框架来让我们的工作成果更具吸引力，更加有效，以此让对方更容易接受我们想要传达的信息。特别是在管理或合作过程中，我们要呈现的信息内容固然重要，但如果能通过更有效的框架来表达我们的观点，也是高效率工作的体现。

# 留面子效应

## 一、名词释义

留面子效应是指人们拒绝了一个较大的要求后，对较小要求接受的可能性增加的现象。这与"拆屋效应"相似，即先提出较大的要求，接着提出较小的要求，接着提出较小的要求，比直接提出较小的要求更容易被接受。

## 二、发现背景

心理研究者查尔迪尼等人曾做过一项研究，要求研究人员将参与实验的大学生分成两组，对于第一组大学生，研究人员要求他们带领少年们去动物园玩一次，需要两个小时，但只有1/6的学生答应了这个请求。对于第二组大学生，研究人员首先请求他们花两年时间担任一个少年管教所的义务辅导员，这是一件费时费力的工作，几乎所有的大学生都谢绝了。他们接着提出了一个小的要求，让大学生带领少年们去动物园玩两个小时。一大半学生都答应了这个请求，他们认为这个请求较上一个太容易了。为什么在拒绝了别人一个很大的要求后，人们会愿意答应对方一个小小的要求作为补偿呢？心理学家称之为"留面子效应"。留面子效应的产生，主要是因为人们在拒绝别人的大要求的时候，感到自己没有能够帮助到别人，损害了自己富有同情心和乐于助人的形象，辜负了别人对自己的良好愿望，会感到一点内疚。这时，为了恢复在别人心目中的良好形象，也达到自己心理的平衡，便欣然接受了第二个小一点的要求。

### 三、生活应用

#### （一）学校教育

在教育实践中，对于成绩优秀而骄傲情绪日盛的学生，教师可以采取"留面子"的办法，即先提出一个较高的目标要求，抑制他们的骄傲情绪，使之认识到自己的不足，而后再以较低的标准来要求他们，对他们的点滴进步给予鼓励，以克服优等生中的"高原现象"，使优生更优。另外，老师在布置作业的时候，也可以采取留面子效应的原理。一般来说，喜欢做作业的学生很少，即使优秀的学生，也希望老师们布置的作业能少一些。这样的话，老师在布置作业时，不妨先布置多一些，等学生有所反应的时候，装作让步的姿态说："那这样吧，你们可以选做里面的一些题目"。如此一来，学生不仅不会埋怨作业比较多，反而感觉是老师理解他们的学习压力，作业的效率也没有降低。

#### （二）婚恋家庭

恋爱与婚姻中，我们总有一些心理需求希望得到满足，这时我们不妨会用"留面子效应"。例如，夫人需要先生每半年陪她国内旅行一次，但夫人知道不喜欢旅游的先生很可能会拒绝，夫人就先和先生说："最近有个欧洲十国游性价比特别高，我们能一起去吗？"先生的理由一如既往，工作忙碌没时间，贷款压力也大。夫人这时说："确实，欧洲十国的要求有些过分，但我也是看我们最近工作都太辛苦了，才想着去旅游放松下，要不我们去南通休息几天吧。现在南通发展的很快，旅游条件又好。"这时，先生跟预期的一样，虽然有点为难，但最终还是同意了。婚恋家庭中，这样表达自己的合理需求，伴侣更容易接受，一方面因为已经拒绝过第一个请求，再拒绝一个情面上过不去；另一方面，两个要求的比较，让伴侣不自觉地被带进你的节奏中去。

#### （三）人际交往

在人际交往过程当中，假如说某人拒绝别人的要求之后，可能会做出一定的让步，给对方一个面子，让对方获得一定的满足。出于补偿，拒绝别人后对别人提的下一个要求的接受性就会增加。比如：你打算在朋友那里借200元钱，有两种方式，一种是直接告诉朋友："能借我200元钱吗？"朋友可能马上回答："我也手头紧呢"，借钱没能实现。另外一种是先告诉朋友："能借我500元钱吗？救急用"，此时朋友可能会说："500元没有，先借你200元行吗？"这样你的目的就实现了。学会合理运用"留面子效应"，可以更好地与人进行沟通交流，向别人发出请求。但值得注意的是，自己不想做的不要强加到别人身上，也不要为了自己的利益去利用其他人。而且"留面子效应"不是所有场合都可以使用的，提出要求时要考虑对象，如果对方没有与你有很亲密的关系，你却想要提出过高的要求也是不太可能实现的。

（四）单位工作

在企业管理中，管理者可以利用"留面子效应"，先给员工一个较大的压力再将压力降低，这样可以提高员工的工作热情和效率。例如，年底了，企业效益不好，没有钱来发年终奖了，如果直接宣布不发年终奖，可能会导致员工强烈的不满，造成不可收拾的局面。这个时候就可以借助"留面子效应"。先在公司放出消息，由于效益不好，企业不得不在年底裁掉一部分员工。就在很多人惶恐不安的时候，老板再正式宣布，虽然效益不佳，本来打算裁掉部分员工以压缩成本的，但是公司决定与大家同甘苦，共患难，决定不裁员，但是大家的年终奖可能就发不了。这种策略解决了员工可能会因为没有年终奖产生不满情绪的状况，而且让大家更庆幸没有被裁员。这样做既安抚了员工，也可以使员工对企业更加忠诚和信任。

## 四、留面子效应的启示

### 启示1：先大后小，循序渐进

当你想要想对别人提出一个请求时，可以先说一个大一些、困难一些的要求，再说一个小一些、实际一些的要求，这样对方答应的几率会大大提高。当你想要得到自己期望的结果时，不妨做出适当的退让。有时，一点小小的退让会使对方的心理得到极大的满足而更容易答应你的要求。"留面子效应"是一把双刃剑，善加利用可以使沟通、交流事半功倍。但应切记：己所不欲，勿施于人。不要为了一己之私，轻易利用他人的心理。"留面子效应"不是放之四海皆准的，是否会发生作用，关键在于双方关系的亲密程度以及提出需求的合理程度。

### 启示2：跳一跳，够得到

"留面子"效应对教育的启示是，对孩子进行严格教育需要考虑要求是否适度。对孩子的要求要掌握好分寸，过高的要求，孩子可能难以承受，自信受到打击，物极必反；过低的要求又容易放任自流，使孩子失去学习的动力。因此，我们在教育引导中可以运用"留面子效应"，在总体要求确定的基础上，给孩子设计一个一个"小步子"的要求，正所谓"跳一跳，够得到"，帮助孩子收获自信，一步一步地自我提高，完善自己。

# 名人效应

## 一、名词释义

因专家身份而带来宣讲内容权威性增加、可信度、可接受性提高的现象叫名人效应。

## 二、发现背景

俄国心理学家符·施巴林斯曾做过这样一个试验：他把进修班学生分成四组，请一位副教授分别向他们做关于"阿尔及利亚学校教育情况"的讲演。讲演者虽用同样的讲稿和相同的教态，但每次穿不同的衣服，以不同的身份出现。第一组以副教授的身份出现，第二组以"中学教师"的身份出现，第三组以参加过阿尔及利亚国际赛"运动员"的身份出现，第四组以"保健工作者"的身份出现，结果发现学生对讲演效果的评价有显著差别。由于学生有"不是专家就讲不清教育问题"的心理定势，所以第三、四组的学员反映，讲演者语言贫乏，内容枯燥无味，教态不端正，甚至有人埋怨"白费时间"。而第一组学员普遍地给予好评，认为讲演者"学识渊博"，对问题及其特点研究得很细致，而且语言生动活泼，教态落落大方，因而感到颇有收获。因此，这种专家身份带来的权威性、可信度被提升称为"名人效应"。

## 三、生活应用

### （一）学校教育

让孩子把某一名人作为自己的崇拜偶像，决心做像偶像那样的人，有助于孩子上进心的培养。需要指出的是，这里的名人是指因自己的才能和奋斗而为社会为人类作出突出贡献的人，而不应包括歌星、影星等因职业原因而成名的人。例如，小丽读了冰心的《小橘灯》之后，便对冰心崇拜得五体投地。当时，她便决心要做一个像冰心那样的作家，于是小丽阅读了有关冰心的各种传记，平时也注重模仿冰心的写作风格，遇到挫折以后想想冰心的故事，便有了克服困难的勇气。若干年后，她果然走上了文学之路。这就是学校教育中运用"名人效应"的典型案例。因此，我们可以鼓励孩子多读名人传记或名人故事，效仿名人的言行举止、行为方式及对知识的渴求等，都会在孩子的心灵深处留下深深的痕迹。受到名人故事的鼓舞，他们更容易以名人为榜样，沿着名人成功的足迹，勇敢向前，去探索人类知识的宝库。

### （二）婚恋家庭

婚恋家庭中也会出现"名人效应"。为了迎合部分观众的喜好，以及受日本韩国影视文化的影响，近年来都市偶像剧占据着荧屏。这类影视剧往往选择帅气漂亮的明星作为主演，其内容却往往宣扬了一些不正确的爱情观。一些缺乏辨别能力的年轻人因为喜欢剧中的明星，接受了影视剧中宣扬的错误的价值观。例如，静静是一个男明星的忠实粉丝，只要是这位明星出演的影视剧，静静都会看好多遍。她渐渐地接受了剧中宣扬的爱情观，认为感情是超越一切的万能魔方，只要是为了追求爱情，所做的一切都是不用考虑的。在这种价值观的影响下，她总是渴望遇见一个能无条件喜欢自己的白马王子，却忽视了自身的缺点与现实因素，静静的感情之路变得十分坎坷。这就是"名人效应"给人的婚恋观带来的误导。为避免这种现象，缺乏社会阅历、生活经验的青少年更要注意偶像的选择，要注重学习名人优秀的品质、努力成才的过程等，而不要盲目崇拜，不辨是非，接受错误的价值观念，影响自身健康成长。

### （三）人际交往

任何一个人都希望和名人交上朋友，很多人也许并不是名人，却可以通过与名人发生联系来提高自己的价值。华华在一家公司做销售，没过几年就因为出色的销售业绩成功晋升为销售部门主管。而华华成功的秘诀就是，每次向别人销售商品之前做自我介绍，他一定会拿出自己的一张照片，照片上是他与一位名人的合影，其实华华和这个人并不熟，只是一次巧合与他合了个影。但是华华利用这张照片编造了一个故事，用来说明他和这个人的关系非常要好。顾客一听便觉得华华一定是一个有能力又值得信赖的人，于是更愿意买他的产品。这就是在人际交往中运用"名人效应"提高自身权威性、可靠性的典型例子。虽然我们并不提倡这样的欺骗行为，但华华确实利用了名人效应，来提高了自己的形象，并让自己从中受益。我们在与人交往的过程中也可以合理运用"名人效应"，通过对自己可靠形象的打造，对自己知道的名人名言的输出，或者借助认识的权威人士的故事等等，树立自己良好的形象，从而得到别人的欣赏与信赖。

**（四）单位工作**

在工作中可以善用"名人效应"强化产品形象、提高产品的知名度与曝光度。举个有趣的例子，老王想要卖马，他将自己的马牵到附近的集市上，可是集市卖马的人很多，自己的马无法从中脱颖而出，一连三天都无人过问，他就去见相马专家伯乐并说："我要卖一匹马，请您无论如何帮助我一下。您只要围着我的马看几圈，走开后回头再看一看，我付您一半的酬劳。"伯乐同意了，真的去市场上围着马看了几圈，临走时又回头看了看，伯乐刚一离开，马价立刻暴涨了十倍。名人效应，可见一斑。因此，在单位工作时我们选择名人作为产品的形象代言人是一项创造性的产品推广方式，所选择的名人应是能被公众普遍认可、有着积极影响，并对产品有高度的适应性，一位精心挑选的名人至少能引起公众对产品或品牌的注意。

## 四、名人效应的启示

### 启示1：利用名人效应，影响消费行为

一方面，可以运用"名人效应"将对名人的关注转移到对其产品的关注，提高产品关注度和知名度。利用受众对名人的喜爱，使得消费者爱屋及乌，增加对品牌的好感度。另一方面，由于明星的特殊地位和富足的生

活水平，其日常用品理所当然地被认为是品质好、值得信赖的商品，从而使得产品的信誉度有很高的提升。因此，可以借助"名人效应"提高产品价值，影响消费者的观念和行为。

**启示2：学会擦亮双眼，避免盲目跟从**

"名人效应"是一把双刃剑，在提升可信度的同时，也会被一些无良商家利用。虚假、误导广告层出不穷，屡禁不止，其中有不少就是名人广告，特别是涉及医药产品与医疗服务方面，造成的危害及恶劣影响更大。总之，"名人"与"广告"两相和谐才会产生积极效应，否则，其负面效应将会作用到广告商、消费者，也包括名人自身。社会过于追捧、盲目趋从"名人效应"的现象应有所抑制，消费者也应擦亮双眼，不仅关注名人广告，更要深入了解产品的参数、功能等，确认是自己需要的商品，而不是盲目跟从。

# 南风效应

## 一、名词解释

南风效应又称"南风法则"或"温暖法则"，是指在人际交往中，温和的沟通、相处方式可以让人觉得轻松舒适，产生较为良好的正面效应。

## 二、发现背景

南风效应来源于法国作家拉·封丹，写过的一则寓言《北风与南风的较量》。说的是北风与南风比威力，看看谁能把行人身上的大衣脱掉。北风使出浑身的力量，给人们来了一个狂风呼啸，寒冷刺骨，试图吹掉行人身上的衣服，行人为了抵御寒冷，把大衣裹得更紧了。而南风，徐徐的吹动，顿时风和日丽，使天气温暖起来。行人因为觉得暖和，越来越热，相继脱掉了大衣。这场比赛，南风获得了胜利。这就是"南风效应"这一社会心理学概念的出处。在这则寓言故事中，北风和南风都要让行人脱掉大衣，但由于方法不一样，结果大相径庭。北风遵循惯性思维，只想一举吹掉行人身上的大衣，结果无功而返；南风则善于顺时而动，不是盲目吹下行人的大衣，而是让行人感觉温暖，然后自觉脱掉大衣，结果如愿以偿。南风之所以能达到目的，就是因为它顺应了人的内在需要，使人的行为变为自觉。心理学家将这种以启发自我反省、满足自我需要而产生的心理效应称作"南风效应"。

## 三、生活应用

### （一）学校教育

学校教育中，有的教师碰到"差生"，开始时还能用平和的心态对他们进行教育，希望感化他们，可当这些工作的"转化"效果微乎其微时，就失去了信心和耐心，继而会出现一种讨厌的心理，一见他们就没好心情，更没好脸色。只要这些"差生"一违反纪律，对他们不是批就是骂，教师原先的那份耐心全失，可结果是"差生"的表现越来越差，"差生"人数也越来越多。教育这类软硬不吃、"刀枪不入"的"差生"，要想达到预期的效果，用"严厉"的方法十有八九是会失败的。但学生毕竟是学生，尽管表现有些"差"，但他们要求进步的愿望还是有的，希望得到他人的认可。只是他们的"外壳"比较坚硬，"严厉"而简单的教育方法难以穿透，而用表扬的方法，一两次也不易感化他们。因此教育这类学生，我们可以参考"南风效应"，要有足够的耐心，长期温暖地鼓励、陪伴，激发学生自我完善的内在动力。相信，精诚所致，金石为开。

（二）婚恋家庭

婚姻可以说是大部分人人生的后半程，对于夫妻两个人来说，要相处大半辈子，能否有一个幸福的婚姻，看似是命运的安排，实则也是人为的原因在操控着。常常会有已婚男性这么说道："和你结婚，我原本觉得自己能够拥有一个温暖的家庭，有一个体贴我懂我的妻子。可是每一次在我需要你鼓励，安慰的时候，你却对我总是冷言相对。我觉得我在你心里面是一个无关紧要的人，你从来都不会对我有半点关心，这样子的婚姻生活并不是我想要的"。尽管男性的此类论述并不一定客观准确，但我们可以看出，丈夫希望得到的是温柔体贴的话语，而不是泼冷水，他需要"温暖的南风"。有心理学研究者曾经做过一项调查，结果发现，无论是对于男性来说还是对于女性来说，在选择伴侣的时候，"温柔"都是最受欢迎的性格品质。由此可见，想要增进与恋人之间的感情，我们就要学会掌握"南风法则"，试着去做一个"温柔"的人，多用温暖的话语安慰和鼓励对方，少指责、少埋怨，让对方感受到家永远是最安全的港湾。

（三）人际交往

南风法则告诉我们的是，在人际关系中要学会用温情与别人交往。其中微笑就是一股温暖的力量，微笑确实如同阳光，它总是能带给别人温暖。希尔顿旅馆的员工，时时刻刻做到"笑脸迎人"，使得旅客对他们产生一种宽厚、亲切、平易近人的良好印象，从而大大地提升了希尔顿旅馆的知名度，来此旅馆住过的人，几乎没有不愿意当回头客的。日本著名的松下电器公司的老板松下幸之助曾说："以笑脸相迎，就是有偿服务"。简简单单的一个表情，只要我们发自真心，就能在嘴角荡漾起一朵温暖的花。人与人之间的沟通，原本就建立在彼此真诚相待的基础上，当我们对彼此设下严重的心理防备时，微笑就成了双方进行良好沟通的稳固桥梁。它就像一个神奇的魔法师，当我们对别人展露微笑的时候，别人就会感到心情舒畅，从而回赠我们一个温情脉脉的微笑。我们都在微笑中，感知到彼此内心的善意和真诚，然后悄悄融化彼此间的隔阂。

### （四）单位工作

企业在对待员工时，要多点"人情味"，实行温情管理。具有"人情味"的公司，总会拥有令人嫉妒的好员工。有个朋友在某企业做业务，薪资水平让人羡慕，前几天却突然离职了。原因是亲属生病入院需要他马上回去，请假时老板很不情愿，只问突然离开，工作怎么办，这使他心生冷意，处理完事情后他毅然辞职了。另一位朋友在公司做了5年依然坚守，朋友们都劝她跳槽换个待遇更好的。她给我们讲了一件小事，有一次小孩没人照顾，她只好带来公司，她要求孩子在休息室看动画片不要影响他人。中途她去看的时候，发现孩子旁边放了好多同事送来的零食，老板路过还陪小朋友玩了一会。她感到了公司的温情，所以愿意留在那里付出更多的努力。由此可见，充满人情味的公司，往往会让员工倍感舒适，在无形中促进员工对公司产生归属感和忠诚感。生活的各个方面都离不开和人交往，温情始终最得人心，同样的想法采用不同的表达方式会得到的结果，有很大的不同，谁不喜欢被温暖的南风所包围呢，心理的舒畅会拉近人们的距离。


## 四、南风法则的启示

### 启示1：感人心者，可先乎情

南风法则告诉我们，感人心者，可先乎情。爱和尊重是人的基本需求，人人都希望得到他人的肯定与欣赏。倘若在学习或者工作过程中，有人能够给你多一点关怀，我想对于很多人来说这是一件非常鼓励人的事情，这样会增强我们的自信心，会更加努力地学习和工作，努力配得上别人给予你的鼓励与帮助。温情管理能够激发员工的工作热情和聪明才智，能够增加员工对公司的忠诚和学生对老师的信任。我们需要有耐心，真诚的鼓励和赞美，并且需要变成习惯，"南风"不能浅尝辄止。

**启示2：审时度势，相机行事**

在处理人与人之间的关系时，要特别注意讲究方法。寓言故事中，北风和南风都要使行人脱掉大衣，同一目标，方法不一样，结果大相径庭。两者的区别在于北风依旧遵循惯性思维，只想用自身的风力吹落行人的衣物，结果显而易见；南风则善于顺时而动，不是盲目吹下行人的大衣，而是让行人感觉温暖，然后自觉脱掉大衣，结果如愿以偿。因此生活中，我们遇事要根据实际情况审时度势，相机行事，只有这样，才能收到事半功倍的效果。同时要尝试摆脱传统的思考模式，去寻找更便捷更高效的方式解决问题。对于不同类型的学生或员工，应当因人而异，采取不同的激励方式，以尽量满足不同的需求，达到预期的激励效果。

# 时钟效应

## 一、名词释义

时钟效应，又称手表定律，是指一个人有一只表时，可以知道确切的时间，但当拥有两只表时，反而会对时间准确性判断失去信心的现象。

## 二、发现背景

森林里生活着一群猴子，每天太阳升起的时候它们外出觅食，太阳落山的时候回去休息，日子过得平淡而幸福。一位游客穿越森林，把手表落在了树下的岩石上，被猴子"猛可"拾到了。聪明的"猛可"很快就搞清了手表的用途，于是，"猛可"成了整个猴群的明星，每只猴子都向"猛可"请教确切的时间，整个猴群的作息时间也由"猛可"来规划。"猛可"逐渐建立起威望，当上了猴王。做了猴王的"猛可"认为是手表给自己带来了好运，于是它每天在森林里巡查，希望能够拾到更多的手表。功夫不负有心人，"猛可"又拥有了第二块、第三块表。但"猛可"却有了新的麻烦：每只表的时间指示都不尽相同，哪一个才是确切的时间呢？"猛可"被这个问题难住了。当有下属来问时间时，"猛可"开始支支吾吾回答不上来，整个猴群的作息时间也因此变得混乱。过了一段时间，猴子们起来造反，把"猛可"推下了猴王的宝座，"猛可"的收藏品也被新任猴王据为己有。但很快，新任猴王同样面临着"猛可"的困惑。更多手表并不能告诉人们更准确的时间，反而会让看表的人失去对准确时间判断的信心，这便是"手表定律"。

## 三、生活应用

### （一）学校教育

在学校教育中，手表效应也经常出现。例如：小明是一个普通的高中生，快要到期末考试了，小明却在目标的制订上出现了困扰。父母希望小明打起十二分的精神，考试前一个月能把时间全部用到课程学习上。小明的班主任希望小明好好准备作文竞赛，争取拿个好名次，这样对小明自身有很大的好处，同时也能为班级争光。而小明呢？他自己并不是很喜欢文化课，在小明的心里一直想当一名艺术生，所以小明希望能把时间用到练习美术上。像这样小明因为目标太多，而一时不知道该朝着哪个方向努力了，这就是手表效应的结果。因此，我们在制订学习目标时应该牢牢记住，最终目标最好只有一个，当然一个目标可以同时分解成多个子目标，但目标与目标之间不应该是冲突的。

### （二）婚恋家庭

夫妻两人无法在孩子的教育上达成一致的现象，有时候也是手表效应的表现。小华和小丽是一对夫妻，小丽信奉虎妈式教育，认为不能让孩子输在起跑线上，便想方设法给孩子报补习班、兴趣班等，从小就开始狠抓孩子的成绩。而小华则认为孩子应该有一个快乐的童年，这个时候的孩子就应该自由自在地玩耍，多运动，有个健康的体魄。夫妻二人的教育理念出现了冲突，谁也没有向对方妥协。小丽给孩子安排了很多任务，小华却让孩子去和朋友一起玩，本来孩子就不太愿意学习，一听到小华的话便把小丽的任务扔到了一边，可在玩的时候，心里又担心被妈妈知道后会责怪自己，因此玩得也不愉快。这便是手表效应在起作用。因此，在育儿方面，夫妻二人最好能够听取对方的意见，最终达成一致，找到双方都能够接受的方式，共同向着一个目标使劲，这样才能有利于孩子习惯的养成与健康成长。如果暂未达成一致，也尽量不在孩子面前表现矛盾，以免让孩子无所适从。

### （三）人际关系

阿杰和几位发小有一段时间没有见面了，大家都很想念对方，便相约一起出来聚个餐。于是大家在朋友群里讨论定在什么时候，以及出去吃什么，可就是这么简单的事情，群里十几个人讨论了一个晚上，各抒己见，也没讨论出一个结果。阿杰说不如周六晚上去吃火锅吧，这边就有人说周六有事，还有人说刚吃了火锅不想再吃了，建议去吃海鲜。还有人说自己海鲜过敏。这就是典型的人际关系中的手表效应。聚餐本是一个很简单的事情，可是大家各执己见，没有统一的标准，也没有最后拍板决定的人。因此，很难达成一致。其实在一个团体中，很少有决定能面面俱到，照顾到所有的人，往往需要少数人在大多数人面前选择妥协。

### （四）单位工作

单位工作也随处可以体现"手表效应"。很多团队的失败往往是没有一个绝对的领导核心，将所有的成员紧密团结在一起，这样就会出现无序状态，产生抱怨情绪，影响企业正常运转。老李是公司的资深员工，今年接手了一个大项目，可公司的上层却在老李的团队里派了一位与老李同级的负责人老王。本来团队只有一个人的时候，一切都井井有条，团队中即使出现分歧，但最终老李能够拍板决定，大家也都没有什么异议。但现在团队中的情况却不同，老王的存在直接让团队中无法达成一致的意见，老李和老王都有自己的看法，谁也不服谁，其他的成员也不知道到底该支持谁，因此团队一度陷入了无人真正负责的尴尬局面。要想避免在单位工作中出现这种"手表效应"，就要牢记，权力应该集中在一位主要的负责人手中，即使条件不允许，团队中有多个负责人，也应该找到能够在意见上达成统一的方法，这样团队才能正常运转。

## 四、手表效应的启示

### 启示1：多人指挥乱大局

在日常管理工作中，管理者也会遇到类似手表效应的情况。如果一个员工只向一个上司汇报并且只遵从他的指令，这个员工就能很好地完成工作目标；一旦他有两个以上的上司，而且上司的指令目标不一致，这个员工就可能陷入迷茫之中，无法决定自己应该如何选择，这样既造成了决策时间与资源的浪费，最终也很难取得一个较好的结果。

**启示2：统一标准明方向**

歌德说："一个人不能骑两匹马，骑上这匹，就会丢掉那匹"。美国明尼苏达矿业制造公司的口号是："写出两个以上的目标就等于没有目标"。这些话不仅适用于企业，也同样适用于生活的方方面面。如果制定的目标过多、过于分散，就会在时间、资金、精力等方面产生矛盾与冲突，无法做到集中力量完成目标。因此，要想成功，首先要制定统一、明确的奋斗目标，切忌因小失大。

# 责任分散效应

## 一、名词释义

责任分散效应亦称旁观者效应，是指在完成某项任务中，如果是单独面对，那么个体责任感会很强。相反，如果是群体面对，那么群体中的个体责任感会降低的现象。

## 二、发现背景

拉塔尼和罗丁（1969）进行了一项实验研究。让参加实验的被试听到隔壁办公室里一位女士从椅子上重重摔下来的声音并大声呻吟："哎呀，我的天呐！我的脚……我……我……不能动……它。哎呀，我的踝骨。我……拿不开……这个……东西。"事情的全部过程大约持续两分钟。观察被试在不同情境中的反应。第一种情境下，被试单独在场，结果有70%的被试去帮助受害者；第二种情境下，事情发生时有两个陌生人在场，结果有40%的被试去帮助受害者；第三种情境下，被试与一位消极的实验者助手在场，他对被试说不用帮忙，结果只有7%的被试去帮助受害者。社会心理学家拉塔尼和达利（1970）发现当有其他的旁观者在场时，会显著地降低人们介入紧急情况的可能性。自1980年以来，有60多个实验研究比较了独自一人或与他人在一起时的亲社会行为表现，结果发现，大约有90%的实验都证明独自一人时更可能提供帮助。研究还发现，在场人数越多，受害者得到帮助的可能性越小。这种个体注意到紧急情况的人数增加时，他施予帮助的可能性变小的现象叫作责任分散效应。

## 三、生活应用

### （一）学校教育

在学校教育中，责任分散效应也十分常见。例如，小明是一个中学学生，平时上课认真听讲，作业认真完成，遵守纪律，是老师同学们一致认可的好学生。有一次，学校邀请一位名师来做讲座，这位名师很有学识，讲话幽默风趣，不论讲什么都能侃侃而谈。小明很喜欢这位老师，全神贯注地听讲座。最后，老师说有一个提问的机会，并询问坐在下面的同学有没有人愿意提问。小明是想问的，可是心中却有些胆怯，担心自己的问题太简单，转念一想讲台下坐了整整一个学校的学生，即使自己不问，总会有主动问的学生，于是便放下了这个念头。可是随着老师多次询问有没有同学愿意提问，却依然没有同学主动起身时，此时场面有一些尴尬，老师只好跳过提问环节。小明心中很后悔，觉得老师一定对他们很失望，后悔自己没有勇敢地站出来。因为"责任分散效应"，小明错失了提问的机会，小明本应坚定信念，做自己内心想做、值得做的事情，而不是抱着总会有人提问的想法。或者老师在群体面前提问时，可事先申明讲座结束后会随机请人回答、提问，将责任落实到每个人身上。

### （二）婚恋家庭

在一个家庭中，育儿养老是个永恒话题。尤其是在一个多子女家庭中，常常会因为责任分散和子女之间的比较使得家庭不和、老无所养。老李家夫妻俩膝下有两子一女，平素里最疼小儿子，对哥哥和姐姐两人的关注明显不如小儿子。长大后的哥哥姐姐各自成家过着自己的生活，小儿子被娇惯坏了，平时好吃懒做，没什么本事，一直和父母住在一起，平常还要靠父母拿出钱来接济。终于，老夫妻俩年龄渐大，开始需要子女的照顾。可是小儿子却连自己都养活不好，更别提还要养活父母了。这个时候，哥哥姐姐却认为自己家的生活也紧巴巴的，况且父母一直宠溺弟弟，所以理应由弟弟或是另外一位来赡养父母，自己只愿意每月提供一定的生活费。于是，因为责任分散效应，老李夫妻二人的子女都不愿意照顾他们，夫妻二人面临着无子女赡养的局面。这样的情况还不少，许多老人都面临着没有儿女赡养的问题，因为儿女们都认为我的兄弟姐妹总会照顾他们的。因此，为防止多子女家庭赡养父母时出现"责任分散效应"，父母应尽可能公平地对待子女，让子女感受到父母平等的爱，形成良好的亲子关系，并做好子女的感恩教育。此外，成年子女也应明确赡养父母是自己的责任，若有困难，应多与兄弟姐妹商量，在确保自身底线不受损的情况下，商量出统一的赡养方案。

### （三）人际交往

老人跌倒是否应该扶起，不断引发道德争议，但这不单单是社会道德缺失与否的问题，其中还映射出社会责任的分散。例如，小刚在上学的路上遇到一位老人跌倒，众人围观而不搀扶，人人都在想说不定别人马上就去扶了，自己懒得趟这一趟浑水，小刚想起老师的教导想要上前搀扶，可又担心老人一口咬定是小刚把老人推倒的，心中很是纠结。终于，小刚为自己找到了借口，反正周围有那么多的人，即使我不上前，也一定有其他的好心人会上前帮忙，而且，又不是只有我一个人没有伸出援手，这里那么多人都没有上前帮助老人，于是责任就自动分散到众人头上，小刚感觉到这件事在自己心头的分量变得很轻。如果在我们遇到类似的麻烦，周围的路人都不愿帮忙时，我们应理解这就是"责任分散效应"，我们可以指定某个路人来帮助自己，让他不因责任分散而推脱，比如我们可以说"穿黑衣服白裤子的男生请你帮助我！"

### （四）单位工作

单位工作中，员工通常因为在集体环境中而出现"责任分散效应"。领导和老板经常会向员工布置任务，并征求大家意见，谁愿意自告奋勇、担此大任时，员工通常都会沉默，出现场下一片安静的尴尬场面，很少有人毛遂自荐。这是因为当很多员工同时面对一项任务时，责任分散效应开始发挥作用，员工们开始互相推托各自的责任，纷纷认为"还有别人在，何必要为自己找麻烦，要是做不好岂不是贻笑大方"。就在这一推两搡中，很多人失去了成长和踊跃表现的机会，同时也在领导和老板心目中的印象大打折扣，升职加薪更是无望。在集体中无人愿意承担责任的情况下，如果你想尝试，且能力尚可，那就推自己一把，主动承担下来，虽然挑战给自己带来压力，但也是抓住了成长的好机会，给人留下有责任担当的印象。而管理者在面临这样的情况时也可以采取定岗定人的方式，将责任落实到员工头上，避免出现"责任分散效应"。

## 四、责任分散效应的启示

### 启示1：分工明确，责任到人

当我们在面对众人寻求帮助时，一定要明确，"穿白色上衣、黑色裤子的男生请帮助我"。当面对很多人指派任务时，一定要找到一个主要负责人，由他全权负责，到时只和他一人对接。明确才能产生力量，不要给人含糊不清、捉摸不定的感觉。越明确，越能让人感到责任重大，让对方不能随便推脱和敷衍了事。当团队完成项目时，一定要指定各部分的负责人，出了问题找谁，否则就会出现这种责任分散的现象。企业单位在日常管理中，明确划定各部门的职责范围，尽量避免权责范围的交叉，完善各层级的责任体系和问责制度，将责任落实到人，保证事事有人承担责任，这是最基本的。完善责任制度，形成责任机制的主动良性循环，促进责任观念的增强才是根本。在此基础之上，再健全责任追究制度并加以落实，从而达到全面有效的预防责任分散制度。

### 启示2：奖惩合理，激发动力

为了规避"责任分散效应"的弊端，我们需要建立合理的奖惩机制。一般来说，奖惩应联系个人的切身利益，这样可以有效地激发我们做事的动力。安排工作的过程中，要明确什么样的行为是应该被激励的，什么样的行为应该被惩罚，什么样的行为应该继续保持。这样对于目标行为的趋利避害会有效地避免责任分散效应的发生。

# 安泰效应

## 一、名词释义

"安泰效应"是指一旦脱离相应条件就失去某种能力的现象。

## 二、发现背景

"安泰效应"源自古希腊神话故事"安泰之死"。安泰俄斯是大地女神盖娅和海神波塞冬的儿子，居住在利比亚。安泰俄斯力大无穷，百战百胜，原因是他只要保持与大地的接触，就可以从母亲那里持续获取无限力量。安泰俄斯强迫所有经过的人与他摔跤，并把他们杀死。他这么做只为收集死者的头骨，好为他父亲波塞冬建一座神庙。当另一个古希腊神话中的英雄赫拉克勒斯经过利比亚时，无意间发现了安泰俄斯拥有无穷力量的秘密。于是，在安泰俄斯与自己搏斗到忘乎所以时，赫拉克勒斯设计将他高高举起来，使他无法从盖娅那里获取力量，最后把他杀死了。在现实生活中，这些条件可以是任何能见到或不能见到的可供依存的东西，可能是土地，可能是环境，可能是某项技能或是平台，也可能是群众基础等。即没有群众的支持，任何力量都是软弱无能的。水失鱼，犹为水；鱼无水，不成鱼。

## 三、生活应用

### （一）学校教育

在学校教育中，偏科现象屡见不鲜。通常表现在女孩子数学不好英语好，男孩子数学好英语不好。分析其背后的原因，主要有以下两点。第一，知识水平的限制。学生基础没有打牢，跟不上老师上课的进度，怀疑自我是否具备完成学业的能力，自信心下降，从而排斥学习，导致考试时学习成绩下降。第二，可能存在着抄作业的现象，因为自己不具备独立解决问题的能力，面对老师布置的任务，只能抄袭别人的劳动成果来完成作业。为了杜绝这种现象，教师需要让学生了解"安泰效应"，即使现在抄袭把作业做对了，但是考试时候没法抄袭，失去作弊的条件了，考试成绩自然不会好。

### （二）婚恋家庭

家长们都希望自己的孩子优秀，希望自己的孩子能够得到老师和同学们的喜爱与尊重。于是乎，很多家长采用了不合时宜的攀比方式，造成家庭之间的攀比现象越来越严重。例如，孩子生日，有的家长给班里每个同学准备小蛋糕；有的家长还会举办生日宴，请同学去饭店吃饭；学生之间还会攀比谁送的礼物更贵。短期看，也许确实有效果，你的孩子在同学们中间增添了人缘。但是长期下去，等孩子长大了，家长所给予的无法满足孩子需求与虚荣心了，家长又能拿出什么来支持孩子的自尊呢？因此，家庭教育过程中，家长应该努力激发孩子本身的求知欲，让孩子自己通过努力赢得同伴或老师的尊重，而不是家长介入，额外提供条件，并不利于孩子的健康成长。

### （三）人际交往

我们每天都在与人交流，每个人都有自己的朋友，那么朋友之间又该如何相处呢？"安泰效应"告诉我们，在朋友相处的过程中，要懂得感恩。感谢在自己成长过程中，朋友们给予自己的帮助。有些人自命不凡，随着时间的增长，同伴们的崇拜与年长者的欣赏使他的野心渐渐膨胀，他开始对同伴呼来唤去，并且时常不尊重周边人，仿佛他真的就是这个群体的王者。殊不知，自己能够有今天，很多是周边朋友帮助的结果。自身的成功离不开他人的帮助，如果没有朋友的支持，有可能会一事无成。因此，朋友交往过程中，尤其是当自己出人头地时，要牢记促使自己成功的前提条件是什么，切不可忘恩负义。

### （四）单位工作

单位工作中，大家必须齐心协力，才能把工作干好，把公司经营好，避免安泰效应的出现。尤其对新人而言，尊重前辈是十分重要的，因为前辈们有着丰富的工作经验。举个例子，在某集团建立之初，创业的前辈背负着理想，规划着集团的未来。随着公司规模日渐扩展，业务绩效也蒸蒸日上。然而在一片繁荣的景象之下，危机却也显现出来，有些年轻人认为前辈思想保守，年纪大了，跟不上时代了，于是独断专行，使得企业发展举步维艰。最后，前辈运用安泰效应的理论，与年轻人在推心置腹，袒露真心之后，员工们在集团发展上达成了共识。尽管这次危机让集团元气大伤，但也让他们涅槃重生。经此一事后，员工们知道了促进集团发展的各种条件，现在已经将各种因素变为相互配合的有机整体了，使得企业稳健向前发展。

## 四、安泰效应的启示

### 启示1：创造条件发挥才能

每个人身上都具有一定的能力，但是需要通过一些条件，这个能力才能显现和发挥出来。正如在教学中没有学生的配合与支持，即使拥有再高超的教学技能，教师也没有办法提升学生的成绩，进而也不能体现自己的教学实力。所以，在运用能力时，我们要能够找到合适的条件，反其道而行注定是没有结果的。总之，每个人身上都有一定的潜能，适宜的条件可以让人充分发挥自己的潜能，达到自己的目标。

### 启示2：众人拾柴火焰高

俗话说得好，"众人拾柴火焰高"。团体的组成离不开个体的聚集，个体间相互信任能产生"1+1>2"的效果，因此团体的凝聚力与个体的信任是公司发展的前提条件。人不能失去力量的源泉，不能失去赖以生存和发展的必要环境。在企业建设管理中，企业的领导者，应善于管理，创建一个好的集体环境，并通过教育让员工具有集体观念，从而使员工明确：组织是肥沃的大地，而自己是生长在这大地上的一株小草，离开了大地，他将枯萎。如果组织凝聚力不强，则不能给员工以安全和依靠。因此，大家要学会依靠集体，"我为人人"才有可能"人人为我"。失去了力量和源泉，你纵有"力拔山兮气盖世"的能耐，也终有失败的时候。团结的集体永远都会是那个最强大的集体。

# 巴纳姆效应

## 一、名词释义

巴纳姆效应是指人很容易相信一个笼统的一般性的人格描述，并认为它特别适合自己并准确地揭示了自己的人格特点。

## 二、发现背景

该效应的名称来源于一个名叫肖曼·巴纳姆的著名杂技师。他在评价自己的表演时说，他之所以很受欢迎是因为节目中包含了每个人都喜欢的成分，所以他能使得"每一分钟都有人上当受骗"。针对这一点，心理学家曾做过相关研究，他们用一些笼统的、几乎适用于任何人的话让大学生判断是否适合自己，结果，绝大多数大学生认为这段话将自己刻画得细致入微、准确至极。下文是心理学家所使用的一段材料：

你很需要别人喜欢并尊重你。你有自我批判的倾向。你有许多可以成为你优势的能力没有发挥出来，同时你也有一些缺点，不过你一般可以克服它们。你与异性交往有些困难，尽管外表上显得很从容，其实你内心焦急不安。你有时怀疑自己所做的事是否正确。你喜欢生活有些变化，厌恶被人限制。你因为自己能独立思考而自豪，别人的建议如果没有充分的证据你不会接受。你认为在别人面前过于坦率地表露自己是不明智的。你有时外向、亲切、好交际，而有时则内向，谨慎、沉默。你的有些抱负往往很不现实。

### 三、生活应用

#### （一）学校教育

在群体化生活的学校中，学生们很容易受到学校环境信息的暗示，并把老师的言行作为自己行动的参考。教师评价学生常见的概括性表达："你真棒""你最近表现很不错，越来越好了"，小学生很容易接受这种评价，但是高中生就很难了，尤其大学生更难。因为他们更需要细节性评价，也就是会追问："我什么地方最棒？我哪里优秀？"可见，教育中应用巴纳姆效应进行笼统性评价时，还要考虑学生的心理发展特点，这样效果才能更好。另外，巴纳姆效应还告诉我们，教师要学会积极的暗示。例如，某中学生在几次考试失利后变得独来独往、沉默寡言。老师发现后便主动找她谈心："你平时不爱说话，说明你的内心活动很丰富呀，这是不是有助于你提升写作能力呢。像你这样沉稳内敛的孩子，踏踏实实做事，将来一定会取得喜人的成就的。"学生本以为老师会批评他成绩退步，却没想到老师把他的缺点转化为优点。从这次谈话之后，学生开始变得阳光起来，主动和同学组成学习小组，与同学互帮互助，学习成绩有了显著的提升，尤其是他的写作能力提升极大。

#### （二）人际交往

有这样一位销售员，他并不像人们印象中传统式地做销售，他的话不多，但是他很容易抓住客户。这位销售员很善于观察，然后会对客户有一个大致的判断。于是在接下来的交流中，他就会像算命大师一样，说一些能让客户感兴趣的话，这样他很容易和客户调成同一频率，给客户的印象很不错，接下来的事情就好办多了。我们来看一个实例：他有一次去一个国企做推销，联系人很高傲，几次都让他吃了闭门羹，他没有放弃，终于得到一个拜访的机会。也就是这样一次机会让他了解到对方是一个很讲原则，很严肃的人。于是他对客户说："顾总，我知道你不喜欢应酬，所以我不会动歪脑筋来争取这个单子，当然你对产品的质量以及售后服务要求都很高，你放心，这些我们公司都能办到。"正是那句"我不会动歪脑筋来争取这个单子"打动了客户，客户觉得和他有共同之处。有了第一次的接纳，一来二去合作也就成了。从这个实例中我们不难看出，这个销售员就像肖曼·巴纳姆一样，说出客户喜欢的一些内容，使得客户慢慢接纳他，进而与之合作。

**（三）单位工作**

作为一个企业的管理者，学会运用巴纳姆效应也能起到很好的管理效果。一位领导他对下属最喜欢说的一句话——你真的很优秀。当他对下属说完这句话，接下来他还会做一些具体的概括，让下属听完非常受用，工作的积极性特别高。我们来看一个例子，公司新进一位员工，半年之后，该员工依旧不温不火，没有太多的长进。领导笑眯眯地找到他，开口就是："你真的很优秀"，然后他继续说："你看你来了才半年，从一无所知到现在能够熟练运用，当然你有时候还是会出错，但是你能虚心向老员工请教，努力改变自己，你看上去没有太多的成绩，但是同事们的关系还不错……"。听了领导那么多肯定的话，下属心里热乎乎的，开始自己和自己较劲，工作的热情一下子就高涨起来，工作成绩可想而知了，领导看在眼里，满意了！

## 四、巴纳姆效应的启示

### 启示一：贴上正面标签

巴纳姆效应看上去似乎就是在忽悠，被算命大师利用，被骗子利用。但是凡事都有两面性，我们给巴纳姆效应贴上正面的标签，让它用正面的暗示去引导别人，它就会发挥其积极向上的作用。巴纳姆效应就像是工具，它是中性的，关键是看谁在使用，怎么用。

### 启示二：自己要有定见

禅宗有这样一个故事，老和尚救了一只蝎子，蝎子被救后反过来蜇了老和尚一下。旁人就说："你看看，你还救它，它忘恩负义要害你。"老和尚淡淡一笑说："它蜇我是它的事儿，我救它是我的事，我从我的良心出发，都没有错。"王阳明说："致良知"，从我的良知出发，自己觉得值得那就去做，旁人的态度是旁人的事情。现在有很多人都太过在意别人的反应，在意别人的态度，在意别人的评价。人都是从各自的角度出发去解读事件，难免会有偏颇，过度听信别人，就会成为生活的奴隶，活得就会不舒坦。外人的意见不能不听，否则刚愎自用；但也要有自己的定见，根据自己的良知，融合别人意见中可取的一面，把事情做到最好。

# 半途效应

## 一、名词释义

半途效应是指在激励过程中达到半途时，由于心理因素及环境因素的交互作用而导致的对于目标行为的一种负面影响。

## 二、发现背景

"半途"一词最早出自《礼记·中庸》："君子遵道而行，半途而废，吾弗能已矣"。说的是君子要遵循中庸之道行事，不能半途而废。生活中我们经常会遇到这样的现象，有些事越想做得好，越是做不好。也就是说，当目标太高、太宏伟，主体就会由于感到难以实现而变得紧张，就会不由自主地发抖，这就是心理学上所说的"目标性恐惧"，其直接后果是经常使人产生中途放弃的念头，这就是"半途效应"。人们总结前人的事例发现，导致半途效应产生的原因主要有两个：一是目标选择的合理性，目标选择得越不合理，越容易出现半途效应，因此选择目标时不宜过轻也不宜过重，恰到好处最合适；二是个人意志力的坚定性，意志力越弱的人越容易出现半途效应。因此要培养坚韧不拔的精神，不抛弃不放弃的"许三多"精神。这就要求老师在平时的教育中，引导学生多注意学习各方面的知识，培养多方面的能力，同时多注意进行意志力的磨炼。行为学家提出了"大目标、小步子"的方法，对于防止半途效应具有积极的意义。

## 三、生活应用

### （一）学校教育

在学习方面同样也存在着半途效应。比如：现在很多家长都说孩子注意力不够集中的问题，低龄儿童不能较长时间专注于学习，这时家长会不自觉地说教，指责孩子，"你怎么回事""能不能认真点""不要动来动去要好好的认真写字啊""你看看现在几点啦"……反复几次后，有些情绪激动的家长甚至会动手打孩子，最后都是在不愉快的氛围中收场，其实这些都属于半途效应。家长的很多期盼，在孩子看来都是比较难完成的。如何避免半途效应给孩子带来不良后果呢？可以采用"大目标、小步子"，也可以转换成另外一个通俗点的概念——目标分解。比如孩子不能长时间安静专注地学习，最多只能安静5分钟，那我们就可以帮助孩子，把原来要求孩子做40分钟的时间调整为15分钟，并约定好，在这15分钟内除规定的任何事都不能做。依此，不断巩固，孩子就能安静地从最初的5分钟延长到15分钟，然后再依次递增。人们常说一个动作坚持21天就变成了习惯，所以我们可以从生活中的小事，开始有意识地培养自身的意志力。首先，要和孩子商量，一起定个学习目标；其次，分阶段制定学习计划；最后，培养孩子学会掌握和运用适合的学习方法。

### （二）婚恋家庭

"窈窕淑女，君子好逑"。每个男人都会遇到令自己心动的女孩儿，但在男女婚恋中，半途效应也起到了一定的危害。例如：在追求女性的过程中，男性如果被女孩子拒绝了一次后，有一部分男人可能就会"知难而退"，没有勇气再继续追求下去。如果你的意志力不够强，被拒绝之后可能就直接放弃，不想再继续，越是不坚定就越容易产生半途效应。可是，追求女孩子这个过程真的很难吗？被女孩子拒绝一次两次，或许这只是她对你的考验，考验你对她的感情是否坚定，是否愿意陪她一起品尽酸甜苦辣的人生呢！"世上无难事，只怕有心人"，只要你愿意去做，相信就一定能成功，不可半途而废。

### （三）人际交往

在人际交往中，半途效应也是常见的。比如朋友间关系很好，但因某件事或某句话闹得不开心后就断绝来往。我们常说，应该多听别人的意见。但要注意的是，多听，更要多想，不能轻信别人的评论，无论是对自己还是对别人的评论。如果有人在你面前诋毁你的朋友，或者说朋友的坏话等情况时，是该积极配合，还是怒目而视？其实，在这个问题上，最应该保持的态度就是不要轻信。无论对方说什么，都应该用自己的大脑思考一下，判断别人语言的真实性，不要让自己的心理被别人操纵。最重要的一个依据就是判断说话人的目的和辨析眼前的客观事实，当发现对方别有用心地欺骗你的时候，不必与他力争，更不必怒目而视，只要做好自己，不轻易被人鼓动，相信自己的朋友和自己的判断力，就不会出现半途效应，你们的友谊也会更长久。

### （四）单位工作

跳槽在职场中频频出现。同事之间相处不愉快跳槽，薪资不满意跳槽，环境不喜欢也跳槽，离公司距离稍远点不能克服还是想跳槽……跳槽是什么？总以为山的另一面是平坦舒适的草原？辛辛苦苦走过去才发现，山的另一面是一座更高的山。或者说，频繁跳槽会让新单位在接纳自己的时候有所保留，一个人只有付出大于得到，才能让老板真正看到他的能力大于位置，才会给这个人更多的机会和支持，让他帮助自己创造更多的利润。所以要记住，无论什么情况，你现在对工作的一切努力，都决定了你将来如何填写你的简历，递交给你的下一任老板。因此，工作的过程中，切不可知难而退，半途而废。

## 四、半途效应的启示

### 启示一：持之以恒莫中断

纵观历史演进、世间万象，大到国家小到个人，干事创业一定要有一股马不停蹄、不到长城非好汉的韧劲。泰山半山腰有一段平路被称为"快活三里"，游客爬山至此，爬累了，喜欢在此歇歇脚。然而，挑山工一般不在此过多停留，因为久歇无久力，再上"十八盘"就会感到困难。在干事创业的过程中，我们同样不能停下脚步，徜徉在"快活三里"而失去登上泰山之顶"一览众山小"的追求。

**启示二：干好小事成大业**

高尔基说："哪怕是对自己的一点小小的抑制，也会使人变得强而有力，"今天，你或者挑不起一百斤的担子，但你可以挑三十斤，这就行。只有你每天挑，月月练，总有一天，一百斤担子压在你肩上，你能健步如飞。恽代英说的深入——立志需用集义功夫。余谓集义者，即在小事中常用奋斗工夫也。在小处不能不犯错误者，其在大处犯差错必矣。因此，我们要学会把大目标细化成每天的具体行动；完成后，成功的喜悦就会一点一滴地浸润我们的生命，为我们前行的步伐增添力量。

# 罗森塔尔效应

## 一、名词释义

罗森塔尔效应，亦称"皮格马利翁效应""比马龙效应"或"期望效应"，是指人们对未来某件事或人的期望能戏剧性地符合预期或实现的现象。

## 二、发现背景

美国心理学家罗森塔尔和雅克布森（Rosenthal，R.和Jacobson，L.）对这一现象进行了实验研究，于1968年发表了研究成果《课堂中的皮格马利翁》一书。他们在奥克学校（Oak School）所做的一个实验中，先对小学1~6年级的学生进行一次名为"预测未来发展的测验"，实为智力测验。然后，在这些班级中随机抽取约20%的学生，并让教师认识到"这些儿童的能力今后会得到发展的"，使教师产生对这一发展可能性的期望。8个月后又进行了第二次智力测验。结果发现，被期望的学生，特别是一、二年级被期望的学生，比其他学生在智商上有了明显的提高。这一倾向，在智商为中等的学生身上表现得较为显著。而且，从教师所做的行为和性格的鉴定中可知，被期望的学生表现出更有适应能力、更有魅力、求知欲更强、智力更活跃等倾向。

## 三、生活应用

### （一）学校教育

学校是学生活动的场所，承载着培育国家未来的使命。教师对学生的期待，是一种信任，一种鼓励，一种爱，犹如催化剂、加热剂。教师需要帮助学生建立起适宜的期望目标，促使他们不断前进，不断攀登。根据学生的气质、个性特点不同，原有经历不同，知识基础、智力水平的差异，教师要因材施教，对学生提出恰如其分的希望与要求，要切合学生已有的知识、智力水平，既不过高，又不偏低，不然很容易造成学生的负担。举例来说，面对学习兴趣不高的学生，教师要给学生设置阶段性目标，暗示他一定可以完成这个目标，在学生达到目标时鼓励并称赞学生，激发他的学习兴趣和学习潜力。在教育过程中，教师对学生充满信心，抱着对学生极大的期望去教育学生，学生将感受到这种期望，并将这种期望转化成一定的动力，在这种动力的驱使下，学生在智力、情感、个性等方面一定会得到迅速发展。

### （二）婚恋家庭

婚姻的维持，是极其考验人的情商的；婚姻里彼此感觉到不够满意和幸福，渐渐地就会产生离婚的想法。朋友小雪最近就面临这种困惑，两人恋爱结婚几年后有了孩子，小雪期望丈夫更加体贴自己、更疼爱自己、顾家、有责任感，还希望丈夫多为自己分担照顾孩子的工作。所以一旦丈夫没有达到自己的期望，就变得愤怒、不满、委屈和不平衡，继而激发拒绝——攻击丈夫的心理现象，开始通过吵架想要改善丈夫的行为。可以想象小雪不断地强化自己对丈夫负面印象，久而久之就很容易激发"罗森塔尔效应"，让丈夫本来是偶然的行为和过失得以强化，慢慢地让负面评价变成丈夫的内化。就如我们常常听见婚姻里的妻子责骂自己的丈夫，"你一天到晚就知道玩，从来不管我和孩子"等等。要想避免婚姻中的罗森塔尔效应，可以采用积极心理暗示，丈夫做的不一定都是错的，有可能是处于某种不得已的原因，并及时加以肯定和赞赏。每个人都会在不自觉中接收他人的影响与暗示，当我们赞美他人时，受赞美者都会因接收到这一积极的期望而表现得更好。积极关注对方身上的优秀品质，给对方的成长保留空间和边界，这就是我们经营一段美好婚姻的法宝。

### （三）人际交往

在人际交往中，赞美、信任和期待具有一种力量，它会改变人的行为，当一个人获得另外一个人的赞美、信任时，便能感觉获得了支持，并会尽力去达到对方的期望，避免失望。在我们的生活中，父母的期望，老板的期望，自己的期望等都对我们生活是否愉快具有重大影响。举个例子，假如你对自己有极高且积极的期待，每天早上对自己说："我相信今天一定会有很棒的事情发生"。这个暗示就会改变你的整个态度，使你在每一天的生活中充满了自信与期待。你强烈地想成为一种人，就会真的成为那种人。在你成功的同时，你的情绪、努力会感染其他人，并促使他人认知和行为发生改变，产生积极向上的氛围。"罗森塔尔效应"告诉我们，对一个人传递积极的期望，就会使他进步得更快，发展得更好。反之，向一个人传递消极的期望则会使人自暴自弃，放弃努力。

**（四）单位工作**

在单位工作中，期待是动力也是压力。适度的期待激发人的潜能，过度的期待压迫人的精神。国民对国家的期待，使国家繁荣昌盛；国家对个体的期待，使社会人才辈出。拿奥运会来说，国民期待运动员们拿金牌，在别国升国旗，奏国歌，扬国威。面对国民的期待，不同的运动员有不同心态上的变化。2020年奥运会是激动人心的，然而女排的开局失利，使大部分人的期待落空了。女排以往的辉煌战绩使人们对女排运动员产生了过高的期待。相反，刘国梁曾说，中国乒乓界的土特产就是乒乓冠军。在这一届运动会上，中国运动员马龙，不负众望，赢得了乒乓单打冠军。同样的期待，在不同的运动员身上发挥着不同的作用。因此，面对他人的期待，我们需要调整心态，把它转化为适度的期待，激励自己的潜能，而不是把期待当作压力，限制了自己的能力。

## 四、罗森塔尔效应的启发

### 启示一：期待是一种力量

赞美、信任和期待具有一种能量，它能改变人的行为，当一个人获得另一个人的信任、赞美时，他便感觉获得了社会支持，从而增强了自我价值，变得自信、自尊，获得一种积极向上的动力，并尽力达到对方的期待，以避免对方失望，从而维持这种社会支持的连续性。

### 启示二：无条件信任

我们要对孩子有信心，相信他是独一无二的存在。如果孩子特别喜欢画画，你就相信他是一个天生的艺术家，尽管他现在连笔都抓不稳；如果孩子特别喜欢唱歌，你就相信他总有一天可以成为音乐大师，尽管他现在五音不全。这不是自欺欺人，而是一种全然的、带着爱的信任，也是极能给人力量的。

### 启示三：慎用权威

很多男性家长崇尚权威式的教育，认为孩子就得无条件地听话服从。所以，常会使用棍棒来调教孩子，或者动不动就让孩子写检讨、跟自己道歉等等。其实这样是很不好的，过多权威的束缚不利于孩子潜能的开发。如果你用不好自己的权威，还不如不树立这个权威。

# 从众效应

## 一、名词释义

从众效应，亦称乐队花车效应或羊群效应，是指当个体受到群体的影响，会怀疑并改变自己的观点、判断和行为，朝着与群体大多数人一致的方向变化。

## 二、发现背景

阿希从众实验，是美国心理学家所罗门·阿希在1956年进行的，从众现象的经典性研究——三垂线实验。阿希以大学生作为被试，告诉他们这个实验的目的是研究人的视觉情况。当某个来参加实验的大学生走进实验室的时候，他发现已经有5个人先坐在那里了，他只能坐在第6个位置上。事实上他不知道，其他5个人是跟阿希串通好了的假被试。阿希要大家做一个非常容易的判断——比较线段的长度。他拿出一张画有一条竖线的卡片，然后让大家比较这条线和另一张卡片上的3条线中的哪一条线等长，判断共进行了18次。事实上这些线条的长短差异很明显，正常人是很容易作出正确判断的。然而，在两次正常判断之后，5个假被试故意异口同声地说出一个错误答案。于是很多真被试开始迷惑了，他们是坚定地相信自己的眼力呢，还是说出一个和其他人一样，但自己心里认为不正确的答案呢？测试结果是大约有37%的人判断是从众的，有75%的人至少做了一次从众的判断。实验结论是不同的人有不同程度的从众倾向。实验后，阿希对从众的被试作了访谈，归纳出三种从众的情况。

## 三、生活应用

### （一）学校教育

作为教师，尤其是班主任，可以将从众心理的积极方面应用到班级管理中，不妨从以下几个方面入手：一是创造良好的班级氛围，增加班级凝聚力。为学生营造一个积极、乐观、和谐的班级氛围，可以让学生在班级中有归属感，继而产生认同感，从而在从众心理的影响下形成良性学习风气，以增加班级凝聚力。第二，充分发挥榜样的力量。榜样的力量是无穷的，效仿榜样，可以使后进生从思想上、行动上积极地向榜样看齐，以榜样为"镜"，找准自身缺点与不足，从而促进自身的发展。一般来说，榜样是无声的语言，学生在榜样驱动下，会自觉地修正自己的不良言行，使之趋同于一致。第三，培养独立个性，避免盲从。苏霍姆林斯基教给我们："教会孩子能从周围世界的美中看到精神的高尚、善良、真挚，并以此为基础确立自身的美。"使每一位学生能辨真伪、知荣辱、识美丑。因此，为了避免盲从，我们需要培养学生自己对是非的判断力，让学生面对生活事件时能有自己的主见。

### （二）婚恋家庭

在经济大潮的汹涌冲击下，面对大量涌现的家庭教育思想和理论，许多家长感到困惑和迷茫，以致人云亦云，盲目从众，给孩子的教育带来不良影响。具体表现在：家教消费上的盲目攀比。家庭教育消费一般包括孩子读书的学杂费，购买各种课程辅导资料，学习用具用品，参加各类补习班、强化班、兴趣班所缴的费用，为提高学习效益而购买的各种健脑滋补品及其他生活用品。盲目从众还使家长在瞬息万变、丰富多彩的生活中丧失主见和个性，在大量信息中，不能明智地筛选出有针对性的教育方案。今天看到张三的孩子在学画画，于是也急忙让自己的孩子去学画画；明天看到李四的女儿在学弹琴，于是又赶紧买台钢琴让孩子去学……这不仅使孩子精疲力尽，也使教育效果事倍功半，甚至半途而废，让孩子成为盲从的试验品、牺牲品。所以，家长需要有明辨是非的能力，不盲目从众。

### （三）人际交往

校园欺凌是当今社会不可忽视的一个校园问题，现实中的校园欺凌时刻都在发生。青少年的身心健康问题，虽然一直都在被不断关注，但却无法得以根治。其实，校园中具有恶意的学生只占少数，但学生中一旦有了产生攻击伤害念头的人，就会有好事者加以传播扩张。或许这些人一开始的动机，只是缺乏同理心而自发产生的嘲笑逗弄行为，毕竟没有人能真正做到尊重每一个人，更何况是心智还不完全成熟，无法辨别自己的行为给别人带来的影响的少数人。然而，有了少数人和社会本身的偏见猜疑，不好的想法就会被扩大，逐渐形成一个小团体，这个小团体再逐渐影响其他团体。由此，恶劣的评价无意中扩展到无法控制的地步。这是因为在群体强大的背景下，大多数人不会意识到自己的一言一行对受害者的影响，他们会认为自己做出的行为只是无伤大雅、不痛不痒的。正如《乌合之众》中提到的，群体会弱化人的道德感，驱使他们做出一个人们不敢做出或者自己都认为是错误的行为。所以我们每个人能做的，只有尽量避免群体情结，保持自己理性的判断，降低个体在群体中所受到的情绪感染、暗示和模仿。

### （四）单位工作

有很多成功的营销案例都是利用人们的"从众心理"。当某家奶茶店开业时，总是会排起长龙，而当消费者看到这样长的队伍时，总是会想"这家奶茶店这么长的队伍，大家都认同，一定很好喝"，于是纷纷跟随人群加入了排队的行列。其实那支长长的队伍中有很多都是商家找来的"托"。商家往往通过较多等待的人群营造出生意火爆、大受欢迎的景象，这正是利用了消费者的从众心理。实际上，这些商家是成功的，因为我们在选择商家时，往往会认为人多的一定好吃，人少的可能不受欢迎。此外，香飘飘奶茶的成功，受益于那句耳熟能详的广告词"香飘飘奶茶一年销售3亿杯，杯子连起来可绕地球一周"。由此可见，在生活中，利用人们的普遍心理弱点进行营销策划宣传的例子有很多，所以我们在选择的时候要有更加清晰的意识，要善于辨别，不要盲目听信广告，最重要的是要坚持自己的判断，有的时候"多数"并不能代表一切。

## 四、从众效应的启示

### 启示1：独立思考，不要盲从

不经意间的"从众效应"迫使我们跟随大流，放弃自我，失去了很多本该获得的东西。面对事情我们不能总想着跟随别人的步伐，在别人后面滚雪球，人家雪球越滚越大，而你的雪球越滚越小，亦步亦趋往往会一脚踏空。别人说的话并不能全部相信，社会大流也不一定完全正确。我们在生活中应当擦亮双眼，学会独立思考，冷静分析，坚持自我，方能不忘初心，收获生活中本该属于你的美好。

### 启示2：找对领头羊，避免大风浪

"从众效应"也并不完全只有弊端，合理利用它也能起到出其不意的作用。理性地利用和引导羊群行为，可以形成规模效应。俗话说得好，"小船好掉头，大船避风浪"。在自己没有充分的把握和十足的专业知识支持下，只要找对领头羊，它带的方向一定不会错，此时可以利用"羊群效应"产生规模经济，减少投资风险，即跟着大船避风浪。

# 德西效应

## 一、名词释义

德西效应是指适度的奖励有利于巩固个体的内在动机，但过多的奖励却有可能减少个体对事情本身的兴趣，降低其内在动机。

## 二、发现背景

心理学家德西在1971年做了一个实验，他让大学生在实验室里解有趣的智力难题。实验分三个阶段，第一阶段，所有的被试者都无奖励；第二阶段，将被试者分为两组，实验组的被试者完成一个难题可得到1美元的报酬，而控制组的被试者跟第一阶段相同，无报酬；第三阶段，为休息时间，被试者可以在原地自由活动，并把他们是否继续去解题作为喜爱这项活动的程度指标。实验组（奖励组）被试者在第二阶段确实十分努力，而在第三阶段继续解题的人数很少，表明兴趣与努力的程度在减弱，而控制组（无奖励组）被试者有更多人花更多的休息时间在继续解题，表明兴趣与努力的程度在增强。德西在实验中发现：在某些情况下，人们在外在报酬和内在报酬兼得的时候，不但不会增强工作动机，反而会降低工作动机。此时，动机强度会变成两者之差。人们把这种规律称为德西效应。实验结果表明，进行一项愉快的活动（内感报酬），如果提供外部的物质奖励（外加报酬），反而会减少这项活动对参与者的吸引力。

## 三、生活应用

### （一）学校教育

在低年级阶段，小学生们取得了一些进步，老师们就会用小红花、五角星、大拇指等方式奖励学生，从而提高小朋友们的学习动力。但是，到了高年级或中学阶段，教师就很少使用这些方法，为什么呢？这是因为小学生的内在学习动机尚未形成，需要一定的外部刺激。但是，到了高年级阶段，一方面，简单的外部刺激已经无法继续激发学生的学习动力，另一方面，学生已经有能力理解学习的重要性，此时教师的关注点就需要由外转内，激发学生学习的内部动机。否则，教师的奖励不仅不能提高学生的学习兴趣，相反还会使学生将成绩与奖励挂钩，而长期没有获得奖励的同学，可能会自暴自弃产生厌学心理，继而厌恶学习与老师。当然，如果学生已经对学习内容本身很感兴趣，这时老师还是一味奖励，那么就容易破坏学生的内在动机，导致学生学习只是为了获得外部奖赏，久而久之，学生自然就没有学习的动力了。因此，教师应该学会应用"德西效应"，以适当的方法奖励学生，来激发学生学习的动力。

### （二）婚恋家庭

家庭教育作为学校教育的补充，越来越得到家长的重视。然而，在家庭教育过程中，却经常出现"德西效应"现象。例如，很多家长采用奖励的办法来表扬孩子，孩子一次默写全对了，奖励一顿肯德基；孩子考试成绩提高了，奖励一身新衣服；孩子班级名次提前了，奖励一辆自行车。类似的情况，在目前的家庭教育中似乎司空见惯了。但是，效果如何呢？也许短时间内有比较好的效果，孩子们会为了这种物质奖励努力一段时间。可时间一长，物质奖励就失去了它的吸引力，就像一件大牌衣服，穿上一个月后，就有些随意了，觉得无所谓了，从而也就不想学习了。可见，家长在教育子女的过程中，要学习好"德西效应"，应用好"德西效应"。当孩子学习成绩提高了，家长可以给予一些奖励，但是在语言表达的时候，最好跟孩子说，妈妈买了件新衣服给你，并不是因为你学习成绩好了，而是你衣服穿的时间长了，确实也需要换一件了。这样，既满足了孩子的内心需求，又将奖励与学习分开，让孩子意识到学习是自己的事情，可谓两全其美。

### （三）人际交往

同伴交往是人际交往的重要内容。在交友过程中常出现一个有趣的现象，无论是小朋友之间，还是成人之间，为了使情谊地久天长，经常会互送一些礼物。某种程度上讲，礼物也是对于友情的奖赏物。例如，张然小朋友外出旅游时，总喜欢让爸爸妈妈买些景区的小礼物，这样回家后，他就可以送给他心爱的小伙伴，从而增进他们之间的友情。当然，如果我们一味地通过礼物来维系友情，这样的人际关系注定无法长远。因为真正友谊的背后是信任与被信任、同一个思想层面的交流、有价值的信息、寻求帮助和支持、获得持续的善意与关心、有共同的追求与兴趣爱好等等这些高层次的需求。"德西效应"告诉我们，在人际交往过程中，应该尽可能关注交往对象的内在需求，尤其是要保持一个"互欠"的心理，这样的友谊也许就可以走得更远。

### （四）单位工作

薪酬是企业管理的一个有效硬件，直接影响到员工的工作情绪，但是每一个公司都不轻易使用这件精确制导武器。如果使用不好，可能会带来"德西效应"，不仅不能激励员工，还可能造成负面影响。在IBM有一句拗口的话：加薪非必然！IBM的工资水平在外企中不是最高的，也不是最低的，但IBM有一个让所有员工坚信不疑的游戏规则：干得好加薪是必然的。1996年初，IBM推出个人业绩评估计划（PBC）。PBC从三个方面win（制胜）、executive（执行）、team（团队精神）来考察员工工作的情况。IBM薪酬政策的精神是通过有竞争力的策略，吸引和激励业绩表现优秀的员工继续在岗位上保持高水平。IBM能够通过独特而有效的薪金管理达到奖励先进、督促平庸的效果。IBM将外在报酬和内在报酬相互挂钩而且有效地避免了"德西效应"的产生，这种管理已经发展成为一种高效绩文化。

## 四、德西效应的启示

### 启示1：精神奖励为主，物质奖励为辅

无论是在教育中，还是在工作中，都需要协调好"物质奖励与精神奖励"。一般来说，物质奖励短期见效快但不长久，精神奖励短期见效慢但能长久。"德西效应"告诉我们，内部动机比外部动机更重要，不能因为一时的外部刺激有效果，就一味地进行物质奖励。相反，我们应该更加注重精神奖励，促进学生或员工潜能的发挥，这样才能让大家充满动力地面对学习或工作。

### 启示2：关注内部动机，促进自我成长

根据德西效应，教师和家长在表扬学生时，要运用"奖励内部动机为主"原理，使学生关注自己的成长。平时，要仔细观察学生的良好行为，给予表扬。有音乐才能的，可以鼓励多唱歌；有体育才能的，可以参加运动队；有文艺才能的，推荐参加乐队等；爱读书的，可以给予更多的读书机会；爱写作的可以让其有公开发表的机会；爱发明创造的，可以提供更多实验的机会。总之，关注学生的内部动机，关注学生自身的成长，就可以避免学生只专注于当前的名次和奖赏物。

# 多米诺骨牌效应

## 一、名词释义

多米诺骨牌（domino）是一种用木制或塑料制成的长方形骨牌。玩时将骨牌按一定间距排列成行，轻轻碰倒第一枚骨牌，其余的骨牌就会产生连锁反应，依次倒下。在一个相互联系的系统中，一个很小的初始能量就可能产生一系列的连锁反应，人们把这种现象称为"多米诺骨牌效应"或"多米诺效应"。

## 二、发现背景

宋宣宗二年（公元1120年），民间出现了一种名叫"骨牌"的游戏。这种骨牌游戏在宋高宗时传入宫中，随后迅速在全国盛行。当时的骨牌多由畜牧动物的牙骨制成，所以骨牌又有"牙牌"之称，民间则称之为"牌九"，寓意"牌救"，牌里面所蕴含的哲理，足以拯救苍生以及提醒人类停止那些冲动的做法。一位名叫多米诺的意大利传教士把这种骨牌带回了米兰。作为最珍贵的礼物，他把骨牌送给了小女儿。多米诺为了让更多的人玩上骨牌，制作了大量的木制牌，并发明了各种玩法。不久，木制牌就迅速在意大利及整个欧洲传播，骨牌游戏成了欧洲人的一项高雅运动。后来，人们为了感谢多米诺给他们带来这么好的一项运动，就把这种骨牌游戏命名为"多米诺"。

## 三、生活应用

### （一）学校教育
大家耳熟能详的"害群之马"的故事，本质上也是多米诺骨牌效应。

在学校教育中，通常会出现这样一群学生：他们整日游手好闲、不爱学习，在课堂上交头接耳或是做与课程无关的事情。面对这样的学生，有的老师会采取放任不管的方式，经常把他们放到班级最后一排，认为只要他们不出格干什么都行。但是长此以往，这群学生可能会由不听课转变为睡觉甚至是旷课、逃学、打架等等，同时他们也会对身边的同学造成不良的影响，破坏班级的学风、班风，当教师再想去控制时，可能为时已晚。由此可见在教学管理中，教师应当重视每一个环节、每一名学生，因为一个行为的产生可能会带来连锁反应。举个例子，小明在高二刚开学时成绩很好，是公认的三好学生，但他也抵挡不住外界的诱惑，开始尝试抽烟喝酒。班主任发现后没有过多提醒，因为这些行为并没有对他的成绩产生影响。但是时间一长，小明不满足于当前获得的刺激，开始跟校外的小混混接触，旷课打架斗殴都是常事，最终小明被学校退学。这就是多米诺骨牌效应所带来的负面影响，教学管理无小事，应抓住学生的每一个细节，以防出现不可逆转的局面。

（二）婚恋家庭

随着社会的发展，生活节奏加快，社会风气浮躁，情侣之间之所以会分手，很多都是因为小事堆积，最后爆发。夫妻之间也是如此，小矛盾堆积，导致双方感情破裂，致使目前社会离婚率大幅提升。夫妻之间，一个小小的举动，比如突然之间给手机设置密码，回信息背对着对方，都可能会引起对方的怀疑猜忌。那么如何维持良好的家庭关系呢？首先，从小事做起，比如回家做顿饭，进行一次大扫除，接送对方上下班等等。家庭里，孩子的人格养成也与父母的教养方式有关。孩子的身心健康取决于父母能否正确地加以引导。一般来说，家庭中的孩子有三种类型：回避型依恋的孩子、反抗型依恋和安全型依恋的孩子。回避型依恋的孩子，对于父母的离开或者陪伴表现得很冷漠；反抗型依恋的孩子，对父母的离开大喊大叫，对他们的陪伴又表现出抗拒；安全型的孩子从父母身上获取了安全感，他们对父母的离开或者陪伴做出正常的反应方式。作为父母，要留意孩子的身心变化，及时纠正小错误，才不至于今后酿成大悲剧。

（三）人际交往

"多米诺骨牌"现象在人际交往中也会经常发生，有时候利于人际关系的维系，有时候却会破坏人际关系。例如，人与人之间产生好感是建立友谊的前提，俗称"有眼缘"。而这种好感既可能是因为一次聚会中你不经意间的一句问候，也可能是因为你一个善意的举动，还可能是因为你对他人工作中遇到难题的一次指点。正是因为这些小小的因素，使得你们之间的交往变得顺畅。同样，人与人之间也可能因为芝麻大点的事情闹矛盾，可能因为你一个不礼貌的言行，可能因为你一个轻蔑的眼神，就使得你们"友谊的小船说翻就翻"。因此，在人际交往中，我们要学习"多米诺骨牌效应"，注重交往中的细节，只有这样，才能维持良好的人际关系。

### （四）单位工作

在工作场所，对于新入职教师或职场小白而言，踏踏实实工作十分重要。若想为以后的工作打下扎实的基础，你就得埋头苦干，做出成绩后，才会得到领导的赏识，职位可以得到晋升，前途一片光明。人生三分之一的时间，几乎是在单位度过。那么，在单位工作过程中，"多米诺效应"是如何表现出来的呢？现举例加以说明，小王是新手教师，一开始教学经验不丰富，学生们在课堂上也不够尊重他。但是他教学热情高涨，教学态度端正，一有空就去听经验丰富的教师讲课，并认真做笔记。不久，他的教学能力得到了提升，学生们也越来越喜欢他，尊重他。很快，他就被领导赏识，职位也得到了晋升。不懈的坚持与努力，严谨端正的态度，使他取得了不小的成绩，最终成了一位受欢迎的青年教学名师。

## 四、多米诺骨牌效应的启示

### 启示1：不要忽视微小的力量

一个微小的力量起初也许微不足道，以至于我们都察觉不到，但最终可能给人带来重大影响。例如，大家都知道吸烟有害健康，但是很多烟民就是无法成功戒烟，长期吸烟使烟民们对香烟产生了依赖。香烟对人体的伤害并不是立即呈现的，而是要经过长期的积累，慢慢可能才会出现疾病。同样，酗酒对人体也是有百害而无一利的，即使有很多人知道喝酒有害，但还是有不少人喜欢喝酒。酒对肝脏的危害也是慢慢积累的，积累到一定程度才会出现肝癌或肝硬化。抽烟与酗酒的危害都是长期积累后才显现出来的，因此，生活中不要忽视微小的力量，以免积羽沉舟，后悔莫及。

### 启示2：重视平时的心理健康

心理不健康的人，大多是生活中遇到的冲突事件没有及时解决，慢慢积累而成。因此，有心理问题时，切不可觉得难以启齿，一方面尽量自己调节，另一方面，就像身体疾病一样，如果自己无法调节的话，就需要及时找专业人士帮助解决。只有这样，才能避免心理疾病由状态性转为特质性，从而更好地保持心理健康。

# 过度合理化效应

## 一、名词释义

过度合理化效应，也称过度理由效应或过度辩护效应，是指附加的外在理由取代人们行为原有的内在理由而成为行为支持力量，使得行为由内部控制转向外部控制的现象。

## 二、发现背景

1971年，德西和他的助手使用实验方法，很好地证明了过度理由效应的存在。他以大学生为被试对象，请他们分别单独解决测量智力的问题。实验分三个阶段：第一阶段，每个被试者自己解题，不给奖励；第二阶段，被试者分为两组，实验组中被试者每解决一个问题就得到1美元的报酬，控制组中被试者没有外在报酬；第三阶段，自由休息时间，被试者想做什么就做什么。目的在于考察被试者是否维持对解题的兴趣。结果发现，与奖励组相比较，无奖励组休息时仍继续解题，而奖励组虽然在有报酬时解题十分努力，而在不能获得报酬的休息时间，明显失去对解题的兴趣。在第二阶段，奖励组被试者解题可获得金钱奖励，作为外加的理由，他们用获取奖励来解释自己解题的行为，从而使自己原来对解题本身的兴趣减弱，产生了过度理由效应。到第三阶段，奖励一旦失去，也就没有了继续解题的理由，而无奖励组被试者对解题的兴趣，没有受到过度理由效应的损害，因此在第三阶段仍维持着对解题的热情。

## 三、生活应用

### （一）学校教育

随着生活水平的不断提高，人民的物质生活越来越富裕。孩子考得好，家长往往就给予丰厚的物质奖励。长远来看，这种行为值得倡导吗？答案是否定的。试想，孩子一旦对这种行为产生认同感，还能发挥自己的学习潜能吗？假如小时候，你解数学题解的很开心，感觉很有意思，很有成就感，于是考试的时候也得了高分。你爸爸一看，你数学拿了高分，比原来强多了，很高兴，于是奖励你10块钱。接着告诉你，如果下次再拿更高的分的话，他将会奖励你更多。于是，你更开心了，开始拼命地钻研数学题，只为得到更高的奖励。这个时候，过度合理化效应就出现了，本来你只是对解数学题本身感兴趣，结果爸爸的奖励，给这个行为增加了"过度"的理由，你也被这个"过度"的理由吸引了，忘记了解题本身带给你的快乐。当有一天，爸爸不再奖励你，你就会失落，因为你已经忘了原来解题本身的快乐。

### （二）婚恋家庭

过度理由效应也容易发生在过分讲究角色分配的情侣身上。如果经常有一方抱怨对方不懂得付出，只是一味地索取，而对方则不以为然地觉得这是他应该尽的责任。究其原因，正是在于两人的关系中有一方长期单向付出。一方确定了自己是男朋友的角色以后，为了显示自己男人的宽大肩膀用心呵护自己的爱人，不断地从各个层面去付出，另一方则拼命地体现出自己的"小鸟依人"感。久而久之，"过度理由效应"便产生了作用，两人不自觉地将情侣关系的定位留于浅表的"施予和获得"这个利益层面的原因，而忽视了深层次的感情交流、生活适应和个性融合等方面。最后，索取的一方的直接欲望越来越膨胀，而付出的一方往往到最后变得疲惫不堪。到分手时，付出的一方会觉得对方只是为了得到好处而和自己在一起，获得的一方却会一味地指责对方不再对自己付出。这种建立在单方一味忍让和付出的基础上的情感或婚姻是比较脆弱的。为避免这种婚恋家庭中的过度理由效应，双方应避免过分的利益施予和索取，投入更多情感的交流和磨合，共同经营、彼此相爱才是较好的相处状态。

### （三）人际交往

人际交往中什么是过度合理化呢？我来给大家讲一个故事。一位老人独自住在某一条街上，每天下午都有一群吵闹的男孩在这儿玩耍。这种喧嚣惹烦了他，于是他把这些男孩叫到了家门前，告诉男孩们，他喜欢听他们那令人"愉悦"的声音，并且许诺：如果他们明天再来的话，他将给每人50美分。第二天下午，这群孩子又跑来了，并且玩得比以往更加放肆。这位老人就给了他们钱，并许诺下次来还有报酬。第三天，他们又来了，大肆庆祝，而这个老人又给了他们钱，这次是25美分。第四天孩子们仅得到了15美分，老人解释说他那干瘪的钱包已经快被掏光了。"求求你们，尽管这样，你们明天还能以10美分的价格来玩吗？"。这些孩子失望地告诉他，他们不会再来了。他们说，这样得不偿失，因为在他房子前玩整整一个下午才只有10美分。在这个故事中，这个老人巧妙地利用了"过度合理化效应"，将男孩们对玩耍本身的兴趣转移到了对金钱的兴趣上。当男孩们一旦失去了金钱的报酬，那么其行为也就会终止，从而实现了老人最初的目标。

### （四）单位工作

过度合理化会降低员工对工作的内在兴趣。一个企业的创立离不开员工的辛勤工作，一个企业的发展离不开员工的创造性付出。如果企业员工只在乎薪资，那么企业将濒临倒闭。企业也应该关心员工的心理状态，合理化员工的信念，认真考虑员工对公司的建议。企业鼓励员工发挥其自身的价值，鼓励创新，激发他们的工作热情和兴趣。最重要的还是取决于员工自身，员工应当树立正确的工作目标，杜绝过度合理化。

## 小结：过度合理化效应的启示

### 启示1：正视错误内在化

人当然都觉得自己很聪明，比别人聪明，自己做的都是对的。但是，工作中，没有人不犯错。自己犯错了怎么办？是勇敢坦然地承认自己的错误吗？当然不可能。在明确错误是自己犯的前提下，大部分人首先做的就是为自己找借口，严正指出这是偶然的，与自己的一贯表现和水平不相符。开始的自我合理化行为是正常的，可以理解的，适度就好。如果过度合理化，将由自身原因导致的错误推卸到外部事物上，拒绝承认错误，推脱责任，也意味着今后还会犯这类低级错误，那就麻烦了。自我合理化之后，应该坦然承认错误，正视自身原因，并进行反思，避免今后重犯。

### 启示2：警惕理由过度化

如果人们某种行为的发生本来有充分的内在理由，但此时若具有更大吸引力的刺激，给人们的行为增加额外的"过度"理由，那么人们对于自己行为的解释会转向这些更有吸引力的外部理由，同时减少或放弃原有的内在理由。可见，当人们相信，他们所做的努力是由额外因素导致的，就会降低原有动因的解释力度。过度合理化效应的反面是理由不足效应，即以最小的刺激，能够最有效地促使人们对一个活动产生兴趣并乐于继续做下去。可见，做还是不做，有合理化理由即可，避免理由过度化。

# 互悦法则

## 一、名词释义

互悦法则也称对等吸引率，是指在人际交往中，如果你想得到人们的欢迎或者支持，让他们同意你的观点，赞同你的行为，仅仅提出良好的建议是远远不够的，还需要让对方喜欢你。

## 二、发现背景

1982年，美国威斯康星大学曾做过如下实验：实验人员让甲、乙两支队伍进行保龄球比赛，两队的第一球各自击倒了7只瓶。这时，甲队教练走过去对自己的队员说："你们很棒，打倒了7只瓶子，继续加油！"，而乙队的教练却开始训斥起自己的队员："怎么打得这么差，平时教你们的全忘了吗？"面对不同态度的教练员，甲队队员得到了很大鼓舞，随后的比赛中他们越打越好，而乙队队员感到非常的不耐烦，越打越糟糕。结果显而易见，甲队最终赢得了比赛。这个实验告诉我们：对于自己喜欢或亲近的人提出的要求，人们接受起来会更容易。

## 三、生活应用

### （一）学校教育

在学校教育中，同学对老师的好恶，往往决定着学生对这门学科的喜爱程度，这在低年级中表现得尤为明显。用心的、有爱心、有趣的老师自然会受到学生们的欢迎，他们对学生的学业有很大的影响，甚至影响学生的一生。例如，有一位刚刚从学校毕业的历史老师，虽然教学经验不是很丰富，但是他的风趣、友爱、认真深深地吸引着我们。作为理科生，对于历史这门非高考科目，学习自然不是很上心，但是从老师有趣、认真的教学中，同学们不但学到了很多历史知识，还收获了很多人生启示。另外，老师总是会耐心地去解答同学们提出的历史问题，如果当场没法解答，课后他会很认真地去翻阅资料，然后尽可能给我们满意的答复，老师从没有因为我们是理科班而草草了事，我们从老师那里得到了尊重、支持，这让我们感到非常舒心。作为回报，这个班在会考中的成绩居然超过了把历史作为主科学习的文科班。也正是从那时起一些学生真正喜欢上了历史，时至今日他们还会经常去翻阅各种历史书籍。

### （二）婚恋家庭

两个不同家庭环境中成长的男女走到一起，组成家庭，矛盾是不可避免的。要让家庭健康成长，真正做到像结婚典礼发誓时说的"执子之手，与子偕老"，就需要夫妻双方用心去经营，这里就免不了要用到我们的主题词"互悦法则"。有这样一个家庭，丈夫在外地工作，妻子全职在家照顾孩子，起初只有一个孩子的时候，丈夫基本都是在周末的时候才回家，妻子考虑到丈夫工作的辛苦，周末到家也是让他以休息为主。后来二娃到来了，二娃体质过敏，经常因为身体原因需要进医院接受治疗，这使得妻子精疲力尽。妻子特别希望丈夫能经常回来助她一臂之力，抚慰她那疲惫的身心。但是丈夫并没有，依旧是周末才回来，到家后也还是老样子。这让妻子非常生气，于是两人就开始吵架。丈夫因为每次回家都会面对争吵的局面，感到身心疲惫，不想回家；女人因为孩子再加上与丈夫的关系恶化，患上了抑郁症。转机也在此时出现，通过一段时间的心理咨询，妻子的病情有所好转；心理咨询师也让双方找到了吵架的症结所在，双方尝试改变，丈夫听从咨询师的建议，除了周末必回之外，有时间就回家，回到家就帮妻子一起照看孩子，做做家务。妻子也体谅丈夫在外工作的辛苦，周末又会像以前那样带着孩子一起陪丈夫踢球，于是一家人和好如初。家庭成员之间并不存在深仇大恨，大多数矛盾都源自于各自在原生家庭中成长而形成的思维习惯。不要以己度人，多从对方的角度去看问题，事情都会变得简单，家庭成员的关系自然就会融洽。

## （三）人际交往

生活中，我们每天见到的陌生人要多于熟人，在芸芸众生中，最后能够成为朋友、知己的仅寥寥数人而已？"道不同不相为谋"，只有志趣相投的人才能彼此欣赏。大家都知道"士为知己者死"，讲的是春秋战国时，侠士豫让为智氏报仇的故事。豫让先后是范氏和中行氏的门客，但是这两家并没有善待豫让，后来豫让为智氏效力时，智氏以国士之礼相待。投桃报李，豫让用心为智氏效劳。智氏在围攻赵氏失败后，身死。豫让不惜牺牲自己来为智氏报仇，几次刺杀失败之后，豫让被抓，赵氏得知豫让刺杀他的真正原因后，折服于豫让的侠义精神，满足豫让割袍代首的请求，并对其厚葬。历史上智氏并不是一个正面的人物，但是能让豫让有如此侠义之举的，正是智氏的礼遇和器重。

## （四）单位工作

在工作中，"互悦法则"处处都有体现，它能提高工作效率，增加销售量，更能增强团队的凝聚力。下面让我们来看一个例子，一位领导A是怎么用"互悦法则"挽留住一个铁了心要走的员工，甚至使他主动要求降薪。A开有一家设计公司，聘来的设计师以年轻人居多。一天有个年轻人很沮丧地来找他，要求辞职。因为这个年轻人非常优秀，A很想挽留他，要想说服他，必须找到促使他离职的真正原因。几番打听，了解到是家庭原因使得这年轻人心神不宁，想辞职回老家。A知道后默默地帮他解决了问题，同时通过交流，帮他疏通了淤积心头多年的疙瘩。年轻人的问题解决了，心也就定下来了，收回辞职信，认真工作，他还认为自己的设计能力对不起现在的薪酬，主动要求降薪，A没有同意。这让年轻人更加感激，工作的积极性更加高涨。

# 四、互悦法则的启示

### 启示1：人与人相处，需要彼此欣赏

不管是历史老师对学生的付出，还是那对夫妻后来的改变，他们都是很真诚地对待对方，用他们包容的心无条件地接纳对方，并为对方而改变

自己，使得双方相处变得和谐、友爱。很多人说："我有很多朋友，这些朋友怎么怎么样。"但到真正需要帮助时，朋友全都消失了。这些人或许只是因为利益的捆绑而走到一起，彼此利用，逢场作戏罢了，缺少的正是真诚，心与心的交流。"互悦法则"告诉我们，人与人之间需要的正是那种真诚的心灵交流，而不是虚情假意的敷衍。

**启示2："互悦法则"需要相互付出**

"互悦法则"，顾名思义不是一个人的事情。可在社会关系中很多人只是想攫取，并不想付出，家庭中也好，工作中也罢，甚至朋友之间，亲子之间。他们总认为自己应该从对方那里得到更多想要的东西，但当对方要求他做些什么的时候，却总是眉头紧锁，语气也不对，动作也变粗鲁了。久而久之，总是付出的一方也会失去耐心，矛盾也就随之而来。有舍才有得，一段情感关系的维护，必须是双方用心地付出，互相接纳。人生来平等，相互付出才能更好地发展，生活才会更加幸福多彩。

# 豁达效应

## 一、名词释义

个体拥有积极进取的生活态度，豁达乐观的生活襟怀，反身求已的思过习惯，称为"豁达心态"或"豁达效应"。

## 二、发现背景

苏轼与苏辙两兄弟被贬谪后，相遇在卖面条的路边摊，两人一起买面吃。面条粗糙难以下咽，苏辙放下筷子叹气，而苏轼早已将面吃完，慢悠悠对苏辙说，"你是想细细品尝面的味道吗"，说完不禁大笑起来。仕途不顺，怀才不遇，一碗粗面就好比此刻生活的滋味，苏辙沉浸在沮丧和痛楚中，而苏轼依旧食之如怡、谈笑自若。这就是"豁达效应"带给苏轼的心态。不得不说，"东坡食汤饼"式的乐观、豁达值得推崇。

## 三、生活应用

### （一）学校教育

身边有这样一位老师，无论学生的成绩如何变化，他都能泰然自若，永远对学生耐心呵护、悉心指导。在面对成绩下降的学生时，他总是会先表扬学生的优点，随后再帮学生总结成绩下降的原因，最难得的是，他每次也会进行反思，是否是因为对学生的关心不多、教学方式有问题才会导致他们的成绩下降。正是因为有这样的老师存在，班级学生的成绩一直在提高，学生在成绩下降时也能保持乐观的心态。我们都知道教学管理是份繁重的工作，很多教师都会抱怨、叫苦连天，但是这位老师总是能保持良好的心态，用平和、耐心、乐观的心态面对学生的成绩下降。这样的教师不仅有利于学生成绩的提高，还会促使学生形成良好的自我认知。一味地批评打压，可能会使学生心情惆怅苦闷，认为自己什么事都做不好，缺乏挑战心态，丧失价值感。因此，面对成绩下降的学生，教师在积极鼓励的同时，也可与学生共同制定学习目标，让学生有计划地完成学习任务，在一个个目标实现中获得成就感，同时也培养了学生的抗挫能力，养成"豁达心态"。

## （二）婚恋家庭

婚恋家庭中也需要有"豁达心态"。有这样一个案例，尼克出生时躯体残缺没有四肢，10岁时，他试图把自己溺死在浴缸里，但是没能成功。知道尼克心理变化后，父母亲开始努力鼓励孩子学会战胜困难，渐渐地尼克交到了朋友。在13岁时，尼克偶然在一篇报纸上看到一名残疾人自强不息的事迹，他深受启发，于是给自己设定一系列伟大目标并完成。2003年大学毕业，他出版了好多书，还将自己的真实经历写入书中，以演讲的形式传播给世界各国的青年，鼓励了许多人。偶然的一次演讲中，他有幸认识了现在的妻子。尼克结婚时说："我虽然没有双手去拥抱我的爱人，但此时此刻，我能用我最真挚的爱，去拥抱我的妻子。"尼克以乐观豁达的心态去生活，并努力实现自己的价值。他的妻子并没有因为尼克的残疾而嫌弃他。他们俩情投意合，过着美好的夫妻生活。如今，尼克快四十岁了，成了名副其实的人生赢家，不仅事业成功，而且婚姻幸福。在我们的婚恋生活中，就需要这样豁达地看待对方的不足之处，用欣赏的眼光去发现对方的闪光点。因此，在婚姻中，豁达心态会让你的婚恋关系更加坚固稳定，永远保持新鲜感。

## （三）人际交往

在人际交往当中，是不是也需要有豁达的心态呢？让我们来看看这个案例。小李从北方来到南方一所大学读书，与室友小敏在很多问题的看法上相去甚远，两人经常因此斗嘴，彼此不服气，互相看不顺眼，矛盾时有发生。小敏在人际关系方面处理得更好，但小李跟同寝室的其他同学都对立了，与室友的关系开始变得紧张起来，认为室友都不理解、不信任自己。只要看到有两位同学当着自己的面嘀咕几句，小李都认为对方是在说自己的坏话，进而对班里其他同学开始猜疑和反感，心情越来越苦闷，心胸也变得狭窄，一度产生了退学的念头，而小敏每天都过得很开心。由此可见，豁达心态在人际关系中有着重要影响。如果小李对同学都保持着宽容、豁达的心态，并试着积极主动地去改善自己在人际交往中的态度，养成反身求己的思过习惯，一定会大大改善紧张的人际关系，也能获得真正的友谊和快乐。

### （四）单位工作

情绪管理应从尊重人的自身发展的角度出发，再结合外部环境和企业自身实际，对员工个体进行疏导，以此来帮助员工学会自我激励，从而达到控制情绪，保持积极乐观的工作心态。小王的上司是位四十岁的男性，个性独立、好胜且有主见，要求细节完美，脾气非常火爆，经常因为一点小事而大发雷霆。有一次，小王因失误造成了小小的损失，上司不分青红皂白，对着小王就是一顿大骂。事后，他发现了事情的真相，可他并没有向小王道歉。久而久之，小王提到上司就胆战心惊。在小王眼里，上司就像一串随时可以被引爆的鞭炮，一点小事都可能引发他的怒火。之后大家都不敢在上司面前发表意见，虽然嘴上不说，但心里一直有埋怨，工作状态低落。后来，上司发现其中的端倪后进行自我反思，私下里还找员工谈心并表示歉意。上司用豁达的心态成功化解了小王内心的郁闷之情，同时在其他员工心中也树立了一个好形象。当然，作为员工，小王也应该掌握一定的沟通和职场生存技巧，怀着豁达的心态，在适当的时候，向上司大胆表达自己的想法。相信有了这些积极豁达的处理方式，上下级、同事间相处起来会更为融洽。

## 四、豁达效应的启示

### 启示1：豁达是一剂良药

"豁达心态"在人际交往当中会是一种受欢迎的、人见人爱的心态。有豁达心态的人，在生活中、事业上往往都会如鱼得水，即使遇到一些困难，他们也会快速而轻松地化解之。所有的父母一定很希望自己的孩子成为受欢迎的人吧？因为具有"豁达心态"的孩子不只能够成功，还会幸福快乐！因此，让我们的心胸像海洋一样拥抱每一天吧！

### 启示2：豁达是一种智慧

俗话说："将军额上能跑马，宰相肚里能撑船！"为人处世的智慧之一就是宽容待人。"不责人小过，不发人隐私，不念人旧恶"，无论生活给予什么，我们都能坦然地面对，从容地接受，且能怡然自乐。豁达的心能屈能伸，乐观的人知进知退，经得起坦途与逆旅的考验，受得起成功与失败的打击。胸怀宽广了，机会便多了，世界也会随之变大；反之，偏狭小气，容易丧失机会，世界也就只剩下坐井观天的一隅了。

# 禁果效应

## 一、名词释义

心理学中把"禁禁不为""愈禁愈为"的逆反心理现象称之为"禁果效应"或"潘多拉效应"。

## 二、发现背景

"禁果"一词源于《圣经》，是伊甸园"知善恶树"上结的果实。《旧约·创世纪》记载，神对亚当及夏娃说"知善恶树"上的果实"不可吃、也不可摸"。夏娃受魔鬼（蛇）的引诱，和亚当偷吃了禁果，上帝便把他们赶出了伊甸园。这种被禁果所吸引的逆反心理现象，称之为"禁果"效应。

## 三、生活启示

### （一）学校教育

学生中存在的逆反现象，部分就源于"潘多拉现象"。小学生的好奇心强，由于阅历和经验的不足，他们情绪易失控，道德观念和社会化发展也不成熟。他们不迷信、不盲从，具有较强的求知欲、探索精神和实践意识。但家长或教师在教育孩子时，为了让孩子不走弯路，常用自己的所得经验阻击孩子的好奇心。孩子受好奇心的驱使，听不进大人们忠告，对于越是得不到的东西，越想得到，越是不能接触的东西，越想接触。这样，孩子不听劝告的逆反行为就形成了。在每个人的成长过程中都不可避免地要经历青春期这个特殊的阶段，它是架设在幼稚与成熟之间的一座桥梁，也是人生理和心理上发生巨大变化的过渡期，而中学生正处于这样一个非常时期，他们在生理上已经显现出了不同于儿童的性征，在心理上也具备了强烈的自我意识。但他们还不够成熟，所以我们经常听到这些"特殊学生"的家长抱怨："这孩子真长大了，连我们的话也不听，让他做什么他偏不做，你说东他偏要说西……"。遇到类似中学生的逆反心理，总体上宜疏不宜堵，应客观对待，避免出现禁果效应。

（二）婚恋家庭

当你与对方进行谈恋爱时，把握好禁果效应，可以加深两人的感情。很多人都知道，在一起谈恋爱一定要互相保留充足的个人空间，不要一味地为对方付出，否则当对方把你看透了，那么他对你的在意也就会慢慢消失了，甚至认为你是一个可有可无的人。与此同时，与对方相处的过程当中不管是做什么事情，都需要掌握好一定的分寸。说话留有余地，这样对方才会产生对你窥探的欲望，引起好奇心之后会更加关注你。很多人在谈恋爱的过程中，一开始都是无比甜蜜的，两个人时常会想要粘在一起，但是伴随着时间的推移，过一段时间之后男性会更容易把注意力转移到其他方面，这是由于他很清楚爱情不是生活的全部，想要让自己在未来有更好的人生，就需要将重心转移到他认为更重要的地方去。女性在谈恋爱的过程当中一开始就是非常沉浸的，当男性态度上发生转变后她就会莫名的失落，会反思是不是自己哪里做的不对，会更加围着对方转，付出更多。久而久之，对方就会对你抱有一种轻视的态度，认为你是一个非常好掌控的人，从而失去兴趣。这也是很多恋爱从开始的甜蜜，最终走向分手的原因。

（三）人际交往

大家或许有过这样的经历，小时候父母为了让我们好好学习，不允许我们看电视。我们口头上答应了，等父母出去上班后，我们就打开电视看得不亦乐乎。等父母快下班了，就关了电视假装看书。总之，父母越是禁止我们做的事，我们就越想去做。这是亲子交往过程中常见的"禁果效应"现象。当然，在人际交往中，有时我们也可以利用禁果效应来吸引对方的注意。这种方法类似于"激将法"，促使对方产生好奇心。例如，在别人面前要谦虚点，别人反而会认为你很优秀。家里买来新的折叠自行车，你可以对孩子说："你会装车吗？不会的话等我忙完了工作我再来装"。此时，他肯定会咽不下这一口气，把车装好给你看。如果你是开网店的，在店里面注明信息：每人限购一件。不出意外的话，你的商品很可能就会被抢购一空。因为人们就是有种好奇心和逆反心理：我偏要买两件！

### （四）单位工作

小峰是某机械厂的销售员，他主要负责起动机的销售。这几天他的业绩出奇的好，大家都感觉非常奇怪，而且大家发现他销售的起动机大多数都是展台上的样机。"你们的起动机动力怎么样啊？"一个客户一进门就问小峰。"这个是我们今天刚放上展台的样机，您可以听一下声音，绝对让您满意"，小峰微笑着说。客户转动了一下开关，听了一会儿，觉得还不错，随即小峰又说："这个是我们的样机，如果您觉得可以的话，您可以到库房再挑一台"。客户马上说："样机怎么了，不都是一样的机器！"小峰解释道："机器是一样的，但样机是不出售的。"客户听到这话，想了一会儿说："样机为什么就不能销售了？你跟你们老板说说，我今天就要样机了。"小峰面露为难之色，但心里却是喜悦的。接下来与客户的沟通中，在没有降价的情况下，他就与客户达成了交易。随后，小峰微笑着又搬了一台机器放在展台上，这就是禁果效应在销售领域的成功应用。

## 四、禁果效应的启示

### 启示一：理性对待禁果，避免一刀切

从童年时期开始，我们就逐渐探索外部世界，以满足好奇心和求知欲。有时候，你越想把一些事情或信息瞒住不让他人知道，就越会引起他人更大的兴趣和关注。对一件事物不做说明就简单禁止，会使这件事物有区别于其他事物的特殊吸引力，使人自然地将更多的注意转移到这件事情上。此时，我们就需要理性对待禁果，切莫把一切都当禁果。

**启示二：利用"禁果"效应，提升吸引力**

在教育中，这是一种"有心"的教育方法，通过"假禁"来达成真正的目的，通过激发学生的好奇心和探究欲，把学生引导到期待中的行为或活动中来。在现实生活中，我们常常会遇到这样的情况：越是被禁止的东西或事情，越会引发人们更大的兴趣和关注，使人们充满窥探和尝试的欲望，千方百计地通过各种渠道获得或尝试它，即上面所说的"禁果效应"。其实，这种做法与东西本身没有太大的关系，主要是因为"禁"激起了人们情绪中的好奇心理和逆反心理。

# 空白效应

## 一、名词释义

"空白效应"指的是作品留给读者想象和再创造的空间，从而获得对作品更深层次的理解和把握。

## 二、发现背景

在书法作品中，如能适当留下不着色彩的空白，会收到"恰是未曾着墨处，烟波浩渺满目前"的艺术效果。诗歌语言的跳跃，电影艺术的空镜头，也都能收到"此时无声胜有声"的艺术感染力。在特定的环境中，语言会变得苍白无力，人们早已通过作者描绘的场景，人物的心理活动、行为举止去了解作者所表达的思想感情。在演讲的过程中，适当地留一些空白，会取得良好的演讲效果，这就是"空白效应"。

## 三、生活应用

### （一）学校教育

作为教师，教育犯错学生同样可以运用"空白效应"。比如某学生犯错了，缺乏经验的教师喜欢喋喋不休地批评犯错学生，使得学生心扉紧闭，有时甚至当场"顶撞"对骂起来。这样处理既影响教师形象，又起不到教育效果。所以批评学生最好留有时间让学生自己去思考，自己去反思。这样，学生就不会有被"穷追不舍"之感，反抗心理就会锐减，教育效果反而会事半功倍。其实，教师的一个眼神、一句问候、一句玩笑话有时也可以让犯错的学生心领神会，心存佩服和感激。另外，当我是一名学生时，老师每讲完一个新知识点，我总是希望老师停一会儿，哪怕是仅仅的一分钟，让学生自己回顾一下老师刚刚讲过的知识点，从而巩固所学知识，同时检验自己是否真正学懂，是否还存有疑问。如今作为老师的我，才知道当时我所希望的"一分钟"就是教学中的"空白"，考虑自己学生时候的感受，我现在在讲课时也常给学生留下一些"空白"。

（二）婚恋家庭

在感情生活中，同样要懂得运用好"空白效应"，给彼此空间，让感情得以保鲜。比如夫妻相处时常为一些琐事闹矛盾，你一言我一语地吵起来了，有的人不懂得说话的技巧，更不注重沟通方式，只是一味地表达自己，只会相互伤害。此时期望对方听到自己的心声，还希望能够迎合自己，实在是一种苛求。有些女性朋友，这个时候会喋喋不休，不给男人表达的机会。这时男人只能压抑着情绪，保持沉默。女人又会怪男人太冷漠。如此循环，就是在一点点地消耗彼此感情。如果这时双方都给对方留有空间，注意沟通方式，比如说话节奏放慢一点、适当保持沉默、不要把话说的太满，给自己思考的空间，给对方深思熟虑的空间，把握好这些节奏的话，往往会达到"此时无声胜有声"的空白效应。

（三）人际交往

在人际交往中，留白也是必不可少的。比如刚认识的新朋友，相互之间都比较陌生，这时会产生好奇心，总想着去了解对方。其实这时候留给两个人遐想的空间最大，互相之间的吸引力也更强。可是随着相处的增加，两个人之间的吸引力递减，到了某个点上，就呈现出了"食之无味，弃之可惜"的现象。因此，朋友之间相处也要懂得留白，不要说尽心里话。当一个人彻底了解你的时候，就是对你失去兴趣的时候，保持点神秘感，留有余地，才能更具有吸引力。"凡事过犹而不及"也是这个道理，就像你喜欢吃某种食物，如果一直吃一直吃，总有一天你会对这个食物腻烦，再也不想吃了。朋友间相处也是如此，异性相处更是如此。远香近臭，过于靠近就会腻烦，再美好的感情也会就此搁浅。所以想要真正走进朋友或异性的心里，就需要恰当地运用好"空白效应"，给予彼此空间，让感情得以保鲜。

（四）单位工作

顾先生是某公司领导，他经常需要在会议上发言。一般来说，发言的过程比较枯燥，但顾先生总会巧妙运用"空白效应"。例如，他在演讲过程中采用停顿和互动的方式（停顿能促进下属对会议内容和工作的思考，互动能让下属产生共鸣），让每一次发言的反馈效果都很好。如果顾先生在发言过程中只是单一的讲述，就很难让听众接受到有用的信息。因此，适当的留白能够有效增进发言者和听众之间的了解，进而引起广泛共鸣。心理学家研究表明：人们的注意分有意注意和无意注意两种。无意注意是初级的、不持久的注意，而有意注意才是高级的、持久的注意。在学术性比较强的演讲或会议中，枯燥的内容容易让人产生"无意注意"，如果演讲者巧妙采用停顿和互动的方式，就可以让人们的注意变成"有意注意"，从而达到更好的反馈。由此可见，空白效应运用得恰到好处会带来神奇效果。

## 四、空白效应的启示

### 启示一：教育要善于留白

在教学中，教师要善于留白。例如，在表达方面留白，针对某些问题，教师不妨先不说出自己的观点，让学生去想、去说，让学生有机会去表达自己的观点。在实践方面留白，给学生一个锻炼和实践的机会，提高学生的动手能力。在思考方面留白，教师应给学生思考分析的机会，让学生独立地思考、判断和面对，学生的分析能力就会逐渐提高。在批评方面留白，批评之后，留给学生自己去思考、自己去责备的时间。这样学生就不会有一种被穷追不舍之感，反抗心理就会锐减。这样既能使学生切实思考自身存在的缺点，也不会使学生因长时间的批评而产生不耐烦与逆反心理。

### 启示二：留白是一门艺术

留"空白"是一门艺术，不是一件简单、随意的事。一要掌握火候，二要精心设计，找到引与发的必然联系，并在点拨之后，使他人有联想，有垂直思考与平面思考的交叉点，然后以"发问""激题"等方式的诱因激起其思维，从而使之上下联系，左右贯通，新旧融合，用所思、所虑、所获填补思维空白点，获取预期的效果。

# 马太效应

## 一、名词释义

马太效应是指任何个体、群体或地区，一旦在某个方面（如金钱、名誉、地位等）获得成功和进步，就会产生一种积累优势，从而会有更多机会取得更大的成功和进步。

## 二、发现背景

1968年，美国科学史研究者罗伯特·莫顿（Robert K. Merton）提出这个术语用以概括一种社会心理现象："相对于那些不知名的研究者，声名显赫的科学家通常得到更多的声望，即使他们的成就是相似的。同样地，在一个项目上，声誉通常给予那些已经出名的研究者"。此术语后为经济学界所借用，反映经济学中赢家通吃，收入分配不公的现象。

## 三、生活应用

### （一）学校教育

陈老师是一名普通的高中班主任，他总是会给予班上不够优秀的学生更多鼓励和关注。不过，他发现大多数老师只重视"好学生"，这可能造成"差学生"自暴自弃，心怀嫉妒，班级里甚至形成严重的群体对立。陈老师认为，那些所谓的"差生"也有自己的闪光点，只是缺少旁人的关注与发掘；而一个品学兼优的好学生，受学校领导、老师的表扬，受同学的羡慕，回到家中也备受宠爱，拥有无比优越的成长环境。如果不注意这种"马太效应"，就会造成只重视和培养少数拔尖学生，忽视和放弃大多数普通学生，形成少数和多数的隔膜、分化、对立的现象。因此，有经验的教师应重视学生中的马太效应，给予"学困生"更多的关注，发掘学生的潜能与闪光点，比如学生的成绩不太好，但是他画画非常好，教师可以鼓励他多参加绘画比赛，当他在比赛中获得成功后，可能会对他的成绩提升有所帮助。老师们一视同仁，发掘每个学生身上的闪光点，这样的班集体才会有更多的机会取得更大的成功和进步。

**（二）婚恋家庭**

莉莉和丈夫离婚后一直萎靡，她好像不再能感受到爱，生活中充满了痛苦和郁闷。直到有一天，她的同事向她表白并对她展开了热烈的追求，她才意识到生活中还是充满了爱。父母关心她，好友安慰她，同事炽热爱恋她，她不再为上一段感情难过，并且对情感中遭受的一些小的伤害，也能一笑而过。爱情中的马太效应并不是简单地拿情感做成本，越滚越多，而是如果处于情感的包围中，心态就会很好，人放松，对快乐敏感，对伤害迟钝，再加上激素作用，人就容光焕发，这些都会增加对异性的吸引力。当然，微妙的竞争心理，也促进了爱情的马太效应。如果自己没有被爱包围，至少要模拟被包围的那种状态，把心态放松，随时处于接收的状态，像一台不断调试的收音机，爱情就比较容易瓜熟蒂落。

**（三）人际交往**

现在初入职场的员工，很多都不善于处理人际交往方面的问题。例如，小张来公司一个多月了，始终没能融入团队中。在同事眼里，小张是一位不苟言笑、内向、高冷的人。通过小张的自述，她学习时成绩很好，生活都是父母一手包办，要啥就给啥，有求必应。祖辈对小张更是疼爱有加。这种过分的溺爱让孩子失去了很多自主能力，认为家人对自己的好都是理所当然的。这种马太效应迁移到小张的职场中，于是造成目前交友发生困难的局面。事实上，在职场社交里，马太效应发挥得淋漓尽致。例如，当一个人拥有的包括猎头、HR以及高管在内的社交人脉越来越多时，那么他所获得的职场机会、希望就会越来越多，甚至未来的人生之路就越幸福。

**（四）单位工作**

小文毕业后自主创业，开办了一家不大的公司。可是不久之后他就发现了问题，没有多少客户愿意购买他公司的产品，而是倾向于购买另一家更大公司的产品。难道市场已经被瓜分殆尽，自己没有成功的机会了吗？小文不愿意轻易放弃，他在产品质量和价格上下功夫，并且花了大价钱进行宣传。虽然起初几个月举步维艰，但渐渐地，他发现自己品牌的知名度提高了，生意随之越来越好做。几年后，小文的公司经受住了市场的考验，产品成了许多消费者的首选。在这个案例中，我们不难发现，马太效应对于领先者来说就是一种优势的累计，当你已经取得一定成功后，那就更容易取得更大的成功。强者总会更强，弱者反而更弱。所以你不想被所在的领域打败的话，你就要成为这一领域的领头羊，通过自己的不懈努力，不断地扩大优势。

## 四、马太效应的启示

### 启示一：强者更强，弱者更弱

《道德经》曰：天之道，损有余而补不足；人之道则不然，损不足以奉有余。强者恒强，弱者恒弱；好的愈好，坏的愈坏；多则越多，少则越少。这种社会规律，在古代人的思想里面已有所体现。西方也有类似的故事：一个国王远行前，交给三个仆人每人一锭银子，吩咐道："你们去做生意，等我回来时，再来见我。"国王回来时，第一个仆人说："主人，你交给我的一锭银子，我已赚了1000两"。于是，国王奖励他10座城。第二个仆人报告："主人，你给我的一锭银子，我已赚了500两"。于是，国王奖励他5座城。第三仆人报告说："主人，你给我的一锭银子，我一直包在手帕里，怕丢失，一直没有拿出来"。于是，国王命令将第三个仆人的一锭银子赏给第一个仆人，说：凡是赚得少的，就连他所有的，也要夺过来。凡是多的，还要给他，叫他多多益善"。

### 启示二：保持正能量，继续向前追

崔卫平教授说："你所站立的地方，正是你的中国，你是什么，中国便是什么，你若光明，中国便不再黑暗。"近年来，我国的新成就很多，政治经济科技社会各方面都有，比如"天鲲"试航、"嫦娥"奔月、"北斗"棋布、"鲲龙"出水、"5G"覆盖等等，细数着国家这些成就，令人心潮澎湃。中国正在以前所未有的速度向前发展，我们相信在马太效应的牵引下，中国的发展成就必将再登高峰、再创新高。

# 情绪效应

## 一、名词释义

情绪效应是指一个人的情绪状态对他人的情绪具有感染并施以影响的现象。

## 二、发现背景

美国洛杉矶大学医学院心理学家加利·斯梅尔做了一个实验，他将一个开朗的人和一个整天愁眉苦脸的人放在一起，不到半个小时，这个乐观的人也变得郁郁寡欢了。加利·斯梅尔随后又做了一个实验证明，只要20分钟，一个人就可以受到他人低落情绪的感染。一个人的敏感性和同理心越强，就越容易受到坏情绪的感染。这种感染是在不知不觉的过程中完成的。古希腊有位杰出的哲学家叫德漠克利特，他总是笑脸迎人，不摆架子，被人美称为"含笑哲学家"。近年来，一些商店、宾馆都开展了"微笑服务"，目的是取得良好的情绪效应。

## 三、生活应用

### （一）学校教育

在教学中，不同的情绪会产生完全不同的教学效果。女儿回家经常会提到他们学校的两个老师，一个是他们的班主任，一个是隔壁班的班主任。先说说女儿的班主任，刚从学校毕业两年，论教学经验真的不是太多，有时开家长会还会脸红。但是她对孩子非常用心，面对孩子时总是微笑，说话时也很温柔，孩子们被老师的"阳光"感染，他们也都积极向上，愿意和老师分享自己的心情。再说隔壁班的班主任，他是个大嗓门，每天都会对着孩子们吼。女儿说：经常在上课时听到隔壁老师大声训斥的声音。所以很难看到隔壁班孩子们活跃的身影。孩子们整天噤若寒蝉，正襟危坐地待在教室里。他们班有孩子经常在家闹，不想去上学。不去评价两个老师的好坏，但从心理健康角度出发，女儿的班主任温和的情绪给他们带来更多的阳光与快乐，也更有利于孩子的健康成长。

（二）婚恋家庭

在家庭中坏情绪的感染，往往是夫妻之间吵架的主要原因。例如，丈夫因为白天在公司被领导训斥了几句，一整天闷闷不乐。回到家有气无力地坐在沙发上刷手机。妻子看他累也就没有多过问。吃饭了，妻子叫了几遍，丈夫还在摸手机，妻子忍不住拔高了嗓门。丈夫的心情更烦躁了，没好气地说："我知道吃饭，不要你烦！"妻子的火也上来了，冲着丈夫一顿数落："一回到家鞋子也不放好，就知道坐沙发上玩手机，吃饭还要三请四邀……我上班也很累了，回到家还要做晚饭，还要看你的脸色……"。双方你来我往，一个美好的夜晚就这样被毁了。话说回来，丈夫心理委屈，或许只是想休息一下，但他没好好解释，妻子也不了解，于是大发雷霆。这样的坏情绪自然会影响到妻子，事情就被放大，吵架也就难免了。

（三）人际交往

在人际关系中，"踢猫效应"的故事反映了人际交系中的情绪感染。一位父亲在公司受到了老板的批评，回到家就把沙发上跳来跳去的孩子臭骂了一顿。孩子心里窝火，狠狠去踹身边打滚的猫。猫逃到街上，正好一辆卡车开过来，司机赶紧避让，却把路边的孩子撞伤了。事实上，人际交往中到处体现"情绪效应"。上班途中的一点不愉快，可能会影响一天的情绪，还会波及到其他同事身上。一个微笑或者是一句幽默的话，也许可以化解一场尴尬或者是小小的危机。朋友曾遇到过这样一件事。有一天他下班回家，因为下雨再加上天黑不小心碰了一辆车，事情倒是不大，但是依旧让对方非常生气。原来对方今天过生日，他急着赶回家和家人聚餐，这样一来必然就晚了。朋友只好一边微笑，一边道歉。俗话说："伸手不打笑脸人"，朋友一直保持着谦恭和蔼的态度，使得对方心情慢慢平静下来。同时朋友也提出了可行的理赔方案。事情就和平地解决了。情绪是会感染的，遇事时你情绪激昂，对方也跟着激动。只有冷静下来，才有助于解决问题。

### （四）单位工作

单位就是一个小社会，那么多人每天在一起工作，难免会有各种情绪。因此，同事之间保持良好的情绪就显得尤为重要。小威是个有趣的人，似乎没见过他情绪不好的时候，所以同事们都很喜欢他。谁有什么烦恼和他倾诉一下，心情就立马好转。有一天两个女同事因为一点小误会争得面红耳赤，双方剑拔弩张，恨不得撸起袖子干架。小威满面笑容地过来，一边走一边调侃："看武打片喽！"吵架的双方见小威来了，同时奔过去，找他评理。小威让她俩一个个说，他一边听，一边开着玩笑，逗得两位同事又好气又好笑。等她俩说完事情的来龙去脉，危机基本上也就解决了。表面上是小威用他的幽默化解了危机，实际上是小威身上的快乐情绪感染了同事，让她们渐渐地平静下来。情绪稳定了，接受对方意见就会变得容易。

## 四、情绪效应的启示

### 启示1：构建良好的情绪环境

老师在学生心目中自带威压，学生都是有些害怕的。如果每天面对老师的坏情绪，学生整天提心吊胆，随时准备应付老师的咆哮，时时被恐惧心理控制着，必然对学习产生负面影响。相反，如果老师能够微笑示人，孩子的恐惧心理就会渐渐释放。当学生的心思不放在应付老师的威压时，他就会把更多的精力放在学习上。这样学到的知识就会更多、更扎实，成绩自然而然就会提升。因此，希望老师们学会微笑，和孩子之间建立起一种良好的情绪环境，以情促知，最终达到知情交融。

### 启示2：重视情绪劳动的价值

美国社会学家霍赫希尔德于20世纪80年代在《情感管理的探索》一书中率先提出情绪劳动的概念，认为情绪劳动是指个体为满足组织的要求，使公众能察觉特定的面部表情或行为方式所做出的情绪管理。可见，情绪劳动是劳动者通过对自身情绪的适度调控，以营造出公众可以接受的情绪表现形式所付出的劳动。由于情绪劳动强调的是工作人员通过调节自己的自然情绪，使其与所在的岗位和工作环境相一致，因而它是一种特殊的劳动形式，即需要当事人付出一定努力以实现非自然的情绪表达。这就意味着工作人员除了利用体力或脑力完成本职工作外，对自身的情绪进行管理、调控和表达出学校工作所需要的情绪也是工作的一部分，这与情绪效应的价值不谋而合。

# 适度原则

## 一、名词释义

适度效应指当信息的难度处于中等程度时，则该信息既容易引起接受者的兴趣，又能通过他们的努力得到理解。

## 二、发现背景

从广义上来讲，适度原则的范围相当宽泛，同时其应用历史也很长，是很难将其具体地限定于某一年某一人发现的。比如，中华文明在相当长一段时间内，其文化内核都提倡"中庸之道"，一般指不偏不倚，折中调和的处世态度，这与我们当下了解的"适度原则"不无相似之处，只是更偏近于人际交往方面。又比如，从哲学方面来讲，适度是指事物保持其质和量的限度，是质和量的统一，任何事物都是质和量的统一体，认识事物的度才能准确认识事物的质，才能在实践中掌握适度的原则。同时，在诸多行业之中，例如广告业，金融业等都对适度原则有高频率的运用。

## 三、生活应用

### （一）学校教育

学校教育，尤其是大学之前的学校教育，主要以教师讲授为主，这时候适度原则的重要性就体现出来了。教师可视学生的具体情况，采取适度的教学内容，以便学生能够更好地掌握知识，层层推进。女儿学校有位非常有经验的数学老师，他教出的孩子不管什么基础，成绩都顶呱呱。他是怎么做到的呢？他在日常的教学中会留意每个孩子对知识点的掌握程度，有些孩子学得很快，掌握得很好，他就会适当给这些孩子增加一点难度，不至于使这些孩子骄傲自满；有些孩子学习困难，他会降低难度，让这些孩子有信心完成老师布置的作业。当这些孩子对知识点掌握得不错了，再开始慢慢提高难度。这位老师说："孩子都不笨，只是他们的逻辑思维能力发展有先后，如果我们用统一的标准去教育孩子，有些孩子会觉得简单，他们就容易骄傲；而有些孩子会觉得难，越学越没自信，最后跟不上索性就放弃了。所以我会根据孩子们的实际情况，制定符合他们的度，随着年龄的增长、大脑的发育，最终会回到同一起跑线上的。"由此可见，在教育中选择适合孩子的"度"才是真正的大智慧。

（二）婚恋家庭

有这样一对夫妇，孩子都上大学了，依旧恩爱如初。婚姻是需要经营的，维护好一个家庭更是需要智慧。丈夫说："我们在家里都有各自的分工，该她做的我基本上不会插手，该我做的我不会偷懒，当然在各自需要帮助的时候，我们之间也会互相帮忙。"问他为什么，丈夫说："如果家里有一个人把所有的事情都做了，日积月累，事情做得多的那一个心中难免就会产生怨言，有了埋怨，和谐的气氛就打破了，日子就会动荡。如果我们都有适度的活儿去干，双方是公平的，心中也不会起什么波澜，同时在互相帮忙的时候还会感激对方。"可见，夫妻之间好比两个交叉的圆，既有重合的地方，又有自己独立的地方。在夫妻相处中，彼此既要有共同要做的事情，也要有各自的私人空间，适当的距离会让夫妻关系更融洽更长久。距离过近，私人空间缩小，逐渐会失去两人作为成人的独特标识；距离过远，各做各事，形同陌路，感情难以维系。总而言之，适度的距离会使得家庭更幸福。

（三）人际交往

在人际交往中，适度的距离尤为重要，美国西北大学的心理学教授霍尔做过一个关于不同人群的社交距离实验，得出如下结论：

霍尔认为18英寸的接触，是角力、调情或亲昵的交谈，在这种距离内，人们互相传递的信息，就不仅仅是靠语言，而是靠接触、微笑、身体的热度，每个人都能感觉到对方呼吸的快慢，皮肤肌理及颜色的变化。不同民族，人们交往的空间距离要求也不尽相同。1.5-2英尺是私人的空间距离。它相当于生活在非接触性文化中的个人企图维护的私人空间的大小。妻子可以自由自在地待在丈夫的私人空间内，若其他女人这样做，就会引起误会和非议。私人空间距离可延长到2-4英尺。在这个距离内讨论个人问题是合适的。4-7英尺是社会距离。在办公室里，一起工作的人们可以保持这种距离进行交谈。社会距离可延长到12英尺。12英尺以上的是公共距离。非正式场合以及人们之间极为生硬的谈话适合于这个距离。一般来说，两个陌生人初次见面，双方肯定会保持一定的距离；当两个人相谈甚欢时，他们会不自觉地拉近一点距离；如果两人一见如故，相见恨晚，说不定他们就可以互相拥抱了。这样一个渐进的过程，完全符合在人际交往中当时情况下的"度"。

### （四）单位工作

企业管理中这个"度"的把握需要管理者大费脑筋。太严了，员工没有灵气、死板，企业发展困难；太松了，员工一个个是老油条，同样对企业的发展没有积极意义。这个度的拿捏，确实值得研究。在一个销售公司，有几个销售团队，团队与团队之间的竞争也非常激烈。A团队的队长很强势，总会拿根鞭子在员工后面抽，事事都要过问，属下缺少自由，他们就像提线木偶一样，老大怎么说他们就怎么做。大家都不开心，队长自己也很累，还抱怨属下不卖力，事事都要他去操心。B团队队长很聪明，给属下足够的自决权，同时他会要求属下每一周汇报手中的销售情况，做到心中有数，员工遇到困难时他会及时出手。在员工心中，他是无所不能的老大，交给老大就是交给放心。于是他们会无所顾忌地往前冲，收获也将是满满的。管理心理学是门大学问，宽严适度是作为管理者必须掌握的技能。

## 四、适度原则的启示

### 启示一：距离产生美

人与人之间的关系如果没有一点空隙，没有自由，容易窒息。人，生来喜欢自由。给彼此空间，适度的距离会让你的人生，你的生活变得更美。在与朋友相处时，即使再亲密的关系，也要记住"过犹不及"，适当的距离会让彼此的友情更加长久；在与爱人相处时，也要记住"亲密有间"，这会让你们的爱情永远保持新鲜感与神秘感；在工作中，与同事保持安全距离，会让你们彼此舒适、信任。

**启示二：适度是相对的**

度量一个事物是否合适的标准是相对的，不仅不同的人不一样，即便是同一个人，随着时间的变化其度量也可能变化，犹如人际交往中的距离：刚认识时有一个距离，熟络了就可以拉近一点了，再进一步可以拥抱在一起，当你发觉不对劲时，还可以拉开距离。所以适度是在不断变化着的，人与人交往需要审时度势，及时调整，不能教条主义，墨守成规。

# 刻板效应

## 一、名词释义

刻板效应，又称刻板印象，是指对某个群体产生一种固定的看法和评价，从而对属于该群体的个人也持有类似看法和评价的现象。

## 二、发现背景

苏联社会心理学家包达列夫曾经做过这样的一个实验，将一个人的照片分别给两组被试看，照片的特征是眼睛深凹，下巴外翘。随后分别把这个人介绍为"罪犯"与"著名学者"，然后，请两组被试者分别对此人的照片特征进行评价。结果A组认为此人眼睛深凹表明他凶狠、狡猾，下巴外翘反映着其顽固不化的性格；B组认为此人眼睛深凹，表明他具有深邃的思想，下巴外翘反映他具有探索真理的顽强精神。这是典型的身份刻板效应。

## 三、生活应用

### （一）学校教育

在学习的过程中，一个学生成绩的高低并不是绝对的。好的学生可能因为暂时的疏忽或身心状况不佳，取得较差的成绩，差的学生也可能因为发奋努力而取得好成绩。所以我们不应该用优生与差生来给学生贴标签。更有甚者，当平常成绩一般的学生突然考得较好时便会被老师怀疑作弊，而当平时成绩较好的学生犯错误时，老师会主动为他开脱。这种现象就是学校教育中出现的"刻板效应"。这样的现象只会加剧学生对于身份标签的认同，不利于学生健康全面地发展。例如，小明因为在分班考试的时候身体不适，成绩考得不理想，在分到的班级里排名靠后，于是被排到了最后面的角落里。每次听课，小明都得把脖子抬得很高，才能看清黑板，任课老师也不怎么关注小明，即使小明举手回答问题，老师却还是更愿意请排名靠前的学生，老师对小明"差生"的刻板印象打击了小明的学习热情。为此，学校教育中应谨防"刻板效应"带来的弊端，应该以全面、发展的眼光看待学生，公平公正地对待每个孩子。

（二）婚恋家庭

在古代，商品经济不发达，以自给自足的农耕经济为主，生产力水平低，所以在一个农民的家庭里，吃的是男丁耕作的粮食和养殖的家禽，穿的是妇女一针一线做成的衣服。这样的生活模式决定了家庭中男女的工作与地位。然而，随着时代的变迁，经济的发展，男女之间早已不再是简单的男主外女主内式的分工了，许多男性可以完成的工作，女性也可以胜任，还产生了许多女性天然占优势的工作。例如，小丽是营销专业的高材生，大学毕业以后就和男友结了婚，婚后老公和婆家都希望她在家里相夫教子，不要到外面抛头露面工作。小丽却不以为然，自己在大学里的成绩非常好，自认为工作能力比老公还要强，并且她也喜欢工作，而不是在家里当一个贤妻良母。在小丽的努力下，家人同意她去工作，并约定夫妻二人相互扶持，一起支撑家庭。事实证明，小丽进入职场之后很快就展现了自己的工作能力，得到了领导与同事的一致认可。在这个案例中，小丽未被家人的"刻板效应"束缚，她意志坚定，努力劝服家人打破"男主外女主内"的"刻板效应"，用实力证明自己也可以通过工作成就事业，支持家庭。

（三）人际交往

在人际交往过程中，也常常出现"刻板效应"。例如，因为工作的原因，老王要和一位湖南客户一起吃饭。听说湖南人很喜欢吃辣，每一顿都是无辣不欢，老王猜想这个人肯定也喜欢吃辣，于是便早早地定了一家以辣菜出名的餐馆。与客户见面的那天，两人相谈甚欢，在很多重要方面都达成了共识。到了饭店，老王向客户介绍这是当地最有名的辣菜餐馆，可让老王感到意外的是这位客户却说自己并不喜欢吃辣，于是二人只能在餐馆中点不辣的菜，可即便是不辣的菜，这位客户也觉得辣得难以下口。尽管老王最终拿到了这单生意，但这次的经历却给老王好好上了一课。即使在相同的地域出生，由于接受不同的文化熏陶，也会使得人们在性格和习惯上有很大的不同。因此，在和人相处的时候，先参考他所在地域有什么样的特征，这样可以让彼此了解得更快、相处得更融洽，但如果想当然地把这种"刻板效应"带到每个人身上，则可能事与愿违。

### （四）单位工作

莉莉最近陷入了烦恼，自己在学校里学的是文秘专业，毕业以后也进了一家公司当秘书。平时家里的叔叔阿姨想给莉莉介绍对象，得知她是做秘书工作之后，态度明显就不同了。即使莉莉想去解释，但似乎并没有什么作用。平时有对她感兴趣的男性，约会了几次后，知道莉莉是从事秘书工作，也表现得有些不那么热情了。再加上莉莉长得比较漂亮，公司的同事或多或少会在私下里议论一些捕风捉影的事情，结果导致莉莉一直单身至今。这就是单位中对"秘书工作"带有的"刻板效应"，就像程序员的情商一般较低，长相漂亮的美女一般能力都不强一样，这种刻板印象产生了很多不良影响。

## 四、刻板效应的启示

### 启示1：眼见为实，克服偏见

一方面，我们要多接触现实。俗话说得好，耳听为虚眼见为实，只有真正地与群体中的成员广泛接触，才能够不断地检索和验证刻板印象中与现实相悖的信息，打破之前的偏见，最终克服"刻板效应"的负面影响，获得客观准确的认识。另一方面，我们还要善于核实信息。人们产生刻板成见的很大一部分原因都是接触到了错误的信息，未经核实即信以为真。因此，需要能够以"眼见之实"去核对"偏听之辞"，有意识地重视和寻求与刻板印象不一致的信息，及时纠正自己的刻板成见。

### 启示2：全面分析，重视差异

刻板偏见是在有限材料的基础上、得出的普遍性结论，往往会导致人们忽略个体的差异性，把某个具体的人或事看作是某类人或事的代表，或者把对某类人或事的评价视为对某个人或事的评价，先入为主地形成不正确的偏见，影响正确的判断。同时，刻板印象一经形成，就很难随着现实的变化而发生变化，因此也阻碍着人们对新事物的接收，使人思想僵化，固守成见，用定式去衡量一切，戴着有色眼镜看人。为了避免偏见，既要与群体中的成员广泛接触，加强与群体中有代表性的成员进行沟通，也要明白个体间存在差异，这样才能克服刻板印象的负面影响。

# 首因效应

## 一、名词释义

首因效应是指最初接触到的信息所形成的印象对人们后继行为活动和评价产生影响的现象。

## 二、发现背景

心理学家曾做过一个实验：把被试者分为两组，同看一张照片。对甲组说，这是一位屡教不改的罪犯。对乙组说，这是位著名的科学家。看完后让被试者根据这个人的外貌来分析其性格特征。结果甲组反馈说，深陷的眼睛藏着险恶，高耸的额头表明了他死不改悔的决心。乙组反馈说，深沉的目光表明他思维深邃，高耸的额头说明了科学家探索的意志。这个实验表明：若第一印象形成了肯定的心理定势，会使人在后继了解中多偏向发掘对方具有美好意义的品质；若第一印象形成了否定的心理定势，则会使人在后继了解中多偏向于揭露对象令人厌恶的部分。

## 三、生活应用

### （一）学校教育

在学校教育中，老师运用好"首因效应"，可以加强学生对老师的好感，提高学生的学习兴趣。比如，老师导入新课时，尤其是新学期第一堂课，是课堂调动学生兴趣的重要一课，也是建立老师与学生良好师生关系的重要时刻。俗话说"良好的开端是成功的一半"——老师自信和蔼的形象，形象生动的授课方式，风趣幽默的授课语言，可以充分调动学生的学习积极性与兴趣，能让学生在第一堂课便爱上学校，喜欢上学习，喜欢上老师。"首因效应"也会影响班级同学对某一名学生的看法，开学之初，新生小林去学校报到时衣冠不整，头上的帽子也歪到了一边，自我介绍时还边说边抖腿，小林给同学和老师的"首因效应"可以说是糟透了。老师会认为这是一个调皮、不爱学习的学生，同学可能会认为这个人肯定不学无术、好吃懒做。假如小林一开始就注重给老师和同学一个良好的"首因效应"，可能带来的印象会截然相反。

### （二）婚恋家庭

阿雅暗恋着一个男孩儿，却没有勇气让他认识自己。男孩放学回家会经过她的小区，阿雅就在楼上的窗边偷偷观察她心爱的男孩。终于有一天，她在一个意外的窘境中撞见了那个男孩。当时，她穿着一件宽大的花苞裙，素面朝天，顶着油塌塌的丸子头，正要到小区门口倒垃圾。风灌进裙摆，鼓鼓囊囊，她忙不迭要去按住不听话的裙子，右手却没在意垃圾袋被风吹开了口子，废弃物掉落一地，空中还飞扬着得到自由的纸屑。她狼狈极了，俯身抓起东西就往垃圾袋里丢。这时，一双白净的手晃入了视线，修长的手指在地上迅速地捡起脏物……一抬头，是他！是每天偷摸觊觎的男孩儿！天哪，未曾想命运竟待自己如此不厚道。她慌乱低下头躲过男孩儿的目光，说了句谢谢，准备起身。"诶，你是辩论队的吗？我好像见过你。"男孩儿的声音吹到耳边。"啊？"阿雅有点恍惚。"你挺敢说的。"男孩儿眼角笑起来，"加个微信吧，以后会常见。"他站起身，拍净了尘土。"我、我没带手机。""那、那下次咯！"

挺敢说？这是褒还是贬呢。阿雅目送着男孩儿的背影不禁浮想联翩，也许是有戏吧，毕竟他都笑了。看来，在辩论队的勇敢表现吸引了男孩儿，阿雅也不禁偷偷乐了起来。这就是"首因效应"在悄悄给阿雅的感情助力。

### （三）人际交往

当我们第一次接触到某人的时候，他表现出热情、开朗、诚实、幽默的特质，如果这恰好符合自己的价值取向，我们就会倾向于与这种类型的人交往。如果我们本身是喜欢安静的人，情况就会相反。可见，第一印象直接影响人际交往，因为会给他人贴上喜欢或厌恶的标签。邻居家的孩子小贤今年9岁，平时不喜欢和别人交流，性格孤僻，但看到其他孩子在一起玩的时候也想加入进去。每当这个时候他就会跟妈妈说："其实我也好想和他们一起玩游戏，但他们都不愿意和我玩。"妈妈听完心里也很难受，就去问其他孩子原因。其他孩子说："小贤总是绷着一张脸，也不爱说话，所以我们不喜欢和他一起玩。"从这个案例中可以感受到小贤给人的第一印象不好，如果他给人积极主动、开朗活泼的"首因效应"，也许就不会存在目前的交往障碍。

### （四）单位工作

职场中的首因效应也是随处可见，第一印象很重要。新员工在入职后的几个小时或几天给领导和同事留下初步的印象，而这种印象将直接影响到新员工以后的工作和人际关系，并且这种印象很难改变。因此，作为新员工，不能忽视首因效应的力量。一般来说，职场中的首因效应在求职中会以多种形式表现出来：一方面可以通过阅读自荐材料间接形成；另一方面也可以通过面试直接形成。平时说的"新官上任三把火""恶人先告状""先发制人"等等，也都是想利用首因效应占得先机。

## 四、首因效应的启示

### 启示一：把握首因效应，赢得机遇

在面试或进入新的集体时，给人的第一印象主要是性别、年龄、衣着、姿势、面部表情等外部特征。一般情况下，一个人的体态、姿势、谈吐、衣着打扮等都在一定程度上反映出这个人的内在素养和其他个性特征。因此在日常交往过程中，尤其是与别人的初次交往时，一定要注意给别人留下美好的印象。做到这一点，首先，要注重仪表风度，一般情况下人们都愿意同衣着干净整齐、落落大方的人接触和交往；其次，要注意言谈举止，言辞幽默，侃侃而谈，不卑不亢，举止优雅，定会给人留下难以忘怀的印象。首因效应在人们的交往中起着非常微妙的作用，只要能准确地把握它，定能给自己的事业创设良好的人际氛围。

### 启示二：利用首因效应，及时展现才华

利用第一印象快速吸引对方并获得别人的认同，在这个快速发展的时代显得尤为重要。一般来说，要获得吸引和认同就要适当地展现自己的优点。因此，那些善于展示自己优点的人往往有更多的朋友，能够获得更多的资源。不过仅凭第一印象还不够，这是一种暂时的行为，俗话说："路遥知马力，日久见人心"，我们还需要有真才实学，才能最终赢得别人的认可。

# 延迟满足效应

## 一、名词释义

延迟满足效应，亦称糖果效应，是指为了长远的、更大的利益而自愿延缓或者放弃目前的、较小的满足。

## 二、发现背景

瑞士心理学家贝特·萨勒对一群4岁的孩子说："桌上放了2块糖，如果你能坚持20分钟，等我买完东西回来，这两块糖就给你吃。但你若不能等这么长时间，就只能吃一块，现在就能吃一块！"这对4岁的孩子来说，很难选择——孩子都想得2块糖，但又不想为此熬20分钟；而要想马上吃到嘴，又只能吃一块。

实验结果发现2/3的孩子选择宁愿等20分钟得到2块糖。当然，他们很难控制自己的欲望，不少孩子只好把眼睛闭起来傻等，以防受糖的诱惑，或者用双臂抱头，不看糖或唱歌、跳舞。还有的孩子干脆躺下睡觉——为了熬过20分钟！那1/3的孩子选择现在就吃一块糖。实验者一走，1秒钟内他们就把那块糖塞到嘴里了。

经过12年的追踪发现，凡熬过20分钟的孩子（已是16岁了）长大后都有较强的自制能力，自我肯定，充满信心，处理问题的能力强，坚强，乐于接受挑战；而选择吃1块糖的孩子（也已16岁了）长大后则表现为犹豫不定、多疑、妒忌、神经质、好惹是非、任性，顶不住挫折，自尊心易受伤害。在后来几十年的跟踪观察中，也证明那些有耐心等待吃两块糖果的孩子，事业上更容易获得成功。

## 三、生活应用

### （一）学校教育

不少幼儿园教师的教学方法就是以"延迟满足效应"为依据而设计的。其中最有代表性的就是锻炼孩子们静坐不哭闹的能力，教师们往往采用循序渐进的引导和奖励制度。有位新入幼儿园的小朋友糖糖，对新同学和课堂规矩都不适应，对于上幼儿园这件事也有较大的抗拒。他在课上不能安静下来。老师对糖糖进行一番引导后，还采用了"延迟满足效应"，让糖糖从最初不能安静到能静静地坐10分钟，从原本调皮的小孩转变为能够自觉遵守课堂纪律的乖小孩。也许在很多人眼中糖糖是被家人宠坏的"问题小孩"，或者被猜测为是不是多动症。但其实孩子本性都是好的，没有"问题小孩"，有问题的只是教育方式。在教育方面，如果孩子的延迟满足能力发展不足，如边做作业边看电视、上课时东张西望做小动作、放学后贪玩不回家，贪睡不起床等，容易性格急躁、缺乏耐心。进入青春期后，在社交中容易羞怯固执，遇到挫折容易心烦意乱，遇到压力就退缩不前或不知所措。

### （二）婚恋家庭

随着生活水平的不断提高，婚姻生活不再是两个相爱的人选择了新的生活方式那么简单，它不仅要考虑经济实力，还要考虑日后共同生活会遇到的很多问题。其实在决定结婚时，就应该考虑"延迟满足效应"。是满足一时的甜蜜冲动，还是等待两个人都足够成熟到能支撑起一个家庭才改变自己的位置？等待的过程可以用来规划未来生活，花费一年两年的时间用来规划思考一个尽可能完美的婚姻要比浑浑噩噩就开始一段婚姻重要的多。信用卡、花呗、微信借钱等小额贷款的出现，促使一些年轻人在恋爱的过程中盲目追求生活质量，而不考虑实际经济能力。近年来这种风气愈演愈烈，升级为如今人们常说的"精致穷"。尽管大家给这个词套上了一个好听的名字，也不能改变它粗劣的内核，那就是虚荣心作祟导致的超前消费。人的欲望是无止境的，一味地满足欲望只会让自己越来越累。

### （三）人际交往

科技为我们生活各个方面都带来了便利，包括交友，从信件交流到邮件交流再到一系列便捷通讯软件，甚至不知姓名的人都能在自己的微信好友列表里。人与人之间的沟通效率大大提高，但人们的感情并没有因为通讯的便捷而变得更加亲近，反而是疏远。小张和闺蜜是初中同学，初中毕业后选择了不同的高中，高中时拿不到手机，又因为住宿在学校，平时完全没有聊天的机会。于是他们约定每个礼拜都给对方写信，然后在放假时交换信件。这样的沟通方式看似疏离，却没有冲淡友谊。不同于即时的手机通讯，每周一次的信件交换有一个等待过程，而等待的时间延长了期待值，因此使会面机会变得更加珍贵。有时候秒回确实可以代表对方对你的重视，但也正是因为这个回复时间成了衡量感情的工具，大家离"车、马、邮寄都慢"的时代越来越远，也越来越不能体会到等待中缓慢氤氲而生的强烈情感。人是情感动物，维系关系的链接就是一条名为情感的无形锁链，等待会延长维系，快节奏只会一点点将情感消磨。事实上，科技所创造的"快"，在某种程度上制造了现代人的焦虑感。

### （四）单位工作

同事小贾每次和别人聊天时，都抱怨工作太多做不完，天天需要加班才能完成。然而，工作同样多的小朱却能安排好工作准时下班。通过了解，原来两人的工作方式不一样，小贾拖拉的原因是经常把最重要和困难的事放在最后去做，常常会选择避重就轻，把简单的工作放在最前面。先满足自己对工作的舒服度，再做认为比较难处理的工作，前面轻松，后面就会痛苦。做着前面简单的事，就会担心和顾虑后面难做的事，一天都处在提心吊胆和紧张中，工作自然没效率。而小朱则采用"延迟满足效应"来对待工作，先树立当月的长期目标，再分解到每一天，工作过程中规避诸多诱惑的打扰，专心工作。这样他每天都能高效高质地完成工作。另外，新人刚进入职场的初期不要太在乎薪水，而要看重工作中是否能积累更多资源、是否能增强自身的综合实力。这时候的你就能突破过往经历的限制，让未来的自己和现在的自己产生链接，目标更为专注和明确，从而可以真正抵抗即时满足的诱惑。

## 四、延迟满足效应的启示

### 启示一：学会等待，赢在未来

追求即时满足是人的本性，但学会等待是生存的一项基本技能。要生存，就要学会积极地等待，学会在等待中蓄积力量，在等待中涵养锐气，在等待中寻觅机会。这里分享汪国真的一首诗《学会等待》："不要因为一次的失败就打不起精神，每个成功的人背后都有苦衷。你看即便像太阳那样辉煌，有时也被浮云遮住了光阴。你的才华不会永远被埋没，除非你自己想把前途葬送。你要学会等待和安排自己，成功其实不需要太多酒精。要当英雄不妨先当狗熊，怕只怕对什么都无动于衷。河上没有桥还可以等待结冰，走过漫长的黑夜就是黎明。"

### 启示二：学会自控，助你成功

社会发展到今天，想要成为不平凡的人，就需要控制自己的欲望。一般来说，自控力差的人都败在延迟满足上。不懂延迟满足的人在成长上主要表现在自控力差，自控力差意味着不能沉下心来学习必备的技能，不能获得成功。实践证明：自我控制能力是个体在没有外界监督的情况下，适当地控制、调节自己的行为，抑制冲动，抵制诱惑，延迟满足，坚持不懈地保证目标实现的一种综合能力。它是自我意识的重要成分，是一个人走向成功的必备心理素质。

# 自己人效应

## 一、名词释义

自己人效应，亦称同体效应，是指把对方与自己视为一体，以"自己人"的身份加以劝说更容易被对方接受。

## 二、发现背景

当本专业的教师向大学生介绍一种工作和学习的方法，学生比较容易接受和掌握。相反，其他专业的教师向他们介绍这些方法，学生就不易接受。同样，在人际交往中，如果双方关系良好，一方就更容易接受另一方的某些观点、立场，甚至对对方提出有些为难的要求，也不太容易拒绝。凡此种种，心理学统称为"自己人效应"。例如，同样一个观点，如果是自己喜欢的人说的，接受起来就比较快和容易。如果是自己讨厌的人说的，就可能本能地加以抵制。有道是："是自己人，什么都好说；不是自己人，一切按规矩来。"

## 三、生活应用

### （一）学校教育

班级管理中可以合理运用"自己人效应"。"自己人效应"能有效地拉近师生之间的心理距离，融合师生关系，使学生容易听从老师的教导，班主任在班级管理工作中恰当运用"自己人效应"，将会取得意想不到的好效果。一位教师曾中途接手一个纪律较差的班级，相当一部分学生对教师有抵触和排斥情绪。或许他们对新来的老师有所祈盼，但更多的是戒备甚至敌对心理，认为学校又派某某老师来管自己了。所以，这位教师开展工作的第一步就是要消除这种排斥与戒备，让学生认可并接纳老师。在第一次师生见面的谈话中，这位教师说："学校安排我来做大家的班主任。说实话，我有点担心，一些老师也在劝我，要我别'自找苦吃'，但我认真想了想，还是坚持下来，因为我相信大家！我知道我们当中很多人喜欢唱歌、打球，好动，爱说话，甚至有点叛逆与不羁，这些都不是缺点，这很正常呀。也说明我们年轻人有活力有朝气，大家说是不是？不瞒你们说，我在你们的这个年龄的时候，也像你们现在一样。也疯过、颠过，还不少受老师的批评和抱怨呢！我是你们的朋友，不是你们的敌人。我是来交朋友的，不是来教训和整治人的！虽然我对大家暂时还不是很了解，但我相信，我们慢慢会熟悉起来并成为好朋友的，大家欢迎我吗？这样的"实话实说"流露出老师的真诚和对学生的理解宽容之情，学生们觉得老师也曾与他们一样，是"自己人"，而不是站在对立面，这样的话语消除了陌生感，拉近了师生的心理距离，这对于老师接下来的教学管理有很大帮助。

### （二）婚恋家庭

婚恋家庭中如何让运用"自己人效应"？孩子在受教育过程中会出现各种状况，这是无法避免的，家长们要做的就是帮助孩子解决问题。举个例子，孩子因为作文中的错别字被老师当众点名，并且被同学嘲笑，自此对写作文丧失了热情，考试分数下降。家长应该给予理解，告诉他，写作文写得好是一种才华，错别字是需要改正，但是不能因为错别字就让你失去了写作的热情，淹没了你的才华。同时父母也可以以自己犯错误的例子鼓励孩子，在无形中让孩子感受到自己被理解。父母的话有助于帮助孩子重新燃起信心，提高学习成绩，也拉近了父母与孩子之间的距离。夫妻之间，面对配偶的不如意时，也需要给对方鼓励与开导，彼此支撑。可以说不如意的事情有很多，如果自己的能力与职位不符合，就不要去强求。脚踏实地，踏踏实实地做好每一件事，最后总归会和你的目标相匹配的。通过身边亲近之人的开导，帮助自己及他人获得自信心，有助于良好家庭气氛的形成。总而言之，在家庭生活中，运用好"自己人效应"的关键就在于理解与支持，虽然家人之间的距离很近，但是心灵的距离需要我们用心去维系。

**（三）人际交往**

在人际交往中，如何调动大家的积极性呢？在传递信息、观点时，运用"自己人效应"能更有吸引力，更容易实现与听众的沟通。加里宁是前苏联深受广大青年学子爱戴的演讲家。一次，他在参加莫斯科市年级会议时，被校方邀请做演讲。加里宁的演讲是这样的："亲爱的同学们，我深知作为一名在校学生的追求和梦想。我的想法跟你们现在的想法一样，唯一的希望就是你们能好好学习，取得优异的成绩。这不但是你、我的希望，也是家长的愿望，更是政府、社会以及老一辈人对你们的共同期望！"加里宁的演讲，一开始就从自己的经历切入，以此与听众达成一种"自己人效应"，吸引听众的注意力，缩短了彼此间的心理距离。接下来，他又换位思考，以"我的想法跟你们现在的想法一样"来鼓励、鞭策同学们好好学习，让台下的学生感到亲切，激发了求同感，达到了吸引听众的目的。用"自己人效应"激发共鸣要找到与听众心灵沟通的连接点，寻找出与听众心心相印的共鸣区。一般来说，情感、地位、目的、经历等都能在听众中间产生"自己人效应"，引起听众的认同。

**（四）单位工作**

在单位工作中，每个人都经历过面试环节。小李面试前认为自己前一天晚上做的准备工作已经非常充分了，但是考官在面试的时候洒脱随意，根本没有看他的简历，这让小李感到很绝望，他围绕着简历准备的提问和回答完全派不上用场了。正当他心乱如麻的时候，面试官问了一句："听你的口音像河北人？"小李立刻答道："是啊，我是河北唐山的。"面试官有点兴奋，继续问道："你是唐山哪里的？""我是唐山乐亭的。"小李心想，自己会不会跟他是老乡呢？"哈哈，我也是。"面试官竟然高兴地笑了。本来非常沉闷的气氛，变得轻松愉快起来。于是两个人开始用家乡话热聊了起来，结果竟然聊了一个多小时。结果，过了一周，小李接到了该单位人事部的通知，正式踏入了自己梦想的公司。在职场中，要想面试成功，你可以利用"自己人效应"，让面试官成为自己人，那他就会对你产生好感。比如问问对方是哪里人，说不定你就像小李一样碰见自己的老乡；你还可以讲一下自己过去的经历、兴趣爱好等等，说不定你的某一方面就与面试官是一样的。

## 四、自己人效应的启示

### 启示1：锤炼语言，拉近距离

人际交往中的用语问题，直接关系到对方能否成为"自己人"。比如，你在某种人际交往场合讲话，如果说"希望诸位朋友献计献策"，这就是以领导者的身份居高临下来说话，而不是平等的态度，是心理上对在座诸位的不尊重。改成"群策群力"或"我们一起商量"，这就承认大家都具有平等地位了，有助于大家顺利成为"自己人"。人际交往有很多学问，在面对不同的谈话对象和情境时，需要我们从容应对，用语言的艺术来拉近彼此的距离，从而更轻松地实现自己的目的。

### 启示2：善于交际，迈向成功

每个人在角色群体中活动，也可以说是在"人际市场"打交道。这种对人际关系的高度重视，正是自己人效应的价值所在。有一项万人调查显示："智慧""专门技术"和"经验"只占成功因素的15%，其余的85%决定于良好的人际关系；根据哈佛大学就业指导小组调查的结果，数千名被解雇的男女中，人际关系不好的比不称职的人高出两倍；不少研究报告还证明，在每年调动工作的人员中，因人际关系不好而无法施展其所长的占90%以上。因此，我们需要运用好"自己人效应"，改善人际关系，从而促进自己向更高目标迈进。

# 自信法则

## 一、名词释义

自信法则，亦称杜根定律，指的是强者不一定是胜利者，但胜利迟早都属于有自信的人的现象，即自信是决定成败的关键因素。

## 二、发现背景

美国橄榄球联合会前主席杜根认为：强者不一定是胜利者，但胜利迟早都属于有自信的人。换句话说，你若仅仅接受最好的，你最后得到的常常也是最好的，只要你足够自信。这就是心理学上的"杜根定律"。一般来说，有信心的人从内心便认定自己行，没有任何畏惧。常言道"人外有人，山外有山"，在实际生活中，你不可能总是最强的，可如果我们一味地妄自菲薄、自怨自艾，对自己失去了信心，那你也就失去了努力的动力。要勇敢地告诉自己：自己肯定行，自己可以坚持到底，自己根本不比他人差。一位哲人曾说："谁拥有了自信，谁就成功了一半。"确是如此，自信是成功的基石，我们只有站在自信的起点上，才能一步一个台阶地迈向成功的山峰。

## 三、生活应用

### （一）学校教育

一个人在学生时代，尤其需要自信，有了自信，才会接受更多的知识，成绩才会随之提高。有个初中二年级的孩子，他很聪明，反应很快，但就是成绩平平。其实在小学的时候他的成绩还是很好的。进入初中以后，几次测试不理想，他就开始否定自己，认为自己太笨，学什么都不会。甚至班级总体成绩不理想的时候，他会把所有的责任揽到自己身上，认为是自己拖了班级的后腿。于是开始逃学，生病，学习上完全变成了一个弱者。在生活上一碰到困难，他的第一反应也是逃避。父母为之焦虑，老师为之惋惜，但都无能为力。重拾信心，对他来说难如登天。可见，学习过程中，一定不能失了自信，它能支撑我们走向成功。

**（二）婚恋家庭**

人生会起起落落，家庭也是如此。如果没有足够的自信，人在低谷时就会一蹶不振，甚至走上不归路。很多家庭因为做生意亏本，从此没落。有人为了躲债，远离家乡，再也没法找到他。但也有人不是这样，他会正视眼前的困难，鼓起勇气，用百倍的努力重新开始，一点点还清所有的债务。我遇到过一个老板，相识时他还年轻。他当过兵，做过大集团董事长的司机，正是因为看人家挣得钱多了心痒痒，自己也做起了生意。但是因为没经验，投资全交了学费，还欠了很多债。他并没有逃，说逃了债会良心不安。他从父亲那里借来养老金，与人家合租了一个小店面卖电线。夫妻俩很能吃苦，丈夫白天去跑工地，妻子守店，服务也做得非常好。渐渐地，他的生意就多起来了，钱挣到了，债一点点也还了，日子也就越来越好。每次和他聊天谈到这段经历，他总会说，欠钱没关系，可以慢慢还，但是没有了自信，那就这辈子都还不了了。活着就要自信，就要昂首挺胸，身外之物失去了还可以挣回来，自信没了，就啥都没了。

**（三）人际交往**

人际交往中自信的人更容易成功，也能获得别人的尊重。先秦时期的纵横家们纵横捭阖，游刃有余。张仪在楚国因为被诬陷偷了和氏璧，打得半条命都快没有了，但是醒来得知舌头还在，他就坚信自己还能飞黄腾达。后来他在秦国受到秦惠文王赏识，被封为相国，风光无限。还是在秦国，我们再去看看十岁拜相的甘罗。甘罗虽然年纪小，但是他十分自信。一次他有理有据地说服了宰相吕不韦让他出使赵国。面对赵王，甘罗依旧不卑不亢，自信地和赵王谈判，最后换回五座城池，甘罗也因此被拜为上卿。这些纵横家虽然靠的是三寸不烂之舌，但是如果没有强大的自信，他们也是万万做不到的。然而现实生活中，很多人在交友过程中，一味地只会看他人的长处，却忽略了自身的优点，往往缺乏自信，这直接导致了他在交友中畏畏缩缩，总是认为自己不如别人。因此，与他人相处时，我们需要牢记"自信法则"，这不仅能提升我们的人际交往能力，也能促进人生的长足发展。

### （四）单位工作

在企业中，自信的团队自然能得到更好的成绩，自信的领导也更能得到属下的拥护，自信的员工个人发展会更好。有一家设计公司，老板是一个很有想法的设计师。对于自己的作品，他总是很自信。但是他的这份自信常常被客户认为是刚愎自用，为此他失去了一些客户。在一次推广会上，老板没有听从客户的意见，坚持使用自己的设计方案。最后因为他的坚持，这一次推广会大获成功，订单量是之前的两倍。正是设计师那种对自己设计的自信，才有这样的底气，赢得客户。这个案例说明，在工作中我们的能力、作品可能不会得到他人的认可，甚至会被质疑，但是我们需要坚信自己的能力，能抵抗住他人的奚落，只要自己是对的，相信自己总有一天会得到赏识与重用。

## 四、自信法则的启示

### 启示一：自信是成功的前提

对事业怀有信心，相信自己，是获得成功不可或缺的前提。当然其他因素也非常重要，但成功最基本的条件，是激励自己达到所希望的目标的积极态度。怀有信念的人是了不起的。他们遇事不畏缩，也不恐惧，即使稍感不安，最后也都能自我超越。他们坚强而充满活力，能解决任何问题，凡事全力以赴，最终成为伟大的胜利者。他们都有一股神奇的力量源泉——那就是"信念"。

### 启示二：自信是迎难而上的勇气

很多事情我们不敢做，并不在于它们难，而在于我们缺乏自信。人生不如意者十之八九，一生中哪有那么多一帆风顺。每天我们都在解决各种各样或大或小的问题。只要想做，并相信自己能成功，那么就能做好。如果遇事就担心失败，然后找各种借口去证明自己是没有办法做好这件事的，成功自然绕你而走。遇事拿出自信，斗上一斗，搏上一搏，释放出迎难而上的勇气，成功才能始终与你相随。

# 波纹效应

## 一、名词释义

"波纹效应"原指在两个重叠的线条形态所产生的干扰中，会生成一种波纹团的现象，现多指一呼百应的社会心理现象。

## 二、发现背景

波纹效应本是一种物理学现象，诸如视频波纹是来自光罩形状和视频信号之间的干扰；扫描波纹则来自水平线条与荫罩形态之间的干扰。后来，心理学家科宁、根普和里安等人指出："在集体中的领导人对有影响力的成员施加压力并视之为攻击目标时，就会出现集体的违抗现象，空气紧张和捣乱胡闹，领导力量往往消失不见"，后来学界便把这种心理效应称为"波纹效应"。

## 三、生活应用

### （一）学校教育

很多人都有过这样的经历，本来都在安静的学习，突然有人说了一句"作业太多了"，结果"一石激起千层浪"，抱怨的人越来越多，整个教室炸开了锅，这种一呼百应的现象就是教育中的波纹效应。波纹效应在教育中的表现是多样的，诸如教师对有影响力的学生施加压力，实行惩罚，采取讽刺、挖苦等损害人格的做法时，会引起师生对立，出现抗拒现象，有些学生甚至会故意捣乱，出现一波未平，一波又起的情形。这时教师的影响力往往下降或消失不见，因为这些学生在集体中有更大的吸引力。这种效应对学生的学习、品德发展、心理品质和身心健康会产生深远而恶劣的影响。在教育中，为了避免不好的波纹效应出现，首先是教师要注意教导的方式方法，即使是惩罚也不能出现侮辱人格、贬低他人等不当行为，而应该采取更加合适的引导方式。例如，在教导学生时，教师不能气急败坏，要尝试让自己平心静气地和学生沟通，看看到底是哪里出了问题，在情绪不好时不要一直抱怨，以免产生波纹效应，让学生的心情感到压抑。

（二）婚恋家庭

波纹效应看上去似乎跟日常情感生活没有什么关系，其实不然。在两个人的相处过程中，波纹效应时常发挥着作用，且这种作用常常是负面的。我们总是会看到女朋友跟男友发脾气时说："除了抽烟喝酒，你还会干什么？"然后横加指责"为什么你就不能多关心我一下"这种表达方式，很难得到男朋友的回应，反而会使得男朋友更加排斥。在婚姻中也是，夫妻两个人通常会将自己的不良情绪传递给另一个人，从而通过"波纹效应"让双方都不愉快。很多情侣在相处过程中都会对伴侣有所指责，因为他们总是想别人通过改变来迎合自己，所以导致自己的伴侣变本加厉地和自己对抗，然后就会让自己脆弱敏感的心变得更加的敏感。然而，这样的指责并不能让伴侣看到他们的需求。实际上，代替指责的应该是你的需求，表达真实需求，合理地提出需求更能让你在这段关系中获得你想要的。

（三）人际交往

每当出现热点事件，人们总习惯去刷微博了解事件的始末并为此发声，很多时候已经将微博作为表达个人情绪的重要途径。走进"自媒体"新时代，一些公众人物在微博上的隔空对骂，导致很多网友也难以自控，纷纷在微博上毫无节制地表达着自己的喜怒哀乐。当微博上表达的负面情绪达到引起社会共鸣时，就会导致社会负面情绪的积累，一旦爆发是不可控的、是非常危险的。例如，一些捕风捉影、毫无根据的网络谣言会迅速传播，引发大量跟帖，形成强大的舆论压力，但这往往是争抢流量的一波炒作，其中真相已经难以辨认或早已变味。因此，我们要学会理性辨别，避免盲目地跟从他人的言论。否则，看似很小的波纹，经过多次重叠放大，最终也会造成伤害。

### （四）单位工作

企业运行的好坏是员工们共同努力的结果，公司员工的工作态度和价值观往往会相互影响，像波纹一样越传越远，相互叠加。为此，管理人员的管理方式就显得至关重要了，一个好的上司会激起一大群员工的工作积极性，如果缺乏工作间积极态度的传播，往往会导致员工的努力方向与公司整体发展方向不统一，造成大量的人力和物力资源浪费。一般来说，员工之间消极情绪会相互影响，时间久了便会导致员工工作懈怠。相反，员工之间正能量的传播会在公司形成良好的发展风气，有利于企业的发展和稳定。尤其是在公司的营销方面，波纹营销的效果让品牌做到了"传"，而消费者则会帮助品牌达到"播"的效果，这样的营销更具现实意义。

## 四、波纹效应的启示

### 启示1：利用中心人物，扩大营销宣传

波纹效应指石子投入水中，波纹由中心向外围扩散。在心理学中，这种现象大多表现为中心人物依靠自己的人脉、社会地位等，可以对周围人产生重要影响。运用到营销中，最有代表性的就是"新世相"的丢书大作战。该计划发动部分明星在北上广的公共交通（地铁、航班、顺风车）途中丢书，号召公众关注内心世界。这种明星带动的读书创意得到了广泛认同，新世相公众号发布的《我准备了10000本书，丢在北上广地铁和你路过的地方 | 丢书大作战》3小时即获10万+阅读量，微博话题超2.3亿阅读；传播范围从一线城市扩大到青岛、重庆、沈阳等地。由此可见，将名人作为传播的源头，往往会起到意想不到的作用。

### 启示2：学会理性，避免影响与被影响

"波纹效应"告诉我们：不管泛起了多大的波澜，它们始终只能从中心点泛去而永远也逃不离。一石也许激不起千层浪，却可以泛起百叠波。从开始的地方重新开始，在结束的地方结束；环环相扣层层包裹。因此，我们要学会积极阳光，多角度看待问题，避免盲从，这样才能发现不一样的自己。

# 定势效应

## 一、名词释义

有准备的心理状态能够影响后继活动的趋向、程度以及方式的现象称为"定势效应"。

## 二、发现背景

定势一词最早由德国心理学家缪勒和舒曼在1889年提出，是指以前的心理活动会对以后的心理活动形成一种准备状态或心理倾向，从而影响以后心理的活动。有这样一个著名的试验：把六只蜜蜂和同样多的苍蝇装进一个玻璃瓶中，然后将瓶子平放，让瓶底朝着窗户。结果发生了什么情况？蜜蜂不停地想在瓶底上找到出口，一直到它们力竭倒毙或饿死；而苍蝇则会在不到两分钟之内，穿过另一端的瓶颈逃逸一空。由于蜜蜂基于出口就在光亮处的思维方式，想当然地设定了出口的方位，并且不停地重复着这种合乎逻辑的行动。可以说，正是由于这种定势思维，它们才没有能走出囚室。而那些苍蝇则对所谓的逻辑毫不留意，全然没有对亮光的定势，而是四下乱飞，终于走出了囚室。

## 三、生活应用

### （一）学校教育

学校教育中，学生通过大量的强化训练，对某些题型的解题思路烂熟于心。进入考试状态，面对一道"相似"试题，很容易滑进既有的解题思路，最终偏离新试题的解题方向。一般地，"思维定势"的帮凶是重复地训练、强化具体方法，死扣问题细节；"思维定势"的克星是创新思维、重视学科思想、培养学科理念、注重最一般的方法论的学习，减少重复的具体方法的训练。"定势效应"会让学生陷入僵化的思维状态，依赖错误的成功经验，所以老师要善于鼓励学生打开思路。在当前的教育背景下，不知不觉就会营造出"追求标准答案"的氛围。学习上，思路有很多种，但考卷的"标准答案"往往只有一个。为了考试能有好成绩，学生总在摸索做出正确答案的方法。虽然鼓励孩子自由表达，但可能也要面临考卷打叉、考试扣分的心理压力。事实上，考试成绩毕竟只是一时，但却扼杀了孩子运用发散性思维去解决问题的能力，进而难以再挽回。

### （二）婚恋家庭

在情感交往中，定势效应往往会带来负性影响。例如，天涯何处无芳草，每当陷入感情危机的时候，很多劝分的人都会说类似的话，什么"三条腿的蛤蟆不好找，两条腿的男/女人多的是""要一切向前看"等等。这就会造成了不良的心理暗示：我能找个更好的，所以现在的感情不要也罢。这样会让一个人丧失理智，从而放弃对现状的客观分析，放弃对感情危机做出努力，进行挽救。然而，现实往往不如想象中畅快，放弃一段感情或是不断更换伴侣并不是找到幸福的密码，结束感情后最重要的事是反思与总结，不断加深对自我的了解，这也是一段感情最珍贵的价值。还有部分女性深受网络段子荼毒，从而认为男性应该无条件包容自身，所以总觉得自己做错了什么也没有关系，无所顾忌地讨要对方的偏爱，一再地挑战对方忍耐的底线，最后错失了感情而愧疚懊悔。在感情当中，与我们相伴左右是具体、真实的人，而非抽象、刻板的人，要用心灵去体察感受对方，不能被偏见左右，也不应沉溺于想象。恋人之间避免定势效应，需要避免出现"你应该"的常态思维，只有降低预期，合理想象，换位思考，才能收获美好的爱情。

### （三）人际交往

在人际交往中，"定势效应"表现在人们用一种固化的人物形象去认知他人。生活中有这样一个例子：一农夫丢了一把斧子，他怀疑是隔壁儿子偷的。之后农夫观察这个孩子，发现他走路的样子、脸上的表情、眼神的闪烁都像是偷斧子的贼。可不久后，农夫在家中找到了斧子，原来是他没有放在老地方，而是遗忘在某处。找到斧子的农夫再次观察隔壁的儿子，发现他的言行举止都很好，一点偷斧子的模样都没有。这个例子就是典型的"定势效应"，农夫把隔壁儿子定性为小偷，他自然看着就像小偷。就像在年轻人与年长者的交往中，年轻人往往会认为他们思想僵化，墨守成规，跟不上时代；年长者会认为年轻人经验不足，狂妄浅薄。因此，在人际交往中，我们不应该让年龄、性别等外在属性局限了认知，要避免"定势效应"代替我们下判断。

（四）单位工作

什么是职场定势效应？大家有没有遇到这样的情况，遇到面容凶恶的人，我们会觉得他必定人缘差，甚至公司招聘面试都不一定能过关；再比如领导或专业技术人员说的话仿佛更具说服力；工作中习惯了一种复杂的方法，一旦有新的简便的方法出现，即使摆在面前也不容易被重视等等。这些都是职场中的定势效应，它在工作中能影响对人的评价、工作效率、晋升可能等等。尽管职场定势中也有好的一面，但表现出来的更多是一种障碍，也是最难解决的问题。那么，在职场中如何应对定势效应呢？如果我们能通过批判性、发散性思维方式、具体问题具体分析的坚定态度、敢于怀疑的大胆精神，也许对突破职场中思维定势的局限性会有所帮助。

## 四、定势效应的启示

### 启示1：不要道听途说，需用心去感受

很多人对他人的印象都是通过道听途说，有时候也会因为一件事而让你给这个人贴上一个固定的标签，比如你听到这个人打了小报告，就会觉得他是个爱打小报告的人，并且每次的小报告都会觉得是他打的。只从第一次的印象就判断一个人的好坏，是一种盲目的主观臆断。定势效应常常会导致偏见和成见，阻碍我们正确地认知他人。所以我们要用发现的眼光接触和看待他人，不要一味地用老眼光来看人处事。在人际关系处理、职场生涯、人生重大决策和紧急事件处理时，也要保持冷静、沉着、睿智的

头脑，避免思维定势。

### 启示2：换个思维方式，海阔天空

能够把人限制住的，只有人自己。很多时候，自身的发展受限，也是因为定势思维的影响。比如我们常常会在做事之前，就根据以往的判断，觉得完不成这件事，因而放弃了好多发展的机会。事实上，人的思维空间是无限的，像云的形状一样，有无数种可能的变化。也许我们正被困在一个看似走投无路的境地，也许我们正困于两难选择之间，这时一定要明白，这种境遇只是因为我们固执的定势思维所致，如果换个角度思考，一定能够找到不止一条跳出困境的出路。

# 二八定律

## 一、名词释义

在任何一组东西中，最重要的只占其中一小部分，约20%，其余80%尽管是多数，却是次要的，称为二八定律，或80/20定律、帕累托法则、巴莱特定律、朱伦法则、关键少数法则、不重要多数法则、最省力法则、不平衡原则等。

## 二、发现背景

1897年，意大利经济学者帕累托偶然注意到19世纪英国人的财富和收益模式。在调查取样中，发现大部分的财富流向了少数人手里。同时，他还从早期的资料中发现，在其他的国家，都发现这种微妙关系的出现，而且在数学函数上具有稳定性。于是，帕累托从大量具体的事实中发现：社会上20%的人占有80%的社会财富，即财富在人口中的分配是不平衡的。因此，这种不平等关系简称为"二八定律"，不管结果是不是恰好为80%和20%（从统计学上来说，精确的80%和20%出现的概率很小）。习惯上，二八定律讨论的是顶端的20%，而非底部的80%。人们所采用的二八定律，是一种量化的实证法，用以计量投入和产出之间可能存在的关系。

## 三、生活应用

### （一）学校教育

神奇的"二八定律"告诉我们，在学校教育中要善于抓住关键的20%。例如，课堂通过20%的教学内容构建核心能力，但是可以解决80%的教学问题，所以老师要精心备课；学法有很多，但是适合自己的只有20%，80%的教法对个人实际操作来说都是多余的。所以我们要把适合自己的方法练熟练精；课堂上20%的学生是主动学习的，80%是被动学习者，所以我们要争取让少数人感染多数人；课堂设计20%的部分能完成80%的教学任务，所以课堂活动不要太多，要精；学生对新知的好奇，在课堂上只有20%的时间是注意力最集中的，80%的时间是在随波逐流。所以我们要抓住这20%的时间，传授80%最重要的知识；考前复习内容的80%在考试中只起到了20%的作用，所以功夫用在平时。可见，教育教学工作是复杂的，如果教师善于把握关键的20%，巧用二八定律，那么不仅有利于提高教学实效，工作负担自会减轻不少。

**（二）婚恋家庭**

其实，男女相处中的很多问题，只要不涉及原则和忠诚度的层面，都是可以包容的，甚至需要扩大一点格局，不要太在乎对方的不足，多找找自己问题，把解决问题放在最重要的位置上，把情绪释放暂时放一放，别把时间和精力消耗在不必要的事情上。"二八定律"让我们懂得，任何一件事物中，仅有20%掌握着最有价值的东西，那么，一段感情中掌握20%价值的究竟是什么？第一，真心相爱。感情嘛，自然应该讲究感情更多一些，至于其他，完全可以服从这一重心；第二，吵架和争执，永远不涉及人身攻击，有事说事，不能随便升级矛盾，只要问题不是来自感情的破裂，都需要针对问题来想办法，而不是动辄情绪化；第三，允许两人在感情里渐渐长大，从不会到会，是需要时间的，我们都不是感情的大人，都是慢慢学会爱人和爱己的，所以请给彼此一点时间，那么这个前提应该是珍惜缘分，坚守初心，而不是遇到一点磨擦，就想放弃和转身。

**（三）人际交往**

沟通中也存在"二八定律"，谈话八分听，二分说。与人交往的过程中，倾听往往比诉说更有力量。卡耐基说过这样一段话："只要成为好的倾听者，你在两周内交到的朋友会比你花两年工夫去赢得别人注意所交到的朋友还要多。"有一天，卡耐基去纽约参加一场重要的晚宴，碰到了一位世界知名的植物学家。卡耐基从始至终都没有与植物学家说上几句话，只是全神贯注地听着。然而等到晚宴结束后，这位植物学家向主人力赞卡耐基，说他是这场晚宴中"能鼓舞人"的一个人，更是一个有趣的"谈话高手"。其实卡耐基全程并没有怎么说话，只是让自己细心聆听，却博得了这位专家的好感。交流的真正意义并不在于喋喋不休地诉说，而在于懂得认真地倾听。若想与人亲近，就多听听旁人感兴趣的话题。八分听，两分说，是一种说话的智慧，更是一种了不起的情商。

### （四）单位工作

二八定律在单位工作中的价值很大，希望大家学会运用。例如，二八管理定律：企业主要抓好20%的骨干力量的管理，再以20%的少数带动80%的多数员工，以提高企业效率；二八决策定律：抓住企业普遍问题中的最关键性的问题进行决策，以达到纲举目张的效应；二八融资定律：管理者要将有限的资金投入到经营的重点项目，以此不断优化资金投向，提高资金利用效率；二八营销定律：经营者要抓住20%的重点商品与重点用户，渗透营销，牵一发而动全身。二八定律之所以得到业界的推崇，就在于其提倡的"有所为、有所不为"的经营方略。要用好"二八定律"，首先要弄清楚企业中的20%到底是哪些，从而将自己经营管理的注意力集中到这20%的重点经营要务上来，采取有效的倾斜性措施，确保重点方面取得重点突破，进而带动全面，取得经营整体进步。总之，二八定律要求管理者在工作中不能"胡子眉毛一把抓"，而是要抓关键人员、关键环节、关键用户、关键项目、关键岗位。

## 四、二八定律的启示

### 启示1：抓关键少数，取最大战绩

生活中的"二八定律"比比皆是。20%的罪犯所犯的案件，占所有犯罪案件的80%；20%的粗心大意的司机，引起了80%的交通事故；20%的客户，涵盖了公司中约80%的营业额；20%的业务员业绩，占到了公司全部营销业绩的80%。以上这些，常见于我们的日常工作生活中，这说明重要的东西，虽然占了很少的比例，但却是关键少数，你只要抓住这关键少数，你就解决了工作的大多数，你就掌握了全局。

**启示2：沟通有分寸，友谊更长久**

"二八定律"，提醒着我们要多倾听，温暖待人，为人良善的同时，要学会保护自己，"二分说""两分冷""两分锋芒"，也重视自己的感受，愉悦自己，才能更好地与人相处！具体地说，一是谈话八分听，二分说。交流的真正意义并不在于喋喋不休地诉说，而在于懂得认真地倾听。善于倾听不仅是一种低调，更是一种智慧；不仅让你更受欢迎，还能让你交到更多的朋友；二是交友八分暖，两分冷。古话说"凡事过则损，需把握分寸"。待人八分暖，留下两分，叫界限，叫尺寸。亲而有间，密而有疏，才是朋友之间的相处之道。人生如尺，必须有度。感情如面，最忌越界；三是待人八分善良，别忘了两分锋芒。爱默生说：你的善良必须有点锋芒，否则就等于零。就像仙人掌，身上长刺并不是为了攻击别人，而是为了保护自己；是尊重对方，也是珍视自己。

# 归因偏差

## 一、名词释义

归因偏差指的是认知者系统地歪曲了某些本来是正确的信息，并影响人的后续行为。

## 二、发现背景

Kingdom会见了东威斯康星州的33位参加过美国国会参议员、众议员以及五个州级官员竞选的胜利者和失败者。当他向那些在竞选中获胜的人提问为什么能够成功时，这些人认为，成功的重要因素是候选人的人格以及候选人是否有威信等；而当他询问那些竞选落选的人为什么失败时，他们则把原因归于缺乏竞选所需的资金、多变的外在环境以及选举人的愚昧无知等。与之相似，Johnson请正在选修教育心理学课程的女性参加一项实验：教九年级的男孩数学，每位老师教两个男孩。在学习的第一部分，男孩A做得好而男孩B做得不好。在第二部分，A继续做得很好。在一半教师那里，B取得了进步；在另一半教师那里，B继续表现不好。当询问教师对学生的表现归因时，认为学生B有进步的老师说，她们对学生的表现有贡献，而认为学生B表现不好的老师则将这种不好的原因归因于学生。上述两个例子中，对自己和他人相同行为不同理解的现象在心理学中称为归因偏差。

## 三、生活应用

### （一）学校教育

考试作为检验学习成果的必要手段，在教学的过程中有着举足轻重的地位。学生可以通过考试得知自己的薄弱处，以查缺补漏；教师可以根据考试成绩改进教学；家长也可以根据考试成绩知晓自己孩子的学习情况。但在对考试成绩的分析过程中，人们发现，"归因偏差"的现象，屡见不鲜。考试成绩高的，总是将原因归结为自己的聪明才智，认为自己能力强，复习得仔细认真。对于那些成绩并不理想的同学，他们则是将原因归结为外部原因，比如这次的题目偏难、这次运气不够好、考场环境太嘈杂、影响自己的发挥，甚至有的人会说是因为监考老师监考不得当，从而导致这次成绩不理想。这种归因方式就是"归因偏差"在学校教育中的体现，学生往往把成功归因于自己的内在因素，如能力、努力或者好品格等，而对于自己的败绩往往从外在环境中寻找原因，为自己开脱。因此，老师需要帮助学生养成正确的归因方式，让学生学会正视自己，认真反思，不逃避问题，将失败归因为自己的努力不够，避免产生外在的、无法控制的归因方式。只有做到全面客观的归因，才能够不断进步。

### （二）婚恋家庭

在与伴侣的相处过程中，总是不可避免地发生冲突，这时候，如何归因对感情能否顺利发展至关重要。小美最近经常跟男朋友吵架，起因是男生找到了一份新工作，每天都很忙，经常会忘了回小美的消息，小美便觉得男生变得冷淡了，不再关心她，也不再重视她了，于是便打电话质问男生为什么不回她消息。但在男生看来，他是在为了他们的未来而努力，偶尔不回消息只是因为真的没有注意到，而小美对他的态度，未免太小题大做，给他带来了不小的压力。两人大吵一架后，矛盾升级，甚至一度到了想要分手的地步。这两人之间的矛盾，其实就是"归因偏差"的影响。小美把男朋友的不回消息归因为不在乎她了，却忽视了男生每天忙于工作的情境因素；而男生将小美的质问归因为无理取闹而忽视了小美陪伴的需求。如果能够换一种归因方式，小美站在男生的角度，将不回消息归因为工作太忙，男生也能够站在小美的角度，将她的"无理取闹"归因为缺少安全感，两个人也就不会有太多的争吵了。

### （三）人际交往

在人际交往过程中，人们经常会对彼此的行为进行归因，归因又指导着后续的行为。但是，人往往会做出错误的归因，即"归因偏差"。小明和小亮是同班同学，最近，小亮说有急事处理，需要向小明借三百块钱，并承诺下个月就还给他。但一个月后，小亮却没有按时偿还，小亮解释说是因为这个月太忙了，没有来得及回家拿生活费，过几天就会还的。小明心里却有点介意，他觉得小亮就是故意推脱，想要借钱不还，就间接提醒小亮还钱，小亮把钱还给了小明，但因为被催还而感到不舒服。小明和小亮的这种想法就是归因偏差的体现，虽然知觉的是同一件事，但是小亮把自己迟还钱归因为自己太忙，强调情境的作用，小明则把它归因为小亮的品性，觉得他故意借钱不还。因为这次借钱事件，他们的心里都产生了一点隔阂，相处起来反而没有以前那么融洽。因此，在人际交往中，要尽量避免不利于友好相处的"归因偏差"出现。

### （四）单位工作

在单位工作过程中，出现"归因偏差"也是一种常见现象。李明和张华同时入职同一家公司，平时关系也很好。但是最近一段时期，正遇到公司评选晋升人员，李明本来以为，按自己的能力，这个晋升职位非自己莫属了，没想到最后名单上却是张华的名字。其原因竟是因为张华性格比较开朗热情，平时和同事领导的关系都比较融洽，而李明则相对有点内向，不善与人打交道，所以李明感到非常不服气。他认为上级选择张华完全是因为他的殷勤和溜须拍马的本事，觉得受到了不公平待遇，与他的能力没有半点关系。这种想法也导致李明后面的工作一点都不积极，反而把更多的精力放在如何对同事和领导献殷勤上面。他的这种做法其实对他的升职毫无作用，领导真正看重的还是能力。李明的行为就是受到了归因偏差的影响，把自己升职的失败归因于公司不公平的制度以及张华的献殷勤上，而不是自己的能力是否真正的达到了评选标准。如果他能够正确归因，发现自己的不足，及时做出改变，或许便会迎来升职的机会。

## 四、小结：归因偏差的启示

### 启示一：换位思考与反思

很多时候产生归因偏差都是因为双方所在的角度和立场的不同，这个时候，换位思考就非常重要。从他人角度出发，体会他人的情感世界，犹如体会自己的一样，以此打破视角不同而带来的偏见。发生争执时，每个人都有自己的道理，但也都有自己的不足，只有推己及人，以谦卑的态度去倾听了解对方的想法，矛盾才有可能缓和。很多时候信息不足也容易产生归因偏差，更何况眼见耳听不一定为实。因此，当你要做决定时，务必要全面调查，深入思考与反思，注意并预防归因偏差。这样会让生活更简单，人际交往也更愉快。

### 启示二：正视成功与失败

人们习惯于将成功或者好的结果归因于自身的能力和努力，而将失败或者不利的结果归因于自身所不能控制的外部环境以及一些客观因素。这种"归因偏差"某种程度上可以在心理上保护自己，让我们更乐观地面对现实，对自己更加自信，但同时它也迷惑了我们的双眼，忽视了真相，让我们不能真正认识到自己的缺点和不足，也就不能做出改变和进步。当人成功时可以归因于他的能力强，这样会让人产生自豪感，充满自信，能够勇敢地面对失败与挫折。当人失败时可以归因于不够努力，这样既可以避免自尊心受损，也可以让人认识到自己是有过错的，这样才会更加努力。

# 好心情效应

## 一、名词释义

当信息与好心情联系在一起时会显得更有说服力的现象称为好心情效应。

## 二、发现背景

1965年的一天，耶鲁大学心理学教授贾尼斯及其同事们研究发现，如果在阅读信息时让耶鲁大学的学生享用花生和可乐，那么他们更容易被说服。类似地，心理学家做了这样一个实验，实验共分成两个阶段，在相同的一个电话亭内进行。第一阶段，心理学家命助手在电话亭内放入一枚10美分的硬币，第二阶段没有放入硬币。电话亭内的人并不知道有实验的存在。当他们打完电话出来以后，心理学家抱着一堆书从他们的面前经过，并且故意让书掉到了地上。结果，在电话亭内捡到钱的实验者几乎有90%的人帮忙捡书，而没有捡到钱的实验者只有5%的人会主动帮忙。它说明人在心情好的时候往往比心情不好的时候更愿意帮助人。

## 三、生活应用

### （一）学校教育

肯特州立大学的心理学教授加利佐和亨德里克通过研究发现，有着轻松吉他伴奏的民歌比无伴奏的民歌对学生的说服力更强，因为有吉他伴奏的民歌明显给学生们带来了好心情。好心情通常可以增强说服力，一方面有利于个体进行积极思考，另一方面会把好心情与信息本身联系在一起。

因此，学校和教师应时刻关注学生的情绪状态，尽量使学生能够在一个比较舒适愉悦的环境学习，多使用夸奖或鼓励的语句来教育学生，使好心情与学习相联系，增大学生对学习的兴趣，帮助他们更加积极地思考问题。反之则会产生"坏心情效应"，甚至厌恶学习的不良后果。教师在教育犯错的学生时可以采用"好心情效应"，给他们创造一种轻松愉悦的氛围，被情景所感染能够更容易地说服他们，达到监督、规劝的作用。

**（二）婚恋家庭**

婚恋生活中发生的许多摩擦和冲突，很多时候也是因为心情不好所引起。例如，一位女性前去做心理咨询，描述和老公一起爬山时，因为大家都累了，想让他扶着自己走，老公一点都不情愿，可是以前都是很乐意帮助她的，导致自己心情低落开始胡思乱想。其实已经提到两个人都比较累了，情绪处于低潮的状态，这时大家的思维都会从自我状态出发，心情烦躁。这时就算是最要好的朋友或最亲的亲人，也可能会没有好心情，没有好耐心去应付。相反，当人的情绪处于积极乐观状态时，你能从他的语调、语气、语态、行为中发现，这时候他的包容性是非常高的。你找他去办事，一般可以获得更多的机会。哪怕你犯了什么错，他也会比平时原谅的机会更多。因此，在婚恋生活中我们也要注意观察对方的情绪状态，情绪的好坏和夫妻幸福的几率紧密相连。

**（三）人际交往**

为什么周末商场生意更好？为什么周末影院人更多、花钱更多？为什么很多慈善晚会、募捐仪式要载歌载舞？因为在轻松愉悦的环境里，人们更容易感性，更舍得拿出自己的钱消费或帮助其他人。在人际交往中更是如此，相比周一至周四，周五是一个人际交往更容易成功的日子，周五找人帮忙、约人出去得到肯定答复的几率更大。为什么周五大家更好说话呢？还是因为"好心情效应"，即当人们处于即将放假的周五，心情都比较愉悦，而当人们心情好的时候，他会觉得这个世界"不那么讨厌"，本来的烦心事也变得"小事一桩"。因此，快乐在这时会翻倍，别人的请求不会让他过于为难。他们会更快做出决定，且做决定时更冲动，更多地依赖外周的线索。反过来，那些心情不好的人在做一件重要决定时，会更多地反复考虑。有时一个比较糟糕的情绪就能让本来容易同意的事情变得难以通过。

### （四）单位工作

不管是在职场还是在生活中，想要别人答应我们的要求，最好先观察这个人的情绪状态如何，而不是一股脑不看脸色地全盘托出。例如，小王最近有点魂不守舍，工作中常常出差错，就连公司老板站在他面前叫他的名字，他都神游太虚。同事们追问他遇到了什么烦心事，小王只好说出了自己的难处，原来工作了好多年薪水一直不涨，攒不够买房子的首付女朋友闹分手。大家建议他向老板商量一下。在同事们的鼓励下，小王走进了老板的办公室，一进去就发现满地都是文件，抬头一看，老板正双眉紧蹙。一看就知道老板现在的心情肯定不太好，可他等不及了，加薪的事儿必须要提出来。把来意说明后办公室的气氛一下子陷入了沉默。老板心情本来就不好，他这么做简直是搬起石头打自己的脚，想要加薪，门都没有！这个故事告诉我们，在单位与上级沟通需要选择恰当的时机，尽量避免在领导心情不好的时候与其交谈。正所谓，"出门看天气，进门看脸色。"

## 四、好心情效应的启示

### 启示1：沟通需要时机

好心情效应告诉我们沟通要选择正好的时机，不然只会适得其反。人逢喜事精神爽，就是对好心情效应的最好阐述。那么，哪些事情可以称得上是喜事呢？比如说，对方工作得到晋升的时候；学习上取得一定成绩的时候；找到称心伴侣的时候；或者是亲朋好友相聚、家里有人嫁娶等时候，这些都是令人愉快的事件。倘若我们能在他们心情好的时候与之沟通，或者努力解决难以沟通的问题，那么许多问题也许就迎刃而解了。

### 启示2：心情需要调节

同样一件事，在不同心情的人看来感受却是不一样的，满腹愁肠的人看浮云是"愁云惨淡"，心情舒畅的人看浮云是"云卷云舒"。可见，人的心情在感知事物的时候起着微妙的作用。好心情时，人们会透过"玫瑰色的眼镜"来看这个世界。人们容易被说服，会以更加积极的目光看待事物，更加容易做成某些事情。而拥有坏心情时，人们可能会以消极的态度对待某些事物，但在做某些重要的决定时，坏心情的人会更多地反复思考，他们很难被无力的论据动摇。同一件事，由于人本身不同的情绪作用，产生的结果也会截然不同。因此，为了防止坏心情带来的不良影响，促使好心情发挥作用，我们需要适时地调节情绪。

# 鸡尾酒会效应

## 一、名词释义

鸡尾酒会效应是指注意力集中在某一个人的谈话之中而忽略背景中其他的对话或噪声的现象。

## 二、发现背景

在嘈杂的室内环境中，比如在鸡尾酒会中，同时存在着许多不同的声源：多个人同时说话的声音、餐具的碰撞声、音乐声以及这些声音经墙壁和室内的物体反射所产生的反射声等。在声波的传导过程中，不同声源所发出的声波之间以及直达声和反射声之间会在传播介质（通常是空气）中相叠加而形成复杂的混合声波。因此，在到达听者外耳道的混合声波中已经不存在独立的与各个声源相对应的声波了。然而，在这种声学环境下，听者却能够有所选择地听懂需要注意的目标语句。听者是如何从所接收到的混合声波中分离出不同说话人的言语信号进而听懂目标语句的呢？这就是Cherry在1953年所提出的著名的"鸡尾酒会"问题。自Cherry提出"鸡尾酒会"问题半个多世纪以来，大量的科学家试图去解决这个问题，甚至试图制造一个计算机言语识别的智能系统使其具有在嘈杂环境中识别目标语句的功能。但到目前为止，"鸡尾酒会"问题还没有得到满意的解答。

## 三、生活应用

### （一）学校教育

学校教育中的"鸡尾酒会效应"是指老师应该拿出"交谈"的状态去

上课，提出有效的问题与学生互动，来推动课程的进行，而不是自己喋喋不休、师生间毫无交流。为了增加学生想与教师"交谈"的感受，教师还要做一个富有魅力的人：整洁干净的穿着，生动的语言、抑扬顿挫的语调和丰富的身体语言，原则就是"动笔体现静态、动手体现动态变化"。与有魅力的人交谈，才能长时间吸引学生的注意力，使自己成为学生的注意对象，不让自己成为学生交头接耳时的背景声音。另外，教师要能喊出学生的名字。自己的名字之所以能被听到，是因为关系到自己的事，当然会感兴趣。就像任何人在看集体照时，都会首先去看自己在照片中的样子和位置一样。因此，作为老师，在进入一个新班级后，除了精熟授课，记住每个孩子的名字也格外重要。在老师的声音变成学生的背景声音时（学生走神时），他的名字就是把他拉回课堂的声音。老师如果能够喊出学生的名字、学生的昵称、不带姓的名字，在很多时候都会促使学生把老师当成"自己人"，当然会更加专注。

（二）婚恋家庭

在日常生活中，如果一段亲密关系之间没有足够的信任，或者本身就带有挑剔的眼光相处，那么很容易就把注意力放在对方的缺点和错误上。在这种情况下，如果有人说了一些关于自己配偶不好的话，那么两个人的关系很容易就会受到影响，对彼此产生不满。所以我们常常开玩笑说：有一个好的婆婆，就等于你在婚姻幸福的路上比别人领先了一半。这是因为普遍情况下，儿子都会比较信任母亲的话，如果有一个不好的婆婆，天天说儿媳妇的坏话，那儿子就会处处关注到妻子的缺点，严重影响夫妻关系。当然，对于那些本身就不牢固的夫妻感情，即便不是婆婆，就是普通的同事、朋友、兄弟之间的话，也极有可能会产生消极影响。然而，这真的是外人的问题吗？如果我们的注意力不是选择接收关于配偶不好的信息，那么别人说再多也是没用的，充其量只是鸡尾酒会上那些嘈杂的背景音，影响不了夫妻之间的主旋律。

（三）人际交往

一般来说，在嘈杂的环境中，声音分贝很低的交谈应该早就淹没在周围的吵闹声中了，但为什么我们还能听见彼此的声音呢？这与我们大脑对周围事物的敏感程度有关，当在同一时刻有大量的信息进入到大脑时，大脑会对进入的信息做一个筛选和过滤工作，最终把最重要或是感兴趣的信息作为注意对象保留下来。正是如此，即使在嘈杂的环境下，有人说起你的名字或有关你的谣言，我们还是能够听到。因此，作为一名新员工，在进入一个新的集体时，和大家都不认识，你可以努力记住他们的名字，下次碰见时喊出他们的名字，他们会心情愉悦，这时你们的关系就更近了一步，鸡尾酒会效应在人际关系前期能够起到润滑剂作用。

（四）单位工作

一名职业摄影师发现，当人们拿到一张集体合照时，能在第一时间下意识地找到自己。同样的情况，在一张名单上，我们通常能很轻易地找到自己的名字，然后再是别人。这一鸡尾酒效应在市场营销领域的启示是：如果与用户有关，那么用户就会格外关注。因此，通过鸡尾酒会效应可以：1.细分客户对象，精准传递信息。当我们传播的信息与用户关系越紧密，客户就会投入更多的注意力。为了让我们的信息与用户有紧密关联，首先要深入了解用户，根据用户不同的特征和需求，精准地传递与客户相关的信息。2.在品牌传播中，植入与用户相关的信息。广告大师奥格威经常会写一些长文案，有一次就遭到客户的极力反对。奥格威说："我可以写一篇三千多单词的长文案，你却能一字不落的读下来。很简单，我只需要在文案中出现几十次你的名字就可以了。"3.巧妙地与客户拉近关系。无论是短信推送、邮件、还是电话联系客户，可以更多地寻找与客户的共同点，激起客户的"鸡尾酒会效应"。

## 四、鸡尾酒效应的启示

### 启示1：一心一用

《自然》（Nature）期刊上的研究结果指出，由于我们的大脑有"选择性注意"机制，所以人们不是很擅长处理多个任务，一次只能专注于一件事。这种与生俱来的能力帮助人类在一个充满视觉和听觉刺激的世界生存下来。但我们总是试图用多任务来挑战极限，有时会带来很严重的后果。

例如，开车时打电话的司机发生交通事故的概率是不打电话的司机的4倍。很多交通事故都是由于"非注意盲视"造成的，也就是说，人们实际上会对自己没有集中注意的事情视而不见。一项任务需要的注意力越多，我们能给视野中其他事情的注意力就越少，所以尽量不要一心多用。

### 启示2：避免分心

犹他大学心理学教授及该研究首席研究员大卫·斯特雷耶（David Strayer）说，"即便你的眼睛正看着什么东西，但在讲电话的时候，你就不大可能看得见。"他补充说，"99%的时间没那么严重，但就在那1%的时间里可能就有一个孩子跑到街上了。"因此，司机用非手持电话和用手持电话通话的危害一样大，因为消耗他们注意力的是谈话而不是手机。可见，尽管我们有注意选择能力，但是在特殊情境下，还是不能一心多用。当我们可以选择周围环境的时候，尽量排除干扰，比如在学习和工作的时候，将分心刺激的手机关机或静音，这样可以避免分心。而无法选择情景时，比如开车时，复杂的路况需要我们更加专注，以防因为分心造成的交通事故。

# 启动效应

## 一、名词释义

启动效应是指因之前受到的某一刺激的影响而使得之后对相似刺激的知觉加工变得容易的心理现象。

## 二、发现背景

纽约大学的约翰·巴赫、马克·陈以及拉拉·伯罗斯在1990年做了一个实验，他们给参与实验的纽约大学的研究生看一组词，并把这些词组成一个有意义的句子。他告诉被实验者，这是测验他们的语言能力，但实际上他另有目的。前一组被试重新排列的那些单词并不是随机的，其中一些词，比如皱纹、痛苦和单独，能让人想起老年人缓慢行走的画面。而在对照组里，被试遇到的词则不会让他们联想到特定的画面。当组完句子的学生走出教室时，一名研究生待在走廊上，她装作等着开会的样子，但实际上是一名研究人员，测量被试从实验室门口走过差不多10米的走廊的时间。结果显示，前一组受试者走完走廊所花的时间显著长于后一组受试者，并且举止更像老人。这一结果也在后面经过不断的实验被证实。这种现象后来称为"启动效应"，即人们所受到的前一刺激能够影响到其对后续某一刺激的加工。

## 三、生活应用

### （一）学校教育
上新课之前，几乎每一位老师都会叮嘱同学们提前预习。提前预习过的学生，对要学习的新知识已经有了一定了解，这样在课堂上就更容易理解老师所讲的内容，这就是"启动效应"。一般来说，预习并不要求学生理解所有知识，而是要让学生有一个思考的过程，在脑海中留下相关的知识，这样在正式学习的时候，刺激重现，学生对知识的知觉和加工会变得更加容易，学习效果会事半功倍。复习同样如此，学习过的知识已经留下印象，在复习时，同一刺激再一次呈现，学生对于知识的理解和记忆会更加容易，这可以用来解释为什么在复习时所用的时间要远比学习新知识时所用的时间少。在实际教学中，教师也要有意识地教会学生运用"启动效应"，重难点知识注重多次强调，反复呈现，加深学生的印象，注重平时的预习和复习，从而提高学生的学习效率。

（二）婚恋家庭

在婚恋家庭中是否也存在"启动效应"呢？答案是肯定的。以相亲为例，众所周知，在与人相处的过程中，第一印象是非常重要的，尤其是在相亲这么一个短时间的交往中，如何给人留下好的第一印象更加重要。在交往中，人们很难在短时间内了解一个人的性格品质和三观，所以在相亲时，形象气质，穿着打扮便成为了解一个人最直观的方式。如果相亲对象衣着不整，甚至非常邋遢，便会引起反感，留下坏的印象，甚至让人想要逃离。因为形象仪表往往先于语言呈现给人，并与一个人的生活习惯以及态度联结在一起，形象邋遢就会使人想到不好的生活习惯以及对自己的不尊重，这样很难得到对方的喜欢，所以相亲也很难成功。相反，如果他穿着干净整洁，举止大方得体，自然便会有让人了解下去的意愿，这就是"启动效应"给相亲带来的效果。

（三）人际交往

"启动效应"在人际交往过程中也同样存在，不难发现，一个经常面带微笑的人在群体中会更容易受欢迎。小明是转校生，跟新班级的同学都不熟悉。由于他平常就是一个性格外向开朗的人，所以在自我介绍时就以幽默爱笑的风格给同学们留下比较好的印象，私下遇到新同学也会主动微笑跟他们打招呼，很快就跟班上的同学打成了一片，这就是"启动效应"的体现。很多时候，微笑是和友好、开心阳光这些特点联结在一起的，所以每次看见小明对自己的微笑，大脑中就会自动提取关于微笑的信息，觉得小明是一个可交往的朋友。在日常的人际交往中，可以保持一定的笑容，因为微笑是使得交往双方能够放松下来的一种方式，可以给人留下比较好的印象，尤其是在初次见面的时候。这启示我们，在日常交流中，时刻注意多给人一个微笑，可能就会收获意想不到的效果。

**（四）单位工作**

在单位工作中，也存在着"启动效应"。例如，现在经常提到的"周一综合征"。每逢双休日，上班族可以不用面对工作上的事务，获得属于自己的时间。他们从工作日聚精会神、争分夺秒的状态中脱离出来，与亲朋好友聚会，或是"宅"在家里处理家务，又或是利用空闲时间给自己充电。这些放松的活动使得他们从紧张的工作状态中脱离出来，所以很多员工每到周一就容易变得疲惫，注意力下降，工作效率低。这时候管理者就可以让那些依然热情高涨的员工分享自己的工作计划，描述为自己安排的一周工作内容，并且给予他们一定的奖励，通过这种方式唤醒员工的工作记忆，促进他们的竞争意识，调动工作积极性。这就是"启动效应"在工作中的应用——当员工感到怠懒，没有工作动力时，通过其他优秀员工给予一定的刺激，让他们联想起自己认真工作的样子，从而找回工作状态。

## 四、启动效应的启示

### 启示1：线索启动，提升记忆

记忆是一个加工、存储和提取的过程，我们平时会有"提笔忘字"的情况，比如，写作文时突然想到一个好句子，可是翻开本子后，会立马忘了要写什么，这种情况并不是因为这个字没有在大脑中，而是由于缺乏提取线索。启动效应对内隐记忆有一定的引发作用，有助于完善信息提取机制。比如，当人们走到一个曾经经历过难过情绪的地方，会不自觉地想起那些惹自己伤心的故事，这正是因为启动了大脑中相关的联结。因此，在记忆某类信息时，我们可以通过一定的线索来帮助我们熟记信息。如在背诵圆周率时运用口诀"山巅一寺一壶酒"（∏=3.14159……）可以促使学生快速记住，在下次我们需要运用到这一知识时，便可以通过口诀快速地提取出来。

### 启示2：以心养心，以情育情

由于启动效应的存在，我们的行为在不知不觉间是被微调了的，但这些改变是潜移默化的，就像经常和一个积极向上、活泼开朗的朋友在一起，自己也会渐渐地感受到开心，变得外向。而那些常见的动作也会不知不觉地影响到我们的想法和感觉，比如在课堂上，当听课时摇头，会给老师传递一种学生还未听懂的信号；当点头时，会给老师传递学生听懂了的信号。启动效应可以影响他人的判断和行为，就像一个人大笑，可能会引起一群人的大笑，引起其他人的开心。例如，在客人到家做客时利用启动效应，就可以用一些令人愉快的气味或音乐来提升你的客人的情绪。事实上，启动效应可以被运用在生活中的方方面面，在重要场合例如相亲、面试等，也可以穿一套漂亮的西装来改善别人对自己的第一印象。

# 群体极化现象

## 一、名词释义

群体极化是指群体进行决策时，往往比个人决策时更倾向于冒险或保守的现象。

## 二、发现背景

Stone（1961）为了研究群体是否比个人更加保守，通过实验设计，让六个被试同时给处于一系列两难处境的人物做出独立的决策建议。"乔治是一名实力强劲的国际象棋手，最近参加了某场比赛，遇到了另一名强劲的对手，该对手在早期的一个比赛和乔治打成平局，但是乔治最近状态不如过去比赛，在与该对手较量中发现一个可能快速击败对手的方法，但是一旦采用这种方法失败，乔治将毫无疑问地输掉比赛。"在实验过程中，首先让被试先单独做出选择，然后他们将被组成一个群体进行讨论，讨论结束后再次做出群体决策。结果群体讨论结果发现，群体做出的决策比个人的平均决策更加冒险。此后学者也发现群体决策的结果并不仅仅只朝着冒险的方向偏移，在某些特定的两难处境，在群体讨论后发现被试更加保守。Moscovici和Zavalloni（1969）将这种现象称为群体极化：群体中成员的交流通常可以强化群体成员的平均倾向。

## 三、生活应用

### （一）学校教育

现在的学校，一般都会开设实验班，相比于平行班，实验班的学生学习素质更高，把高素质的学生聚集在一起，更容易形成一个向学的良好氛围。实验班的大部分同学都是自律性强的人，目标明确，学习积极性和主动性高，整个班级的学习氛围也很浓厚。在这样的环境渲染下，那些意志薄弱，虽然聪明但得过且过不努力的学生也会变得积极主动起来，学生之间相互学习，相互影响，从而让整个班级的成绩越来越好，这就是教育中"群体极化"的体现。在实验班中大家都有一个目标，那就是努力学习，在保持住现有靠前排名的基础上向更高的排名冲刺，当这种想法变为整个班级的共识，一起朝着一个目标努力，学生会比以往更加努力学习，意志也更加坚定。这种模式值得专门引入学校教育而不是仅仅实验班，在日常的教学中，老师可以有意识地在班级中树立一个共同目标，增加班级的凝聚力，营造良好的学习氛围，激励同学们努力学习。

### （二）婚恋家庭

家庭中也存在"群体极化"现象。每个家长都想教育好孩子，但每个家长都有自己的教育理念，这种教育理念会在平时的教育中传输给孩子，对孩子的思想和成长产生影响。也就是说，父母的观念会在潜移默化中被孩子认同接受。如果父母在心烦意乱时，选择通过大喊大叫、吵架的方式来宣泄情绪，孩子长时间在这样的环境下，慢慢地会受到父母的影响，当孩子在面对相似情境时可能更倾向于用相同的方式处理问题。如果父母遇到一点不顺心的事想的不是如何处理好它，而是和家人抱怨，那么孩子也可能在父母的影响下养成遇事先抱怨的想法和习惯。如果父母的教育方式和理念不当，可能会使得孩子认同这样的教育手段和理念，并用这些从父母那里"学到"的方式教育下一代。在家庭这个小群体中，父母的思想会潜移默化地传递给孩子，所以不论是通过做事还是日常谈话，作为父母，一定要注意自己的言行，尽量避免在家庭群体中把不好的观点传输给孩子，产生"群体极化"现象。

### （三）人际交往

"群体极化现象"在人际交往过程中又是怎样体现的呢？举个例子来说，小雅和小桃原本是关系比较好的朋友，但最近因为一点小事吵架了，互相不再搭理对方。小雅就把这件事情告诉了另一个关系比较好的同学，因为在说的过程中倾向于把错误怪在小桃头上，所以听完之后，那位同学理所当然地认为是小桃的问题更多，觉得她怎么是这样的人，对小桃产生了负面印象。后来这件事情又传到了其他同学的耳朵里，大家都开始觉得小桃是个品质有问题的人，对她的态度变得很冷淡。其实，这就是"群体极化现象"的体现，小雅在向朋友抱怨的时候，向朋友传递了带有偏见的看法，而这一看法渐渐地影响了更多的同学，使得小桃在同学们心中的形象一落千丈，大家都不愿意和她做朋友。事实上，如果在发生争吵后能冷静反思，认识到对方和自己都有原因，双方都勇于道歉承认错误，关系会很快和好如初。如果是和别人讨论，寻求原因也一定要理智客观，不然很容易产生误解，不仅对于关系的修复不利，也容易在无意中伤害到别人。

### （四）单位工作

在单位工作过程中也会出现"群体极化现象"吗？答案是肯定的。例如，小刘是一名普通员工，平时踏实工作，但因为性格比较内敛，所以在公司中没有什么存在感。有一次组会的时候，主管询问他们关于某个项目的意见，这恰好与小刘的本科专业相关，是他所擅长的，他有很多想法和意见。但是还没来得及说出来，小张就提前说了自己的想法，相比于小刘，小张更加外向主动，在谈论的时候侃侃而谈，其他员工和领导都觉得小张的想法很好，讨论过后决定让他参与方案。本来小刘还觉得小张的方案在某些地方存在一点漏洞，但是看到所有人都非常肯定小张的方案，就觉得他的想法确实很好，也对小张的方案拍手称赞。小刘的表现就是"群体极化"的体现，在群体进行决策时，经过大家讨论过后，会更加被认同支持。但小刘也因此失去了一次机会，所以当群体极化现象发生后，自己有不同的见解想法时，要敢于说出自己的想法，这或许会帮助大家另辟蹊径，找出更好的解决办法。

## 四、群体极化现象的启示

### 启示一：坚持自己，坚定理念

在现实生活中，出现群体极化现象的可能性是非常大的，我们生活的时间以及我们的社会属性决定了我们在进行决策时都会或多或少地受到别人的影响，人云亦云，没有主见。无论在任何时候都要保持自己内心的想法，坚持自己的观点，并不是大部分人认同的就是好的。当群体极化现象发生后，自己有不同的见解想法或分歧时，不妨坚持自己的想法，并敢于说出自己的想法，这或许能帮助大家在原本的基础上另辟蹊径，可能会出现更好的选择。当我们的见解变成大家都认同的观点时，我们也需要保持一种谦虚平和的心态，不要在赞美和吹捧中迷失自己。保持自己，坚持自己，往往可以收获不一样的东西。

**启示二：群体极化是把双刃剑**

人人都希望获得别人的认同，也习惯赞同别人，一旦团体成员听到别人相信什么，通常就会调整自己的立场以符合主流方向。很多时候持有不同看法的人会选择三缄其口，因为赞同总是比反对更容易，所以群体成员往往会作出比实际情况更为保守或更极端的决定。从群体极化积极的一面来看，它能促进群体意见一致，增强群体的凝聚力和群体行为。从消极的一面看，它也会使错误的判断和决定更加极端。此时，如何取舍就较为重要，是跟随主流，还是坚持自己。因此，我们应该辩证地看待群体极化，保持理智，尽量避免盲目的群体极化现象发生，做出错误的决定。

# 群体去个性化

## 一、名词释义

去个性化是指个体在群体中一种自我意识下降，自我评价和自我控制能力降低的状态。

## 二、发现背景

去个性化起源于欧洲社会学，最早由法国社会学家勒庞在研究群体行为时发现。在他撰写的专著《乌合之众》一书中表示，在群体中，每种感情和行动都具有传染性，其程度足以使个人随时准备为集体利益牺牲个人利益。这是一种与他的天性极为对立的趋向，若不是成为群体的一员，他很少具备这样的能力。1952年，费斯廷格等人研究了勒庞的观点，创造了一个新术语——去个性化，它是指群体中的个体有时候会失去对自己行为的责任感，使自身自我控制系统的作用减弱甚至丧失，从而做出平时不敢做的反社会行为。在某种程度上，费斯廷格等人同意勒庞的群体行为理论，他们认为个性被淹没在群体之中确实会导致他们的责任感减弱。但是他们强调把去个性化从群体理论中区分出来，他们认为个体在群体中个性的丧失是因为被群体思维所取代，去个性化导致个体丧失了对内部或道德约束的控制。

## 三、生活应用

### （一）学校教育

小华是一个非常富有想象力和创造力的人，平时喜欢看课外书，想法天马行空，喜欢探索新事物，在班级里算是一个很有个性、很特别的人，很受同学们欢迎。本来父母也很支持他有一些自己的兴趣爱好，但是因为马上高三了，为了能在高考取得好成绩，不仅父母开始限制他的爱好，班主任也明令禁止在教室里不许做与学习无关的事，包括不准看课外书。整个班级里每天都充斥着紧张的学习氛围，下课时同学们不是在补觉，就是在埋头做题，小华也不例外，在老师的鞭策和同学们的影响下，他渐渐不再提起自己的想法，每天不是背书就是刷题，思维和想象力也好像被束缚了，也变得越来越压抑。小华就是在群体中去个性化的典型表现，他曾经是一个很有个性和想法的学生，但是因为把注意力放在了临近高考的班级群体上，向他们看齐，反而让自己的个性淹没在群体中，变得和周围人没有什么不同。在这种情况下，学习肯定是最重要的，但是也可以适当做一些感兴趣的事，不仅可以舒缓压力，也可以保持想象力，以防形成思维定势，失去了个性。因此，学校教育中除了要专注学生的学生成绩，也要鼓励学生在学有余力的时候发展自己的兴趣爱好，而不是固化学生的思维，将学生培养成"学习的机器"。

### （二）婚恋家庭

在婚恋中也存在着"群体去个性化"现象，有很多案例表明夫妻双方可能会受到他人的影响，渐渐地失去原本的面貌，无法客观地评价自己或失去控制。举个例子，小云和小强原本是一对非常相爱的夫妻，但是最近却因为一些事情频繁爆发争吵。事情还要从小强接触打牌开始说起，原本他只是将打牌作为工作之余的消遣活动，但时间长了竟渐渐地沉迷其中，每当妻子叫他回家，身边的朋友总是会说："回去干什么，我们不都在这玩吗"，朋友的劝说让原本想要回家的小强开始心安理得地继续玩，甚至是经常几天不回家。情况愈演愈烈，小红为此非常难过，但小强却没有意识到自己的问题，总是会说："我有什么问题，我的朋友都在玩，大家都是这样的"。案例中的小强此时已失去了原本的判断能力，在朋友们的影响下，渐渐地失去了自我判断、自我评价与自我控制的能力，与群体保持同步。此外，常见的还有夫妻双方吵架时，彼此的朋友都会说另一方的"坏话"，这样也会对夫妻双方造成负面影响。因此，在婚恋家庭中，夫妻双方都需要保持自己清醒独立的判断，过度参考周围朋友的看法和生活状态可能会产生"群体去个性化"现象。

### （三）人际交往

在人际交往过程中，"去个性化"又是如何体现的呢？小静曾经是一个很内向害羞的人，初中三年几乎没有什么朋友，她一直想改变自己，但却不知道该如何做。幸运的是，刚进入高中，她就认识了一群性格特别活泼开朗的朋友，她们不仅是同学还是室友，所以平时做什么都在一起。由于新室友们热情幽默，她们经常在宿舍里聊天说笑，追逐打闹，刚开始她还比较拘束，但没过多久就参与到她们之中一起玩闹，对她来说这是一个从未有过的体验。后来，她和朋友们在一起的时候，经常会因为一点小事就开心大笑，有时候甚至是在那些公众场所，也会和朋友一起放声笑起来，也不会在意别人的目光。小静的这种改变就是"群体去个性化"在起着积极作用。可见，如果你是一个比较内向、胆小的人，就可以多参加一些活动，认识一些外向的朋友，挖掘自己外向、开朗的一面。

### （四）单位工作

对于我们来说，工作单位不仅是物质生活的支撑，也是展示自我，实现价值的平台。小张是一名刚毕业的大学生，踌躇满志地进入了新公司，想要在此施展才华，实现抱负。刚开始，小张工作很努力，虚心向前辈和领导请教，认真仔细对待安排的每一份工作。过了一段时间，小张发现了一个现象，那就是他的同事们都很"佛系"，每天只完成自己必须完成的工作，不到万不得已不会加班，得过且过，尤其是在团队工作中特别敷衍，缺少了一份对工作的热情和责任感。但是他们却很少被领导发现批评，好像只有自己一个人在奔波忙碌。久而久之，在这种氛围的渲染下，小张的责任感也逐渐淡化，做事马虎，少了刚开始的动力。其实，小张这种表现就是"群体去个性化"的体现，在群体中个体意识下降，责任意识淡化。作为员工，每个人都要清楚公司的规章制度，明白自己应承担的责任与义务。而公司也需要谨防"群体去个性化"的消极影响，应当形成良好的企业文化，培养员工的责任心和对工作的热情。当员工出现懈怠的情况要及时调整，以免对整个公司造成影响。

## 四、群体去个性化的启示

### 启示一：辩证看待去个性化

去个性化现象经常容易出现在群体活动中，这是因为在群体中，每个人都不再是自己，而是"匿名的"、和他人无差别的人。同时，因为自我觉察和自我控制失效，平常受抑制的行为就会出现。对于"去个性化"这一心理现象，我们要善于辩证地分析看待，既要利用其积极的一面，又要克服其消极的一面。比较内向、胆小的人，可以多参加一些热闹的、激烈的活动，在充满热情与乐观的群体中，你也会不由自主地沉浸其中，发现自己外向、开朗的一面。而在工作中，领导也可以利用"去个性化"的本质对员工的工作管理进行调整，比如明确每个员工的工作任务并且责任到人，防止员工们产生法不责众的侥幸心理。

### 启示二：防范去个性化

一个人在单独行动时，往往能从伦理的角度考虑自己的行为，尽力避免受到舆论的指责。可是在群体中，成员就会感到反社会行为是以整体的形式出现，责任落到群体身上，个人承担的责任就小了，反而会做出平时不会做的事情。要使人们的行为更加符合社会行为规范，一个可行的办法是尽可能减少去个性化的程度。以教学活动为例，老师可以及时调整群体规范的内容，良好的群体规范有助于控制"去个性化心理"驱使下的消极行为，还可以改变学生在群体中的地位，增强他们的角色意识，加强"知行统一"促进个体社会化。此外，帮助提高自我意识，也可以有效地减少个体去个性化行为的消极作用。

# 睡眠者效应

## 一、名词释义

睡眠者效应是指接受信息之后由于时间间隔只记得信息的内容而忘记信息传播的来源。

## 二、发现背景

睡眠者效应是凯尔曼和卡尔·霍夫兰（H.C.kelman&C.I.Hovlomd，1953）在研究"信息高低、可靠性的影响有多久可保持，会不会随时间的推移而发生变化"时发现的。研究者向两组中学生被试出示一篇"司法制度应从宽处理少年违法者"的读者来信，阅读者在甲组扮演一位知识渊博、公正无私和值得信赖的人，在乙组扮演一个无知、有偏见和不负责任的人。然后让被试表态。结果表明：高可信信息源对被试的态度影响大，低可信信息源对被试的态度影响小。三周后，再次询问上述被试对来信内容所持的态度。这次只让两组中各一半被试重复信息传达者，另一半则不提及。结果发现：回忆传达者的被试赞同程度降低。而两组中另一半未提及的被试，前者的赞同程度下降，后者赞同程度上升。说明信息源的可信性对信息的影响只在短期内有效果，随着时间的推移，只记得信息的内容，而忘记信息的来源，影响会逐渐缩小。这就是"睡眠者效应"。

## 三、生活应用

### （一）学校教育

教师对学生的影响是潜移默化的，在教学中，教师的鼓励对学生的学习与成长起着不可替代的作用。例如，当老师经常夸赞自己的学生善良、自信、勤奋时，学生们便会慢慢地朝着他的期望去努力。随着时间的推移，学生对于赞扬的话是谁说的，怎么说的等等都逐渐遗忘，但留在记忆里的这些赞扬的核心词语却依旧清晰，并且相信自己就是这样的人，在以后的学习与生活中，也更加努力使自己成为优秀的、配得上这种夸赞的人。其实，这就是利用了"睡眠者效应"，通过记住夸赞的内容让学生建立自信心，从中受益。当然，教师在教学中也要慎用语言，避免说出不恰当言论，以免给学生带来语言伤害，伤害学生的内心。但总的来说，如果能够在教学中将"睡眠者效应"合理利用，就会有一些好的结果。

### （二）婚恋家庭

婚姻当中是否存在睡眠者效应呢？答案是肯定的。吵架是婚姻生活中常见的事，甚至可以说避免不了。我们知道吵架会影响婚姻，所以，当夫妻双方发生争吵时，大多数人的做法就是能避则避，尽量不正面冲突。这种回避的方式的确能解决争吵，但是却不能真正解决问题。时间久了，即使已经没有了当时的愤怒，但是吵架的问题本身却依然保留在记忆中，积少成多。这就是为什么当夫妻吵架时，有时那些陈年旧事会被又一次提及、被翻旧账。随着时间的推移，他们可能慢慢淡忘了"人"，但是却记得"事"，这也是睡眠者效应的体现。而这个时候，由于情绪堆积，当前的小矛盾会无限向外发散，矛盾往往会越闹越大。如果每次吵架都把以前的老账翻出来，那么只能在伤口上撒盐，问题解决不了，反而会越来越糟糕。因此，双方起冲突时一定不要逃避问题，别让矛盾隔很久，让问题堆积，避免"睡眠者效应"。

### （三）人际交往

良好的人际关系是人生幸福的需要，能使人得到精神上的满足。在人际交往中，"睡眠者效应"又是如何发挥作用的呢？小雅和小静是一对新同桌，但是小雅发现小静对她很冷淡，每次主动跟她说话聊天，她都不怎么愿意搭话。直到后来她们成为朋友后才得知，小静曾听别人说过小雅的坏话，虽不记得是听谁说的，只记得其内容是说小雅平时是一个很自私小气的人，这导致她每次想起小雅就会想到这句话，从而对小雅的态度不好，一直到相处之后才慢慢改观。小静的这种表现就是"睡眠者效应"的体现。随着时间的流逝，她已经忘了这话是从哪里得知的，只记得说话的内容。因此，在人际交往中，也要尽量避免"睡眠者效应"，客观对待他人说的话，不能偏听偏信，要保持怀疑的态度，用理性去判断。如果小静一开始就保持怀疑的态度，那么她和小雅成为朋友的时间也会更早。

**（四）单位工作**

工作中也存在着睡眠者效应。以跳槽为例，当下，企业员工跳槽是一件很常见的现象，尤其是刚进入职场的年轻人们。年轻人频繁跳槽可能是因为年轻人性子比较急躁，在公司与同事或领导发生一点不愉快就想辞职离开。如果在他们的单位中，老板是一个态度严肃，甚至很凶的人，工作主管也天天紧盯着自己，他们就会感觉到压力与状态紧绷，对工作的态度也会发生改变，想要尽快离开这个让自己不舒服的地方。用睡眠者效应来说，他们当下是因为受到领导者的影响，感觉到工作环境没有那么好，才会想要辞职。但其实这份工作并没有什么不好，如果他们能够慢慢冷静下来，就会发现认真工作带来的好处。事实上，那些待得久的老员工也曾经有过这种想法与情绪，但他们并没有立刻行动，后面慢慢地也就不会再受到影响。因此，在工作中遇到不顺心的事情一定要控制好自己的情绪，缓一缓，避免因为一时冲动做出于对自己不利的选择。

## 四、睡眠者效应的启示

### 启示一：突出特征，回归内容

以脑白金的广告为例，它曾经被很多的广告业内人士评价为一个失败的广告，缺乏创意和美感，而且对受众进行狂轰滥炸。商家花了很多的钱，却只能引起观众的厌恶。但出人意料的是，在睡眠者效应的作用下，人们逐渐"遗忘"了当初的厌恶，反而在提及给老人送礼物时常常被想起，其原因便是在广告宣传中反复强调"送礼""老年人"等内容，使其从一个"失败"的广告，变成了"成功"的广告。信息对于人的影响，起决定作用的还是内容本身，人们最终记住的是内容而不是来源。因此，不论是商家，还是作家，想要传达重要的信息时，善于运用"睡眠者效应"是十分有必要的。

### 启示二：合理运用，正确引导

就"睡眠者效应"而言，它具有两面性。好的方面来说，商家可以合理地运用它来为自己增添财富，获取利益。坏的方面来说，睡眠者效应也会使错误信息、谣言等广为传播，从而影响权威信息占领舆论高地；心怀不轨的人也会利用它来操控无辜大众，给社会造成恶劣的影响。对于大众来说，随着网络的普及，信息的来源更加复杂，每天接收的信息也更加繁多。由于睡眠者效应会使我们的大脑对于这些信息发生主观上的变化，所以，在面对这些信息时，我们不能偏听偏信，断章取义，而是要保持怀疑的态度，对信息进行加工与筛选，学会用理性思维判断问题。

# 态度效应

## 一、名词释义

态度效应指以怎样的态度对待别人，别人就会以怎样的态度回应你。

## 二、发现背景

态度效应来源于心理学和动物学专家做过一个有趣的对比实验：在两间墙壁镶嵌着许多镜子的房间里，分别放进两只猩猩。一只猩猩性情温顺，它刚进到房间里，就高兴地看到镜子里面有许多"同伴"对自己的到来都报以友善的态度，于是它就很快地和这个新的"群体"打成一片，奔跑嬉戏，彼此和睦相处，关系十分融洽。直到三天后，当它被实验人员牵出房间时还恋恋不舍。另一只猩猩则性格暴烈，它从进入房间的那一刻起，就被镜子里面的"同类"那凶恶的态度激怒了，于是它就与这个新的"群体"进行无休止的追逐和争斗。三天后，它是被实验人员拖出房间的，因为这只性格暴烈的猩猩早已因气急败坏、心力交瘁而死亡。这种现象被心理学家称为"态度效应"。

## 三、生活应用

### （一）学校教育

在教学过程中，教师对学生的态度有着重要的影响，这种影响会直接体现在教学效果中。李老师刚刚被评选为优秀教师，在他的带领下，班级的成绩由原来的中等排名跃到年级前三。取得这样的进步除了同学们自身的努力外，与他对学生们的教导和态度也密切相关。刚开始上课的时候，他坚持严师出高徒的教育理念，面对学生们总是一副严肃的态度，对于成绩不理想的同学更是严厉批评，同学们都有点害怕他，在这样的教育方式下，学生的成绩不仅没有上升反而整体下降，尤其是他教的学科。后来，他开始尝试改变自己对学生的态度，不论课上课下，都以温和的态度教导学生，经常用微笑面对学生，对于成绩不理想的学生也不再严厉指责，而是耐心指导，帮助他们找到原因。同学们都很喜欢这样的老师，更愿意上他的课，每次课上都踊跃回答问题，成绩提升很快。教师的态度也决定着学生的态度，好的态度能够促进学生的成长，如果李老师没有改变他对学生的态度，学生对他的态度也会一直是抗拒与疏离。

### （二）婚恋家庭

父母是孩子的第一任老师，在很大程度上，家庭氛围会对孩子的成长产生影响，家庭氛围包括家长的性格、态度、为人处世等，成长中的孩子则像一块未经雕琢的玉，每一刀都会影响最终的成品。小红是一名初中生，本应该是最有活力和朝气的年纪，但她却经常表现出一副与年龄不符的愁眉苦脸、不开心的样子，还会因为一点小事就抱怨半天。一开始她的同桌和朋友还会劝她，希望她变得积极一点，但是也没有什么效果。现在她的这种状态已经影响到身边的人，尤其是她的同桌也开始变得态度消极，她觉得自己不能再和小红坐在一起了。后来老师了解到，原来是因为小红的妈妈经常向家里人抱怨，特别悲观，小红在妈妈的影响下，态度也逐渐改变，整个人都特别消极。可见，小红妈妈的态度影响了小红对事情的态度。在家庭中，父母就像是镜子，而父母的态度会成为孩子从镜子里看到的状态。如果父母心态积极，态度乐观，那么孩子自然也容易养成乐观的个性，以友好的态度看待生活。相反，如果父母经常以消极的态度看待生活，潜移默化下，孩子也会养成消极的态度。

### （三）人际交往

人与人的交往过程中，友好的态度非常重要。人际关系不好的原因是多方面的，其中交往时的态度是最为重要的原因之一。你以什么样的心态去面对你的朋友，会直接影响到你的交往结果。小明在班里是一个非常"高冷"的人，和同学相处态度都很冷淡，因为他觉得这样会显得自己与众不同，但他慢慢地发现，周围的同学每次出门都是成群结队，有说有笑，而自己却一直是一个人。于是他向老师请教该怎么应对这种情况，老师给他的建议是改变自己的心态，以真诚友好的态度和同学相处，多给予别人微笑。他开始尝试改变自己，主动和同学接触，发现同学们并不像之前以为的那样不喜欢自己，他和大家的关系也改善了很多。这一切正是因为他对别人的态度发生了改变，使得别人从心理上接受了他，以冷淡的态度和别人交往，别人肯定也不愿意理会他，相反，如果以友好的态度和别人交往，别人肯定也以友好的态度回应。

（四）单位工作

态度效应不仅反映在人际交往方面，也体现在工作中，我们怎样对待工作，就会收获怎样的成绩。一般来说，一个人对待工作的态度往往比工作本身更重要。例如，两个人同时进的同一家公司，同一个部门，可是在经历一段时间之后会做出不同的成绩。除了个人能力的原因，对待工作的态度也是导致不同结果的重要因素。一个热爱工作，认真负责、能吃苦耐劳并且善于学习，希望在工作中实现自我的人，这样的员工在任何一家公司，一个单位，都会得到上司的青睐，升职也只不过是时间的问题；但如果员工的工作态度消极，周一就开始期待周末，只把工作当作一件差事，做事消极被动，那么，即使是从事自己喜欢的工作，也无法持久地保持工作热情，工作效率也不会高，自然不会被领导看重。企业管理者可以学习应用"态度效应"，以良好的态度对待员工，给员工创造良好的工作环境，员工感受到公司对待他们的态度，就可以提高工作效率和工作积极性。

## 四、态度效应的启示

### 启示一：待人如待己

生活是一面镜子，你对它笑，它也会对你笑。别人也是一面镜子，你对他笑，他也会对你笑。自己对他人的态度，既影响到他人，也影响到自己。人与人相处时，友善的态度非常重要。如果我们真诚待人，就像对待自己一样，真心实意，没有半点虚情假意，就容易换来别人的真心相待，也容易获得别人的信任，别人也愿意与我们交往，与我们成为朋友。哪怕是对一个陌生人，只要你充满善意和友爱，对方也会被深深感动，我们以真诚、友善的态度对待他人时，大多数情况下，他人也会以相同的态度回应我们。

### 启示二：态度决定一切

态度决定着人际关系，决定着家庭教育的效果，决定着工作业绩，也决定着人生成败。态度决定一切，拥有对生活的良好态度非常重要。尤其是正在成长中的儿童价值观和态度还没有真正确立，在这个时候教师和父母的作用就非常重要，大人是一面镜子，他们的态度会成为孩子从镜子里看到的态度。如果父母和教师真诚地热爱和关心孩子，时时对他们报以友好、和蔼可亲的态度，他们的友善也会激发出孩子们的友善，以友好的态度回应教师和父母，以积极友好的态度面对生活。这样，当下社会中普遍存在的亲子冲突、师生冲突，以及单位领导与下属之间的冲突就可以有效化解了。

# 鲶鱼效应

## 一、名词释义

鲶鱼效应是指采用某种手段或措施，刺激一些企业或个人活跃起来，向积极的方向发展。

## 二、发现背景

挪威人爱吃沙丁鱼，尤其是活鱼。挪威人在海上捕得沙丁鱼后，如果能让它活着抵港，卖价就会比死鱼高好几倍。但是，由于沙丁鱼生性懒惰，不爱运动，返航的路途又很长，因此捕捞到的沙丁鱼往往一回到码头就死了，即使有些活的，也是奄奄一息。只有一位渔民的沙丁鱼总是活的，而且很生猛，所以他赚的钱也比别人的多。该渔民严守他成功的秘密，直到他死后，人们才打开他的鱼槽，发现只不过是多了一条鲶鱼。原来，鲶鱼以鱼为主要食物，它进入鱼槽后，由于环境陌生，就会四处游动。而沙丁鱼发现这一异己分子后，也会紧张起来，加速游动。如此一来，沙丁鱼便活着回到港口。这就是所谓的"鲶鱼效应"。运用这一效应，通过个体的"中途介入"，对群体起到竞争作用，它符合人才管理的运行机制。

## 三、生活应用

### （一）学校教育

学习常常被说成是一个人的战斗，战友是自己，敌人也是自己。但是一场战役如果永远只有自己是会倦怠的，所以在学校教育中也存在鲶鱼效应。比如说在班级中找一个平时成绩略好于自己的同学,将他看作自己的竞争对手,这样每次考试都会有一个具体的目标就是"超过自己的对手"。在这样的目标下,人会被激起斗志去挑战比自己更高层次的同学,相比于班级排名这种以上一次的自己为对手的方式,为自己寻找竞争对手就相当于在完成一场博弈,输给自己其实并不会引起太大的感触,但是输给他人会让自己产生一种被淘汰的危机感。因此,"鲶鱼效应"运用于学校教育中,就是教师要引导学生产生一定的竞争思维,这样才不会让自己处于安于现状的幻觉中以至于在不知不觉中已经开始退步。竞争意识可以督促自身及时发现自己目前所在的位置,从而作出针对性改变,但是这里的竞争指的是"良性竞争"而不是"恶性竞争",目的主要是为了激起学生相互竞争,共同进步的心态,而不是损害他人的利益。

### (二)婚恋家庭

人们常说,恋爱婚姻都是两个人的事情,不应有过多的他人参与其中。但是当一段感情陷入瓶颈期,执着于只靠双方解决问题便会使关系暂时停滞,不利于感情的继续发展。比如说小红和小明是一对处于暧昧期的男女,小红作为女孩子觉得告白这件事应该由男方提出,但是小明却对她的屡次暗示视而不见,两人依旧保持着朋友之上情侣未满的暧昧关系。事实上,小明这时候也在犹豫,他在衡量自己对小红的感情以及小红对自己的感情,也在等着小红开口。此时,若能运用"鲶鱼效应",比如小红可以暗示小明最近同事对自己大献殷勤,小明如果是真心喜欢小红,他便会产生危机感而表白,如果小明并不作反应其实也从侧面印证小明对小红的感情也不是很真诚,那小红也不必急于确定一段关系而是有机会多加审视双方是否真的合适。因此,在恋爱中,"鲶鱼效应"可以在恋爱的某一阶段的过渡期帮助自己甚至是对方更快地确定心意,而不是以得过且过的态度面对必须做出的选择。

### (三)人际交往

在人际交往中,也存在着"鲶鱼效应"。例如,刚升入大学的大部分女生,都还没有掌握好化妆这一门技术,她们也习惯了每天素面朝天的状态。但是到了大学,却是一个转折点。如果一个不会化妆的女生,和其他几位同样不会化妆的女生分在了一个宿舍，那他们不会化妆且不习惯化妆的这种情况可能会一直保持下去，每天保持天然状态。但是当她们面对其他打扮得漂漂亮亮、妆容精致的女生时，不免会产生羞涩甚至自卑的情绪。然而此时若出现"鲶鱼效应"，即群体中出现一位或者一位以上的喜欢去化妆打扮、勇于改变自己的人时，这一小群体中便出现了有关妆容的竞争关系，慢慢地，其他几位同学开始主动尝试和改变，逐渐掌握化妆技术，从而会关注自己的外貌妆容，让自己更加美丽动人，也因此在人际交往中变得更加自信起来。可见，在人际交往中，"鲶鱼效应"的存在可以很好地帮助群体里的个体改变原本的不良习惯，让自己向更好的方向发展，也有利于个体人际交往能力的提高。

### （四）单位工作

企业之间的竞争，有助于促进企业发展。单位中的个人也是一样，好的领导利用鲶鱼效应激励员工。比如说目前很多公司存在的人才引进制度，如果是稳定又没有晋升需求的岗位，员工便会对工作逐渐失去动力，对自己的任务敷衍了事足以交差。公司处理这种员工的方式其实应该从"鲶鱼效应"中获得灵感，比如引入新鲜力量也就是那条"鲶鱼"，让老员工产生危机。一旦自己工作落后就会面临调岗的风险，而这种调岗其实就是变相的裁员，于是老员工会在新员工和被淘汰的双重压力下不得不认真对待工作。在职场上，过度强调公司利益其实对于很多员工都是麻木的，但是一旦涉及个人利益，那么员工便会成为"渴望活命的沙丁鱼"，在这种情况下工作效率自然提高了，公司效益也会提高。

## 四、鲶鱼效应的启示

### 启示1：生于忧患，死于安乐

历史上有很多绝处逢生的例子，但也有很多沉溺享乐、安于现状而致满盘皆输的教训。越王勾践卧薪尝胆，在逆境中保持着顽强斗争的决心，最终一雪前耻；反观刘禅、秦二世、商纣王等无疑都在享乐中失败，他们就像"沙丁鱼"一样，缺乏竞争意识与危机感。当今社会，人才济济，无论我们身处何地，都应该时刻保持忧患意识，而不是一味地沉浸在自己的舒适圈内，这样最终会被他人超越甚至取代。同样地，危机意识也是企业生存的制胜法宝，无论是从企业内部管理，还是外部生存环境而言。企业应谨防内部运转体系的僵化与陈旧，这会让企业从根本上失去活力与竞争力。

### 启示2："鲶鱼效应"是把双刃剑

毫无疑问，新鲜血液的注入会让"鱼群"活跃起来，产生前进动力。"鲶鱼"往往是各方面都很优秀的人，他们的到来会让"鱼群"产生危机感与竞争意识。在学校教育和企业管理中，这可以促进学生和员工提升自身的能力以应对当前的"危机"，这样，"鲶鱼"的存在起到了推人奋进、激发斗志的积极作用。但同时如果使用不当，"鲶鱼"也会带来消极影响。在企业管理中，"鲶鱼"通常是空降过来的高端人才，在职位和能力上可能远胜于"鱼群"中的大部分人，一方面可能会使得员工产生过多的危机感，终日只担心自己是否被辞退而无法专心工作；另一方面，"鲶鱼"可能会使得一部分原本可以得到晋升的员工失去机会，这可能会导致他们失去工作的积极性。由此可见，"鲶鱼"可以搅动一潭"死水"，但也可能会给"鱼群"带来损伤。

# 比伦定律

## 一、名词释义

比伦定律是指你若不曾有过失败的时刻，那你就未曾勇于尝试各种应该把握的机会。

## 二、发现背景

比伦定律是由美国考皮尔公司前总裁比伦提出，他将"失败乃成功之母"总结为："失败也是一种机会"。如果一个人在生活或工作的一年里都没有失败过，其实意味着他也未曾敢于尝试各种应该把握的机会。可见，万象世界，成败相依。工作、生活中犯错与失败都不可怕，反而，这种失败有时候还是人通向成功的必经之路。这一定律后来被心理学家引申为：无论是谁，做什么工作，都是在尝试错误中学会进步，经历的错误越多，人越能进步，这是因为他能从中学到许多经验，积累一些教训，从而为更好地走向成功打下良好的基础。比伦定律辩证地认知"失败"，把失败看作是成功的前奏，失败也是一种机会。

## 三、生活应用

### （一）学校教育

爱迪生是大家耳熟能详的发明家，我们都知道他在前人成果的基础上改进灯泡的故事。他一共用了1600多种材料进行反复试验。最终在1879年发现用碳化棉线做灯丝，可以使灯泡持续工作45个小时。到1880年又发现碳化竹丝做灯丝，灯泡可以持续工作1200个小时。受人们敬仰的爱迪生，学业道路一波三折，没有一次放弃的他，最终能够拥有瞩目的成功。为了一项发明，不惜失败八千次，甚至不抱怨因实验失误烧着地板而被列车工作人员打破右耳鼓膜。有人问他是否觉得这样做浪费时间，是否因此感到沮丧时，他说："我为什么要沮丧呢？这八千次失败至少使我明白了这八千个实验是行不通的。"所以在爱迪生看来，之前的八千次只是证明那样做行不通，而最后行得通的路一定是在这个失败的基础上找到的。爱迪生的故事生动诠释了"失败是成功之母"这句话，也完美诠释了比伦定律。然而当前有很多学生明显缺乏抗挫能力，新闻经常报道有的学生因为成绩、恋爱、友情等各种原因选择走向极端，显然这类学生并不能理解"比伦定律"。因此在学校教育中，教师应当注重培养学生接受失败、勇敢面对失败的能力，要使学生明白失败是常有的事情，并不能决定一切，相反极有可能是成功的开始。

### （二）婚恋家庭

我们通过一个故事来体会一下婚姻中比伦定律的重要性。有一对前往婚姻殿堂的夫妻，他们是人们口中的金童玉女，双方都是各自生活圈中的佼佼者，似乎他们本身的一切都是美好的，加在一起一定是锦上添花，完美无缺，任何争吵或是犹疑，都不应该存在于他们身边。但是闪婚后在同一屋檐下共同经历柴米油盐之后，难免会有摩擦。每每意见不合，稍有拌嘴，都使他们背负巨大的压力，大呼"婚姻是爱情的坟墓"。难道真的如此吗？其实，这就是巨大的心理落差让他们从云端坠入凡间。婚前他们没有在共同的现实生活中经历不愉快的体验，这让他们对自己的婚姻产生了过高的期望值，而婚后的种种来自生活的摩擦便是他们内心焦虑、困惑、痛苦的来源。天下没有所谓完美的婚姻，更没有所谓完美的配偶。只有经过夫妻双方经历一些"不合适"的磨合、共同努力，才能最终达到相濡以沫、至臻和谐的幸福生活。所以，与其抱怨自己的婚姻不够完美，还如不多花点精力在每次有矛盾的时候及时总结，修正自己的不合理期待。

### （三）人际交往

身边有这样一种人，他们上学的时候不断更换玩伴，当别人问他怎么换了圈子时，他总是能说出上一个圈子的各种问题；早就过了谈婚论嫁的年龄，朋友们都找到了另一半，他的身边还在不断换人，理由依然是还没找到最合适的那一个；他和家人的相处也是冷战居多，一有观念上的碰撞就选择逃避，不沟通、不解决、不反思，生怕"有过失败的记载"，其实也就失去了"勇于尝试各种应该把握的机会"。一般来说，很少有人能幸运到一下子就融进一个圈子，很少有人能在年轻的时候一下子就找到适合自己的另一半，也很少有人和家人突破代沟使三观完全一致。但我们遇到这些碰撞的时候能否想到比伦定律呢？不去逃避、不加抱怨、多多反思，在这个过程中就能发现这个你觉得"错"的圈子有它"对"的一面，你觉得"错"的这个人有他"好"的一面，当问题暴露出来时，正是解决问题到达新阶段的好时机。

（四）单位工作

我们身边时常能看到这样的同事，他们三百六十五天日复一日地干着同样的事情，每当领导给他们布置一些新的工作任务时，总是想尽办法地拒绝推脱。即便有同事好心告诉他用更科学的方法行事，他依旧我行我素，按照自己固有的方法来。到了年底综评的时候，创新奖、改革奖、突破奖永远是与他无缘的。但他还略显"小聪明"地说："做了新任务也许能拿奖金，但也可能会出错而被扣奖金啊。像我这样多好，虽然没有奖金，但也没有被扣钱的机会！"显而易见，这位员工的想法、做法就是违背了比伦定律，是不可取的。正如行业圈子里流传着宝洁公司的这样一个规定：如果员工三个月没有犯错误，就会被视为不合格员工。对此，宝洁公司全球董事长白波先生的解释是：那说明他什么也没干。可见，明智的领导者，会实事求是地看待员工的业绩、态度等多方面，懂得员工"敢于尝试"比"不犯错误"的品质更难得。明智的员工也一样，不会只在年终总结时报喜不报忧，拿比伦定律一对照，懂得在总结的环节勇敢指出自己的错误并思考如何进步的人才是一名有上进心的员工。

## 四、比伦定律的启示

### 启示1：不要畏惧失败

比伦定律告诉我们，经历的错误越多，人进步的可能性越大。因为我们可以从失败中找到很多经验，实现失败向成功的跨越，所以我们不应该畏惧失败。相反，我们应该以积极的心态面对失败与错误，以勇敢的姿态面对挑战。只有这样，我们才能够拥有更大的舞台。俗话说"失败是成功之母"。历史上的很多伟人，正是因为他们正确面对失败，从失败中获取教训，然后踢开失败这块绊脚石，从而可以踏上成功的康庄大道。

**启示2：学会积极尝试**

比伦定律告诉我们，积极尝试很重要。不论是谁，无论从事什么工作，都应该以积极的心态面对，都应该学会在不断的尝试中成长。诚如桑代克的研究发现，尝试的结果可能是错误的，但也可能是正确的。一般来说，多次尝试之后，往往会找到正确的方式方法解决问题。因此，我们在生活、学习或者工作中，要勇于尝试，不怕犯错。只有这样，才能促进我们既快又好地发展。

# 刺猬效应

## 一、名词释义

刺猬效应是指刺猬在天冷时彼此靠拢取暖，但保持一定距离，以免相互刺伤的现象，亦称心理距离效应。

## 二、发现背景

"刺猬效应"源自西方的一则寓言，说的是在寒冷的冬天里，两只刺猬要相依取暖，一开始由于距离太近，各自的刺将对方刺得鲜血淋漓，后来他们调整了姿势，相互之间拉开了适当的距离，不但互相之间能够取暖，而且很好地保护了对方。后来用刺猬的拥抱距离比喻成人类交际中的"心理距离"。教育心理学家根据寓言总结出了教育心理学上著名的"刺猬效应"，即教育者与受教育者日常相处时只有保持适当的距离，才能取得良好的教育效果。

## 三、生活应用

### （一）学校教育

某班级有10名同学在高一高二学习期间，受到学校不同层级的处分：有因翻墙外出受处分，有因打架闹事受处分，有因吸烟受处分，有因早恋受处分。校领导与这10名同学谈话了解到，他们对班主任管理没有一点异议，对班主任称呼为"勇哥"，有时候他们和班主任走在一起，甚至单手搂住班主任脖子一同前行，关系可谓是亲密……信息了解到这里，校领导似乎明白了这个班为什么会出现这么多受处分的学生。教师关爱学生，了解学生，并取得学生的认可，这是正常的教育教学要求，但是教师如果把自己对学生的管理层级降低到与同学之间一个水平，与学生没有一点距离感，毫不遵守心理距离效应，那教师在学生面前的威严或神秘感就荡然无存了。当老师再去宣讲一项规定、一个守则、一则纪律时，学生会对此丧失敬畏心。因此，老师在学生面前需要树立威信，而不是落于俗套地"套近乎"，从而忽视了师生之间的"刺猬效应"。

### （二）婚恋家庭

电影《囧妈》中所描写的现实版的"亲子情"经过艺术处理，却还是那样亲切，不少网友惊呼："这不就是我妈和我的真实写照吗？"剧中的母亲控制欲太强。儿子不饿的时候，一个个往他嘴里塞小番茄；吃饭时哪怕只剩最后一块红烧肉，也要以吃多了不好为由进行阻止。于是，徐伊万带着报复心理，把小番茄一个个扔出了窗外，用争吵和大吼进行反抗。当妈妈再次说到渴望抱孙子时，两人的矛盾升级，徐伊万喊出了那句："不要你管！"，扎心却也无奈。影片中很有趣的一幕是，伊万朝妈妈大吼着："从现在开始，在这个火车上，你和我的距离不能小于10米"，慢慢地两人停止了争吵。《囧妈》里伊万和妈妈的"刺猬效应"安全距离，是他说的10米。从电影中回归到现实，多少孩子和家长，这两只"刺猬"，把对方扎疼了。科学研究表明，上一代人对子女的生活介入越深，子女的幸福感就越低。正如荣格所说，"父母对孩子最坏的影响，莫过于让孩子觉得他们没有自己的生活"。只有把握合适的度和距离，才是情感建立的最佳点。正如网上流传的一句话所说的那样，父母与成年孩子间的亲情，应该保持"一碗汤的距离"。说的是父母和孩子居住的距离恰好，煲一碗汤送过去刚好，不会凉，彼此之间沟通方便又尊重了对方的独立空间。这指的虽是空间上的距离，但心理上也一样，父母和孩子需要有边界感。亲子之间相处不能"手伸得太长，心靠得太近"，适当的距离才会使人愉悦。夫妻之间亦要注意"刺猬效应"，一定要给彼此一定的空间，不然婚姻中的两人也会因靠得太近而彼此受伤。

### （三）人际交往

心理学家做过一个实验，这个实验整整测试了80个人，结果都相同，在一个仅有两位实验者的空间里，任何一个人都无法忍受一个陌生人和自己坐得太靠近。美国著名人类学家爱德华霍博士划分了四种心理距离，每种距离分别对应不同的双方关系。其中日常人际交往最常见的有两种：一种是个人距离，这是在人际交往过程中稍微有分寸感的距离，在此距离内人们互相之间直接的身体接触不多，其范围是46到76厘米的距离，都是能够互相握手以及交谈的好友；一种是社交距离，其范围是1.2到2.1米的距离，人们在工作场合或社交聚会上通常都是保持这种距离，空间太近会招人反感，太远会忽略对方。可见，在人际交往中，让彼此舒服大于一切。适当的距离感会让彼此更加期待下一次的约会、见面，这就是"刺猬效应"产生的积极影响。

### （四）单位工作

企业管理心理学专家的研究认为：企业领导要搞好工作，应该与下属保持亲密关系，但这是"亲密有间"的关系。雾里看花，水中望月，往往给人"距离美"的感觉。一个原本很受下属敬佩的企业领导，后来由于与下属"亲密无间"地相处，他的缺点便显露无遗，结果不知不觉地使下属改变原有的看法，失去了领导原有的权威性，甚至会令下属失望和厌烦。特别要提醒的是，企业领导者不重视"刺猬效应"，与下属亲密无间相处，甚至称兄道弟、不分你我，这样会不利于工作的开展，管理者和员工都容易在工作中丧失原则。

## 四、刺猬效应的启示

### 启示1：距离能产生美

不论是亲情、友情，还是爱情，也需要保持一定的空间和时间距离。和谁走得过近了，接触的时间过久了，都会对双方造成一定的伤害。因为走得近了，接触的时间长了，就会发现彼此身上更多的缺点和矛盾，再加上频繁的接触，就会不自觉地放大这些缺点。距离产生新鲜感和神秘感，因此我们要善于利用这段时间和空间不断提升自己，与身边的人做到亲密有间、交往有度。

### 启示2：保持边界意识

心理学研究表明，青春期的孩子对于不请自来的关心和帮助往往会显得反感。其实无论是亲子之间、夫妻之间、还是同事之间，每个人首先都是一个独立的个体，其次才是某段关系的另一方，每个个体都是需要自己的空间的，对于那些过了界的关心和帮助就成了一种侵略"领地"的行为，对方不仅不会感激，反而会很讨厌。所以"刺猬效应"也给我们一个重要的启示，就是给身边的人一点空间，不要轻易地打扰他人，不要过分干涉他人的生活，哪怕是自己最亲的人，也要给予他们自由生长的土壤。

# 蝴蝶效应

## 一、名词释义

蝴蝶效应是指在一个动态系统中，初始条件的微小变化，将能带动整个系统长期且巨大的链式反应。

## 二、发现背景

1963年的一次试验中，美国麻省理工学院气象学家洛伦兹用计算机求解仿真地球大气的13个方程式，他发现对初始输入数据的小数点后第四位是否四舍五入，前后计算结果会相差十万八千里。由于误差会以指数形式增长，1972年美国科学发展学会第139次会议上，洛伦兹发表了题为"可预测性：巴西一只蝴蝶扇动翅膀，能否在得克萨斯州掀起一场龙卷风"的演讲。他说，一只南美洲亚马逊河流域热带雨林中的蝴蝶，偶尔扇动几下翅膀，可能在两周后在美国德克萨斯引起一场龙卷风。其原因在于：蝴蝶翅膀的运动，导致其身边的空气系统发生变化，并引起微弱气流的产生，而微弱气流的产生又会引起它四周空气或其他系统产生相应的变化，由此引起连锁反应，最终导致其他系统的极大变化。他认为，一个微小的初始条件变化可能导致一连串逐渐放大的改变，最终导致完全不同的结果。洛伦兹把这种现象戏称作"蝴蝶效应"。

## 三、生活应用

### （一）学校教育

中小学生正处于自我意识的形成期，自我评价能力还不健全，具有较强的向师性，可谓"亲其师，信其道，学其礼"。因此，老师写给学生的评语，犹如一面镜子，学生会深信不疑。一位教师在谈到评语时激动地提到一封学生来信，信中写道："我坐在大学宽敞明亮的教室里给您写信。还记得吗？您在我本子上批过一句话——'句子造得很精彩，希望你做人也精彩'，从那时起，我一直努力使自己精彩，尽管我的基础很差，没有考上重点高中，但是我没有放弃努力……"。这位老师深深地被这个学生的努力而感动了，同时也意识到自己鼓励的话语竟可以改变一个学生的命运。他没有想到自己很随意的一句赞扬，居然会产生如此巨大的影响力！"蝴蝶效应"告诉我们，教育无小事，教师无小节，课堂无戏言。教师的一言一行、一举一动，都可能会对学生产生至关重要的影响，甚至会影响学生一辈子。

### （二）婚恋家庭

在婚姻中，我们常常会遭受"蝴蝶效应"带来的困扰。比如男人犯下了一个小小的错误，而这种错误本可以被原谅的。可是女人却穷追不舍，打破砂锅问到底，最终把这件小事逐步地放大，消极情绪笼罩下的两人开始看对方任何举动都不顺眼，两个人误解、争吵，甚至离婚。所以在处理婚姻关系中，无关紧要的小事，不应该被放大，这考验的是夫妻双方的真正情感。"蝴蝶效应"不可怕，可怕的是人心。家庭中，家长也要关注孩子每一个微小变化，尤其是心理及行为变化。比如发现小孩子开始撒谎，一定要找到撒谎的真实原因，然后要及时加以引导，而不要认为孩子还小，长大了懂事了就好了，因为"蝴蝶效应"告诉我们，小孩子的这一不良习惯不及时得以纠正，会引起一系列的连锁反应，直至影响他长大成人。

### （三）人际交往

小李有晨跑的习惯，一天晨跑途中，一只野狗猛然咬住他的裤腿不放，小李好不容易才甩开狗，裤子却已坏了个洞。他继续跑步，却感觉很不爽，越想越生气。跑完步，回到家，他看到儿子居然赖在床上玩手机，就把气撒在儿子身上，训斥他赶快起床。同时，他也怪妻子太娇惯孩子。于是，儿子赌气没吃早餐，妻子生气地关上房门。小李摔门而出赶到公司，然而却发现自己的公文包没带，他赶紧回家去拿，结果路上撞到一位老太太，他不得不赔了一大笔损失费后才脱身。等小李拿到公文包赶到公司，已经迟到了一个多钟头，客户也因为等他时间太长，决定不再与公司合作，于是老板对他大发雷霆，罚他当月奖金。可见，今天小李的人际关系糟糕透了。究其原因，无疑是被狗咬这件小事"蝴蝶效应"般无限放大的结果，但是真正导致这些问题的并不是那条狗本身，而是小李处理事情的态度，如果他能控制情绪的话，也不会产生一系列的不良后果。

（四）单位工作

在单位，一个小小的举动引起的蝴蝶效应足以改变一个人的一生。例如，福特大学毕业时应聘一家汽车公司，在与其他学历比他高的人一同面试时，福特感到没有希望了。当他敲门走进董事长办公室时，发现门口地上有一张废纸，就顺手扔进了垃圾篓。董事长对这一切都看在眼里。福特刚说了一句话："我是来应聘的福特"，董事长就发出了邀请："福特先生，你已经被我们录用了"。从此以后，福特开始了他的辉煌之路，让福特汽车闻名全世界。仅仅是因为一个小小的举动，福特得到了老板的重用，生活也随之发生了翻天覆地的变化。因此，我们每个人在工作上多认真负责一点点，不放过工作上的细枝末节，可能就比其他人更胜一筹了。

## 四、蝴蝶效应的启示

### 启示1：抓细节，论成败

"蝴蝶效应"向我们揭示了细节的重要性，细节决定成败，万事的每一个环节就像机器上的螺丝钉，松了其中任何一颗都可能造成不良的后果。无论是学习、生活还是工作，都会有很多的细节。有的是重要的细节，有的目前看来是非重要的细节，但是随着时间推移，有的细节可能会对整个事件产生重要的影响，甚至是决定性的影响，所以不要小看细节，不要忽略细节，细节无小事，细节看人品，细节有时会决定成败。

### 启示2：善联系，思因果

"蝴蝶扇动翅膀最终引起了龙卷风"，这就是"蝴蝶效应"告诉我们的，世界是联系的，联系是普遍的，我们思考问题要善于把握联系的普遍性、多样性和条件性，要把握事物的前因后果。一个正向的行为或善良的举动可能会引发积极的轰动效应，但是一个不良的举措也可能导致不可挽回的结局，所以我们做任何事情都要用联系的观点看问题，不可"只见树木，不见森林。"

# 近因效应

## 一、名词释义

近因效应，也称为"新颖效应"，与"首因效应"相反，是指多种刺激连续出现时，后来出现的刺激物促使印象形成的心理效果。

## 二、发现背景

1957年，心理学家洛钦斯做了这样的实验，分别向两组被试者介绍一个人的性格特点。对甲组先介绍这个人的外倾特点，然后介绍内倾特点；对乙组则相反，先介绍内倾特点，后介绍外倾特点。最后考察这两组被试者留下的印象。结果与首因效应相同。洛钦斯把上述实验方式加以改变，在向两组被试者介绍完第一部分后，插入其他作业，如做一些数字演算、听历史故事之类不相干的事，之后再介绍第二部分。实验结果表明，两个组的被试者，都是第二部分的材料留下的印象深刻，"近因效应"明显。1964年，心理学家梅约和克劳克特的实验进一步证明，认知结构简单的人，容易出现近因效应。

## 三、生活应用

### （一）学校教育

在教育教学过程中，可以利用"近因效应"。比如，教师对学生说："学好这门课，该没有什么问题吧，尽管这门课比较难学。"换一种说法是："尽管这门课比较难，但你们总能学好的。"这两句话意思是一样的，只因语句排列的位置顺序不同，给学生的印象就完全不同。前者给学生留下消极的印象；后者则相反，给学生一种乐观积极的印象。学生在复习功课时同样可以利用好"近因效应"。假如你背了100个单词，最后背的20个往往比之前的单词记得更加牢固；如果你做10道数学题，那么末尾部分的题目肯定比先前的题目印象深刻。我们在学习中，经常为学了后面忘了前面而感到烦恼，根据"近因效应"，因为对时间距离更近的记忆材料，人的大脑记得更清楚；而对更往前的内容有所淡忘，所以在学习中经常复习前面的内容相当重要。

### （二）婚恋家庭

在婚姻关系中，往往一些鸡毛蒜皮的小事就会让两个人吵得不可开交，同时把之前的陈芝麻烂谷子的事情都翻出来，甚至闹到要离婚。在这种事情中"近因效应"有着非常大的影响，因为对于另一半的刻板影响大多停留在刚刚那个不满意的事情上，而之前对方所有的好，似乎都抛到九霄云外了。此时此刻，最好的解决办法，还是需要双方先冷静下来，找出刚刚冲突的出发点，然后再好好地沟通，分别想想对方曾经的好。"近因效应"提醒我们，在与家人相处的时候，尽量从一个历史的、发展的眼光来看待对方，多想想对方长时间来给自己带来的温暖与关爱，尽量不要被近期某一件负面的事情点燃情绪，这样才会比较客观和中立一些。对方也会更多地感觉到我们的善意，这样整体的家庭氛围才会更加和谐。

### （三）人际交往

多年不见的朋友，在自己的脑海中的印象最深的，其实就是临别时的情景；两个人本来相处的很好，甲对乙关怀备至，可是却因最近一次得罪了乙，就遭到乙的痛恨；某人犯了一个错误，人们便改变了对这个人的一贯看法。这些都是"近因效应"在人际交往中的体现。也就是说，"近因效应"容易引起"一着不慎，满盘皆输"的后果。利用"近因效应"，在和朋友交流时，如果一定要说消极的话，最好不要放到最后说。在最后留一个"光明的尾巴"，给人的感觉才比较好。因为最后的声音容易"余音绕梁"，给人更深的印象。一般来说，与熟人相处时，近因效应起着较大作用。

### （四）单位工作

最后的印象，往往是最强烈的，这在职场上非常重要。曾经有这样一个例子：面试过程中，主考官告诉考生可以走了，可当考生要离开考场时，主考官又叫住他，对他说，"你已回答了我们所提出的问题，评委觉得不怎么样，你对此怎么看？"其实，考官做出这么一种设置，是对毕业生的最后一考，想借此考察一下应聘者的心理素质和临场应变能力。如果这一道题回答得精彩，大可弥补此前面试中的缺憾；如果回答得不好，可能会由于这最后的关键性试题而使应聘者前功尽弃。因此，我们要学会利用首因效应，改变我们在领导或同事心目中的印象。

## 四、近因效应的启示

### 启示1：评价少点"近因化"

很多时候我们会因为一句话、一件事而推翻多年的和气，忽略了以往信息中的价值成分，从而不能全面、客观、完整、公正地看待问题。这说明因"近因效应"影响，我们有时会通过最后的印象去评价人或事，实际上这是不客观的，甚至会产生偏见。因此，我们在评判一个人在我们心目中的形象时，应该综合考虑这个人方方面面的表现，做全面、客观的评价，而不能受到"近因效应"的影响去片面地、盲目地评价他人。

### 启示2：生活多点"压轴戏"

我们知道，"压轴戏"是舞台表演安排在最后的、也是最精彩的节目，整个舞台的演出都会因这最后一刻的精彩而走向高潮，有画龙点睛的效果，能给人留下深刻的印象。人际交往也如此，在和认识了很久的老朋友、老熟人相处时，做到始终如一、体贴细腻、珍惜友谊、常怀感激，让对方每次想起上次的见面时都能回忆起较好的感觉，从而更好地保持彼此的友谊。

# 墨菲定律

## 一、名词释义

墨菲定律是指如果事情有变坏的可能，不管这种可能性有多小，它总会发生的现象。

## 二、发现背景

墨菲定律由爱德华·墨菲（Edward A. Murphy）提出，亦称墨菲法则、墨菲定理。爱德华·墨菲是美国爱德华兹空军基地的上尉工程师。1949年，他和他的上司斯塔普少校参加美国空军进行的MX981火箭减速超重实验。其中有一个实验项目是将16个火箭加速度计悬空装置在受试者上方，当时有两种方法可以将加速度计固定在支架上，而不可思议的是，竟然有人有条不紊地将16个加速度计全部装在错误的位置。于是墨菲作出了这一著名的论断，如果做某项工作有多种方法，而其中有一种方法将导致事故，那么一定有人会按这种方法去做。墨菲定律似乎总是在提醒我们：看似一件事好与坏几率相同的时候，事情往往会朝着糟糕的方向发生。

## 三、生活应用

### （一）学校教育

在教育中，我们经常会看到"墨菲定律"的影子。父母越是担心什么，孩子就越会发展成什么样子。例如，老师在考试发卷子时候大喊一句"不要填反了准考证和姓名"，这时往往会有学生举手："老师，我填反了！"其实，学生本可以静心填涂信息，一听到老师的声音，紧张感袭来，反倒填错。这就是"墨菲定律"在作祟。可见，老师以"不要"为开头的吩咐，是在给孩子潜意识里输入负性暗示。因此，家长和老师教育过程中要学会用正面、积极的语言去暗示自己和孩子。

（二）婚恋家庭

婚恋中的"墨菲定律"是，当你越在乎一个人的时候，你的得失心就会越重，越容易失误减分。简而言之，就是当你觉得得不到对方就一定得不到，当你害怕会失去对方就一定会失去。又如，丈夫出去和朋友聚餐，你坐在家里的沙发上总是猜想丈夫会不会借聚会之名去认识别的女性，待丈夫回来各种盘问之后常升级为争吵。如果这样的情况发生多了，到最后你所想象的"假象"往往会因为激怒对方而"真实"地、不偏不倚地发生在你面前，令人痛心。可见，婚姻中的种种不幸，很多时候是因为你忽视"墨菲定律"的缘故。

（三）人际交往

你有没有遇到过这样的情况，当你不想别人议论你的时候，偏偏别人一定会提到你，其实这是掉入了自我实现预言的怪圈，也就是"怕什么来什么"。那该如何应对呢？方法很简单，那就是：学着不要怕。如果你发现自己的自我效能感过低，也不要太担心。不过从现在开始要从失败中查找自己的原因，丢掉"墨菲定律"这个借口。学会问自己这个问题："别人为什么要议论到我？是我真的有问题吗？还是因某种误会？"和自己的对话只要够真实、够全面，循着答案自然就能破解怪圈走出来。如果是自身的问题，改之；如果是误会，解之。

（四）单位工作

"墨菲定律"并不是一种强调人为错误的概率性定律，而是阐述了一种偶然中的必然性。早上去公司，担心赶不上车，结果真没赶上，上班迟到了；下班回家前，担心天会下雨，结果遇到大雨回不了家。举个工作中的例子：车间的小王总担心一颗螺丝会松，每天看到就担心，越担心就越是要去看，时不时还用手去摸摸。某一天，那颗螺丝真的松了，导致了整条生产线的瘫痪。当车间主任问到他的时候，他只说："我的担心果然降临了。"而领导问他有无因为这种担心，而通过科学的手段去检查时，他摇了摇头。类似这样的担心就像是一个任意反弹的弹簧，肆意地搅乱我们的工作节奏，不如把担心换成行动力，为自己的工作带来效益、创造价值。

## 四、墨菲定律的启示

### 启示1：行动上要防微杜渐

"墨菲定律"是一种客观存在。要在企业管理、日常工作和生活中防范"墨菲定律"可能导致的恶性后果，必须从多方面因素入手预防。俗话说："千里之堤，溃于蚁穴"。如果在犯小错时不采取正确措施立即阻止，往往在现实中如"墨菲定律"预言的那样"小错酿成大祸"。

### 启示2：心态上要积极乐观

"墨菲定律"有暗示的成分，就像对一个人说"不要想沙滩上穿着比基尼的美女、不要想在健身房体型健硕的帅哥"，结果也许你满脑子都是美女帅哥。要打破"墨菲定律"的"诅咒"，就要有坚定的自信，稳定的心态，积极的心理暗示，以肯定式的语言做表述，对自卑感等负面情绪或不良念头采取零容忍策略，一旦察觉立即打消。即便遭遇挫折，也要有"尽人事听天命"的觉悟，充分发挥自身潜力勇敢应对，始终以正面、阳光的心态面对生活。

# 苏东坡效应

## 一、名词释义

苏东坡效应是指人们难以正确认识"自我"的一种心理现象。

## 二、发现背景

"横看成岭侧成峰，远近高低各不同。不识庐山真面目，只缘身在此山中。"这是苏东坡《题西林壁》中的诗句。后来心理学家认为，人们在认识"自我"的时候也会遇到苏东坡诗句中涉及的现象。那就是每个人都拥有"自我"，但是每个人对"自我"的认识都不是很清晰。社会心理学家将人们这种难以正确认识"自我"，或者像雾里看花一样，对"自我"只是有个模糊认识的心理现象，称之为"苏东坡效应"。

## 三、生活应用

### （一）学校教育

某班级第一次采用民主投票的方式选举班委，蝉联两届的学习委员小红是班主任选出来的，学习成绩好，平时对自己的要求也很高，但班主任发现她还有些不足，希望通过民主投票能让小红对自己有所认识和感悟。民主投票结果果然不出所料，只有30%的支持率。班主任召开了部分同学的座谈会，了解原因。有同学在会上表示，班干部除了在学习上要做他人的榜样，还要有服务意识，要能够团结同学，只有这样才能获得其他人的认可。一直担任班干的小红渐渐地产生了一种优越感，让她觉得自己很优秀，开始变得越来越自我，有时对同学爱理不理，更不要说帮助班上学习有困难的同学了。座谈会后，班主任找小红聊了很多，委婉地指出了她作为班干部的问题，告诉她管理要讲方式方法，要把自己的优势变为班级的优势。小红虚心地接受了班主任的意见，惭愧地低下了头，并及时调整了自己以往不正确的做法，还常常组织小组长开展座谈，听听大家对她的意见和建议，逐步走出了"苏东坡效应"的怪圈。学校教育中，老师应当警惕学生出现"苏东坡效应"，及时发现并指出学生存在的问题。

### （二）婚恋家庭

我们常说："人贵有自知之明"。事实上，真正能做到自知的人却寥寥无几。在婚介所，小李提出了自己的择偶要求："我要男方月薪过万，有房有车，还要给我100万的彩礼"。而小李自己家境一般，长相平平，只是一个企业的普通员工，收入仅有几千元。如今，部分未婚女陷入了拜金主义的怪圈，看到网上那些通过炫富秀恩爱的视频，就把自己代入进去，认为那就是自己需要的、适合自己的婚姻。试问姑娘：你的优越感从何而来？凭家境？家境比你优越的人有好多；凭长相？比你长得好看的人很多；凭学历？比你学历更高的人也有很多……婚姻需要考虑的是感情，仅用金钱做砝码是错误的。一个人缺乏自知之明是自身难以脱单的重要原因。婚恋中要避免陷入"苏东坡效应"的怪圈，就要正确认识自我，要有自知之明，这样才能拥有甜蜜的爱情和美满的婚姻。

### （三）人际交往

人际交往是人与人之间最基本的交往活动，良好的人际关系有助于促进个体形成健康的心理。大学生小王来自边远的农村，常因自己个矮、外貌平平、家庭条件拮据而感到自卑，不愿意与宿舍、班上同学一起吃饭、一起参加活动。但是他是班上的数学奇才，数学课上同学们遇到难题就喜欢找腼腆内向的小王。事实上，同学们更看中的是小王的特长，同学们打心眼里佩服、敬重小王，而他却陷入了"苏东坡效应"，缺乏自信，看不到自己的优点。"苏东坡效应"告诉我们，在人际交往的过程中，既要看到自己的特长，也要看到自己的不足。只有全面地认识自我，在人际交往中才足够自信。

### （四）单位工作

工作中，当你陷入"苏东坡效应"，因为过于高估（或低估）自己的能力，遭致失败、毫无进步的局面时，一定要运用科学的自我认知法，定期复盘，及时反思，多听取他人的意见和建议，积累经验，总结教训，调整方案，从而早日走向成功。惠普公司历史上首位女性CEO菲奥丽娜有思想，思考问题具有前瞻性，大家对她非常敬佩。但是她在惠普并没有干很久，最后也没有带动惠普真正的发展，辜负了大家的期望。究其原因，因为她前瞻的思想与团队的实际脱节，整个团队跟不上她的节奏，反而她成了一个"独战风车的堂吉诃德"。可见，在单位工作，不仅要有思想，还要考虑你的团队执行力，只有这样完美结合，才能让单位既好又快地发展。

## 四、苏东坡效应的启示

### 启示1：通过自我对话认识自己

每个人都有自身的劣势，若想彻底改变它们，提升自己的竞争力，唯有客观地认识自己，认清自己的优势，激发进取的信心，从而不断改变这些不良的现状。想要认识自己，就要与自己良好地对话。这种对话是在内心深处的拷问和反省，是自己思想斗争的根本形式。通过与自己对话分辨是非，从而不断完善自己。

### 启示2：通过别人评价认识自己

"不识庐山真面目，只缘身在此山中"，是北宋诗人苏东坡笔下的两句诗，诗中既包含了对人生的讨论，更是对自我认识的一种诠释。古往今来，人最难认清的是自己，就像身居山中，很难看到大山的真实面目。可见，认识自我并非单纯靠自己，有时候借助别人来认识自己，往往更为客观、公正。所以我们要善于听取别人的意见和建议，了解自己在他人心目中的印象，从而更好地认识自己，完善自己，成为更好的自己。

# 踢猫效应

## 一、名词释义

"踢猫效应"是指对弱于自己或者等级低于自己的对象发泄不满情绪而产生的连锁反应。

## 二、发现背景

不同于其他由心理学家通过科学实验得出的效应理论，"踢猫效应"的发现是在日常生活中逐渐显现出来并广为传播的。有一则广为流传的故事：某公司董事长看报看得太入迷以至忘了接待一位重要客户的时间，为了不迟到，他在公路上超速驾驶，结果被警察开了罚单，最后还是误了时间。这位老董愤怒之极，回到办公室时，他将销售经理叫到办公室训斥了一番。销售经理挨训之后，气急败坏地走出老董办公室，将秘书叫到自己的办公室并对他挑剔一番。秘书无缘无故被人挑剔，自然是一肚子气，就故意找接线员的茬。接线员无可奈何垂头丧气地回到家，对着自己的儿子大发雷霆。儿子莫名其妙地被父亲痛斥之后，也很恼火，便将自己家里的猫狠狠地踢了一脚……，这就是心理学上著名的"踢猫效应"。

## 三、生活应用

### （一）学校教育

据陕西《都市快报》报道，西安市长安区某小学，刚上一年级的6岁孩子洋洋（化名），有一段时间经常被班主任老师揪耳朵、掐脖子、扇巴掌……洋洋说："有时我就坐那没动，老师就过来打我、掐我！"仅在家长提供给记者的4段短短的视频上，那位老师前后就对洋洋动手11次，有明显揪耳朵、掐脖子、扇巴掌的举动，这使得6岁的洋洋不敢再踏进校门，不愿再上学。从班级群的聊天记录来看，该教师在10月29日以压力大、身体不适为由，一度暂停班级事务的管理工作，之后又恢复了正常。老师打孩子，每次的具体原因我们不得而知，但是，综合"老师压力大"和"孩子坐在那没动也挨打"的情况来看，老师打孩子如此频繁，且无缘无故，一定与教师的情绪有关。不难推测，该教师打孩子是一种"踢猫效应"的情绪宣泄。要避免"踢猫效应"的产生，就要学会尊重弱小，学会控制自己的情绪，善于调节自己的不良行为，切不可让无辜者成为自己的发泄对象。

### （二）婚恋家庭

"进门前，请脱去烦恼；回家时，带快乐回来。"一位家庭主妇在她的房门上挂了这么一块木牌。在她的家中一团和气，男主人谦和温柔，孩子大方有礼，一种温馨、和谐的气氛满满地充盈着整个家庭。当问起那块木牌，女主人笑笑，解释说："有一次我在电梯镜子里看到一张充满疲惫的脸、一副紧锁的眉头、忧愁的眼睛，把我自己吓了一大跳。于是，我开始想，孩子、丈夫看到这副愁眉苦脸时，会有什么感觉呢？假如我对面也是这副面孔，又会有什么反应呢？接着我想到孩子在餐桌上的沉默、丈夫的冷淡，这些在我原来认为是他们不对的事实背后，隐藏的真正原因竟是我！当晚我便和丈夫长谈，第二天就写了一块木牌钉在门上提醒自己。结果，被提醒的不只是我自己，而是一家人……"主妇不经意间的一句平白朴实的话，让这个家庭又焕发出生机。因此，我们一定不能让负面情绪在家里无限制地蔓延，不能让"踢猫效应"成为幸福家庭的绊脚石。

### （三）人际交往

顾客指着面前的杯子，对服务员大声喊道："你过来，你看看，你们的牛奶是坏的，把我的一杯红茶都糟蹋了！"服务员一边赔着不是一边说："真对不起！我立刻给您换一杯。"新红茶很快就准备好了，碟边放着新鲜的柠檬和牛奶。服务员再把这些轻轻放在顾客面前，又轻声地说："我能不能建议您，如果放柠檬，就不要加牛奶，因为有时候柠檬酸会造成牛奶结块。"顾客的脸一下子红了，匆匆喝完茶就走了。在旁边的一个顾客看到这一场景，笑问服务员："明明是他的错，你为什么不直说呢？"服务员笑着说："正因为他粗鲁，所以要用婉转的方法去对待，正因为道理一说就明白，所以用不着大声！理不直的人，常用气壮来压人。理直的人，却用和气来交朋友！"

生活中，每个人都是"踢猫效应"长长链条上的一个环节，遇到低自己一等地位的人，都有将愤怒转移出去的倾向。当一个人沉溺于负面或不快乐的事情时，就会同时接收到负面和不快乐的事。当他把怒气转移给别人时，就是把焦点放在不如意的事情上，久而久之，就会形成恶性循环。好心情也一样，所以，为什么不将自己的好心情随金字塔延续下去呢？

**（四）单位工作**

在工作中，每个人也都是"踢猫效应"长长链条上的一个环节。有些员工受到批评后，往往不是冷静下来想原因，而是将负面情绪传递下去，千方百计想找周围人发泄心中的怨气。但这不仅于事无补，反而容易激发更大的矛盾。这样只会将原本只存在于自己身上的负面情绪，传递给了周围的同事，不仅影响工作效率，也会给同事和老板留下脾气大的坏印象。因此，在工作中，我们要避免"踢猫效应"的悲剧重演。这需要我们在工作中学会冷静地面对不顺心的事情，学会排解自己的情绪，同时充分考虑自己在"踢猫"后会产生的后果。

# 四、踢猫效应的启示

## 启示1：冷静慎重，思虑再三

面对生活中的压力，难免会出现情绪失控的时候。但是单纯的情绪发泄，不但不能解决问题，反而会带来让我们无法承担的后果。因此，在面对不顺心的事情时，我们要避免成为"踢猫效应"的始作俑者或参与者，在发泄情绪前仔细思考如果我这样做会带来什么样的后果、他人是否因为我的行为受到伤害、我能否承担这样的后果……因此，避免"踢猫效应"的产生需要我们在消极情绪前保持冷静，在发泄行为前保持慎重，一定要预设自己的行为后果，这样或许可以避免"踢猫"的产生。

### 启示2：管理情绪，避免迁移

日常生活中学会情绪管理非常重要，每个人的情绪管理能力不是与生俱来的，情绪就像认知知识一样，需要学习。因此，我们需要主动地了解情绪，学会面对、化解消极情绪，切实提高自己的情绪管理能力，避免负面情绪的传递。而"踢猫效应"是一种典型的消极情绪的迁移，愤怒的人将这种怒气宣泄到不相干的人身上，使人无辜受到牵连。但是，这种发泄是没有积极意义的，实质上就是一种"转嫁"情绪的做法。为了避免负性情绪迁移，有了不好的情绪，我们可以通过健康的渠道去合理宣泄，诸如运动、睡觉、听音乐、赏花草、观山水等都是不错的选择！

# 天花板效应

## 一、名词释义

"天花板效应"指的是设置一种无形的、人为的困难，以阻碍某些有资格的人在组织中进一步上升的现象。

## 二、发现背景

"天花板效应"是莫里森及其团队在《打破天花板效应：女生能够进入美国大企业的高层吗？》一文中首次提出。一年后，玛里琳·戴维森和加里·库珀在他们的《打碎天花板效应》一书中同样讨论了这个问题，也就是指女性或少数族群想顺着职业发展阶梯慢慢往上攀升，当快要接近顶端时，自然而然地会感觉到一层看不见的障碍，这种障碍并不是因为她们自身造成的，而是来自外在的限制，所以她们的职位往往只能爬到某一阶段就不可能再继续往上了，这就是所谓的"天花板效应"。

## 三、生活应用

### （一）学校教育

如何让学生突破思维的"天花板效应"呢？有老师指出，应该在一个问题解决后，启发学生再想一想，看有没有更好的答题思路，或者换一种问法时该如何作答，而不是浅尝辄止。当那层"天花板"被打破时，学生就会发现原来知识天地竟别有一番洞天。再往前一步，就是让学生不但知其然，还要知其所以然。通俗地讲，不仅会解决问题，还要知道为什么这样能解决问题，更要知道怎么想到是这样来解决问题的。因此，作为老师，要善于打破"天花板效应"的壁垒，及时引导学生，启发学生"再进一步"，从而迎来学习的新天地。

### （二）婚恋家庭

"七年之痒"是中年人婚姻中"天花板效应"的真实写照。七年后，过了激情满溢的阶段，两个人拉着手就像自己的左手拉右手。一段浓烈炙热的感情似一现的昙花，更像一首悠扬婉转的乐曲，升到一个最高音符后，戛然而止。事实上，你既然享受了多巴胺带给自己的兴奋，同时也要承受住多巴胺给自己带来的迷惑。"路遥知马力，日久见人心"，婚姻中"天花板效应"的确存在，那就让我们多想想对方的好，通过有仪式感的生活、通过制造生活的新浪漫等途径再度激起生活的美妙浪花，让情感的升华冲破婚姻的"天花板"，迎来一个更为妙曼的春天。

### （三）人际交往

随着年纪的增长，我们把更多的心思放在了工作、家庭上，和老朋友联系越来越少，那是不是意味着友情的浓度触及到了"天花板"的上限值呢？其实，这取决于我们有没有把友人放在心底。要知道，人生中能够遇上真正的知心朋友，是一生之大幸。而真正的朋友之间，交心交底，平时可能都不经常联系，甚至很长时间也见不上一面，但是，若一方遇到困难，另一方知道了，就一定会毫不犹豫地冲过去为朋友排忧解难。只有这样的友情，才是人性的闪光，能让人领略到了人世间真情的温暖和珍贵，是人生道路上难得的财富。这样的朋友，是手足和两翼，甚至会让人绝处逢生。这时候，哪怕平日里联系不多，非但不是到了友情的"天花板"，而是冲破了那个限制，让友情得到了进一步的升华。

### （四）单位工作

不少企业的老总会在管理中受到"天花板效应"的困扰而不知所措，企业的管理好像"休眠一样"停滞不前。同样，作为员工，你需要静下心来判断并了解你的"天花板"和"短板"。正如曾被誉为"第一女CEO"的卡莉·菲奥莉娜说过："你必须有这样的信心，你可以做出贡献，做出不同的事情。有人说你做不了这个事情，你不要太在意。只要你内心知道你要做什么事情，就去做吧"。天天光想着、盼着、念着要突破是没用的，要延长企业的寿命，必须着手去做变革与创新之事，让企业的大动脉时刻流淌新鲜的血液，这样"天花板效应"就制约不了你前进的脚步。

## 四、天花板效应的启示

### 启示1：提升自我，勇于突破

我们每个人都有自身的优势，也有自己的短板，要想晋升到自己满意的职位，一定存在很多的困难和挫折。但是，我们要勇于打破自己领域的"天花板"，要打开思路、找寻方法，不断提升自己的专业技能；要克服自己的短板，有目的地积累升职所需的经验，并多请教、多尝试、多实践。机会都是属于有准备的人的，更是属于勇于突破的人。

### 启示2：替换"天花板"，追求新高度

天花板有多高，我们就能发展多远。当你有不同的想法和看待事物的见解时，要勇于表达。因为与众不同的思维方式和见解也许就会成为一个新颖的创意，一个全新的技术，一个与众不同的产品……从而打破传统的壁垒，创造并突破一个又一个新的"天花板"。因此，当遇到"天花板"障碍时，我们要勇于替换"天花板"，让自己的发展达到一个新高度。

# 异性效应

## 一、名词释义

异性效应是指在个体间关系中，异性接触会产生一种特殊的吸引力和激发力，对学习、工作等活动通常起积极影响的现象。

## 二、发现背景

美国科学家曾发现一个有趣的现象：在太空飞行中，60.6%的宇航员会出现头痛、失眠、恶心、情绪低落等症状。经心理学家分析，这是因为宇宙飞船上都是清一色的男性。之后，有关部门采纳了心理学家的建议，在执行太空任务时挑选一位女性加入。结果，宇航员先前的不适症状消失了，还大大提高了工作效率。这是由于当有异性参与工作时，异性间心理接近的需要得到了满足，因而会获得不同程度的愉悦感，并激发起内在的积极性和创造力。这便是典型的"男女搭配，干活不累"的"异性效应"在起作用。

## 三、生活应用

### （一）学校教育

学校教育中的"异性效应"可以激发男女同学的无限潜力。体育课上，男生们在进行跳高测试，有6名男生被挡在了及格线之外，同学和老师的鼓励没有使他们再次树立起信心，他们表示放弃。体育老师灵机一动，说让他们先稍作休息，自己则跑到操场的另一边，将正在打排球的几个女生带了过来。在这些异性同学的注视下，体育老师对那6名男生说："你们每个人还有一次机会，跳不跳？"令人惊讶的是，刚才还垂头丧气的他们，这会儿已经开始摩拳擦掌跃跃欲试了。更令人惊讶的是，他们6个人中竟然有5个人一跃而过，另一个人还向老师申请了再跳的机会。结果，这堂课最终取得了圆满的成绩，这就是异性起到的神奇效果。男生和女生在一起活动、竞技等，参加者一般都会感到愉快、动力十足，效果也会更精彩、出色。这位体育老师的做法就是充分利用了"异性效应"来帮助学生提高成绩。可见，为了学生的大好前程，可不要把异性同学的合理互动视为"洪水猛兽"，要善于运用它，来提升学生各方面的水平。

### （二）婚恋家庭

在婚姻生活中，要尽量利用好"异性效应"，要充分发挥异性相吸、异性互补等原理处理好两个人之间的关系，分工合作，相濡以沫，以浓厚的感情来提升婚恋家庭的生活质量，从而创造美好的生活空间和辉煌的生活前景。钱钟书与杨绛或许是"异性效应"最好的例子之一，两人的结合带来了文学上的巨大成就。杨绛在《记钱锺书与<围城>》中，记录了一段故事，两人同看杨绛编写的话剧上演，回家后钱钟书说："我想写一部长篇小说"。杨绛大为高兴，催钱钟书快写。那时，钱老正抽空写短篇小说，若再写长篇担心要花很长时间。杨绛则表示不要紧，建议钱钟书减少授课的时间。两人的生活虽然不富裕，但还可以更省俭。杨绛把女佣的工作兼任了，诸如劈柴、生火、烧饭、洗衣等等，由于杨绛是外行，经常给烟煤染成花脸，或熏得满眼是泪，或给滚油烫出泡来，或切破手指等等。正是杨绛的巨大付出与督促，钱老省出时间来，得以锱铢积累地写完《围城》。

### （三）人际交往

一群同事去公园野餐。开始时异性分开活动，男同志一起个个狼吞虎咽，毫无顾忌；女同志则嬉笑吵闹、杯盘狼藉。有人提出男女合席，这下情况忽然发生了改变：男生勇挑重担，积极跑腿，女生勤劳贤惠，做事认真；男生文质彬彬，礼让为先；女生细嚼慢咽，温文尔雅。野餐活动进行得有说、有笑；有情、有义；有趣、有味。男女同事都表示十分满意。因此，在人际交往中"异性效应"同样存在。和异性在一起时，会在彼此之间产生一种内在的无形约束力，使双方均感到应注意自己的言行，约束自己不合理或不完善的行为。男性们往往会激励自己，要求自己做到谈吐举止文明礼貌、整洁大方，会展示自己豁达的胸怀和男子汉的气质，在一些小事上愿意向女性做出让步，给女性以帮助。而女士则常常表现出温文尔雅、待人温和、贤淑大方、颇有修养的一面。

### （四）单位工作

在单位工作中，同样表现出异性效应。例如，当男营业员接待女顾客时，一定会更加热情。所以在男性占比大的商业上，商业谈判一般由女性出面，比较容易成功，所以很多部门的公关经理都由女性担任。一般来说，在公司中，女性员工的比例最好不要小于20%，这都是异性效应的结果。因此，在公司里，当和异性同事一起工作时，能够在很大程度上提高工作效率，员工们都会因为有异性的存在而更加想要展示自己的才能。工作中我们更要利用"异性效应"，激发员工更加积极努力，充满动力和活力，从而提高工作效率。

## 四、异性效应的启示

### 启示1：利用"异性效应"，取长补短

俗话说"男女搭配，干活不累"，男女之间相互交往，相互吸引，往往易于发现对方的长处和自己的不足，以利于相互学习、取长补短，丰富完善自己的个性。男性在思维方法上偏重抽象化，概括能力较强。女性在思维方法上多倾向于形象化，观察细致，富有想象力。男女在一起共事可以相互启发，使思路更加宽阔，思维更加活跃，思想观点相互碰撞，往往更能触发智慧的火花。

### 启示2：利用"异性效应"，提升自我

男女在评价对方的同时，会注意规范自己、塑造自己、完善自己，从而使自我评价的能力得到提高。由于"异性效应"，男女都希望引起异性的关注，都希望能以自己的某些特点或特长受到异性的青睐。这种相互激励就成为男女自身发展的动力。所以无论是工作、学习还是生活中，我们要学会在异性那里发现自己的不足，从而纠正不足，做更好的自己。

# 晕轮效应

## 一、名词释义

晕轮效应，又称光环效应等，是指在人际知觉中所形成的以偏概全的主观印象。

## 二、发现背景

晕轮效应是由测量心理学大师爱德华·桑戴克于1920年提出，并通过研究证实。1915年，桑戴克对两家大型工业企业的员工进行了研究。他发现这里员工对于某一个人的不同特质（如智力、勤劳、技能、可靠性等）的评价之间的相关度非常地均匀并且非常高，这远远超出了正常水平。为什么会出现这样的情况呢？这种情况只是发生在这两家企业里还是普遍存在？桑戴克用心理测量的方法，让军队主管评价他们下属军官的智力、体能、领导能力和性格，以此来验证这种偏差的恒常性。"晕轮效应"告诉我们：如果认知对象被标明是"好"的，他就会被"好"的光圈笼罩着，并被赋予一切好的品质，反之亦然。

## 三、生活应用

### （一）学校教育

教师在判断一个学生的时候也常受到"晕轮效应"的影响，表现最明显的就是"以成绩取人"。比如一个学生成绩很好，那么教师会对其青睐有加，自然而然地认为他是一个"好孩子"，具有勤奋刻苦，一丝不苟，认真踏实等品质，进而认为他品质优良，能力也强，道德高尚。而对于在这些学生身上看到的一些缺点就常常弱化了甚至被忽视了；而对于成绩较差的学生，教师也倾向于判断他是懒惰、贪玩、不专心，甚至于武断地认为他待人无礼、不求上进等等。在看到他们的某些缺点后常常容易把它放大，抓住不放。这也就解释了为什么在评选"道德标兵"等关乎人品而非成绩的奖项时，有些教师还是倾向于把大部分名额留给成绩好的学生。在教师的上述做法对所有学生都是不公平的，尤其对学困生来说是极大的伤害，所以教育中，教师要避免因"晕轮效应"造成的错误判断。

### （二）婚恋家庭

俄国著名的大文豪普希金狂热地爱上了被称为"莫斯科第一美人"的娜坦丽，并且和她结了婚。娜坦丽容貌惊人，但与普希金志不同道不合。当普希金每次把写好的诗读给她听时，她总是捂着耳朵说："不要听！不要听！"相反，她总是要普希金陪她游乐，出席一些豪华的晚会、舞会，普希金为此丢下创作，弄得债台高筑，最后还为她决斗而死，使一颗文学巨星过早地陨落。在普希金看来，一个漂亮的女人也必然有非凡的智慧和高贵的品格，然而事实并非如此，这就是"晕轮效应"导致的。因此，我们在选择伴侣的时候要学会跳出"晕轮效应"的怪圈，避免以貌取人，要客观、全面地去了解对方的品质和三观。

### （三）人际交往

我们第一次与一个人交往，如果他长得眉清目秀，衣冠整洁，举止彬彬有礼，我们就会对他产生一个好印象，并给予他积极、肯定的评价，认为他有教养、有才能，工作一定不错，并可能认为他前程似锦；相反，如果这个年轻人衣帽不整，讲话吞吞吐吐，我们就会对他产生不好的印象，会给予他消极、否定的评价，认为他知识浅薄，缺乏才干，甚至认为他是一个不可信赖的人，将来也不会有什么作为。这就是人际交往中常见的"晕轮效应"。因此，在与人相处时，应全面、客观地评价他人，不能仅凭一点就去给他人下定义，这样可能会使我们错失结交真心朋友的良机。

### （四）单位工作

阿迪达斯这个品牌走向世界的契机是1936年的奥运会。这一年，公司创始人突发奇想，制作了一双带钉子的短跑运动鞋。怎样使这种样式特别的鞋能卖个好价钱呢？为此，阿迪颇费了一番脑筋。他听到一个消息：美国短跑名将Owens最有希望夺冠，于是他把钉子鞋无偿地送给Owens试穿，结果不出所料，Owens在那届运动会上四次夺得金牌。当所有的新闻媒体、亿万观众争睹明星风采时，那双造型独特的运动鞋自然也特别引人注目。奥运会结束后，由阿迪独家经营的这种定名为"阿迪达斯"的新型运动鞋便开始畅销世界，成为短跑运动员的必备之物。这种明星代言商品，也是一种"晕轮效应"，目前在商业广告中已随处可见。

## 四、晕轮效应的启示

### 启示1：全面客观审视，避免以己度人

人们常说："情人眼里出西施""爱屋及乌""一好百好""一俊遮百丑"，就是典型的"晕轮效应"，它是先入为主、凭第一印象一锤定音的结果。这是一种明显的从已知推及未知，由片面看全面的认知现象，往往会歪曲一个人的形象，导致不正确、不客观的评价。我们在人际交往中要相信人人都有优点和缺点，在交往中多了解对方，避免以偏概全。尤其是在人才选拔、任用和考评过程中应谨防这种倾向发生，要避免"投射倾向""刻板印象""以貌取人"或仅凭"第一印象"评价他人。

### 启示2：克服晕轮效应，避免循环证实

心理学研究证明，一个人对他人的偏见，常会得到自动的"证实"。比如，你对某人存有怀疑之心，时间一长，自然会为人所察觉，对方必然会产生离心和戒心。而对方这种情绪的流露，又反过来会使你深信自己当初对他的看法是正确的。这就是心理学中的角色互动和双向反馈。由于一方感情的偏失，导致对方的偏失，反过来又加强了一方偏失的程度。如此循环证实，势必陷入越来越深的偏见中去，走进"晕轮效应"的迷宫迷而忘返。这就提醒我们，当你对某个人怀有成见的时候，应当首先理智地检讨一下自己的态度和行为，是否受到"晕轮效应"影响，如果是，一定要纠正不合理认知，以事实为依据，客观评价，自觉走出"晕轮效应"的迷宫。

# 敲警钟效应

## 一、名词释义

在说服过程中，信息可以通过引发人们的恐惧情绪起作用，称为"敲警钟效应"或"唤起恐惧效应"。

## 二、发现背景

心理学家贾尼斯等人在20世纪50年代初期进行的一次实验表明，引起不同程度恐惧的材料最终的效果是不一样的。在这次实验中，讲授者以注意口腔卫生、养成刷牙习惯为内容，在劝说中设计了重度、中度、轻度三种引起恐惧的材料。在重度恐惧材料中，主持人不仅极力强调牙病的痛苦和对身体的危害，出示了齿槽溃烂的彩色图片，并强烈暗示"如不刷牙，你也会变成这样"；在中度恐惧材料中，除较平淡地陈述事实外，使用了黑白图片；而在轻度恐惧材料中，则使用了轻微牙病的X光片。结果是反常识的——轻度恐惧组的被试行为改变度远远超过高、中两个恐惧组的被试。后来，罗杰斯和梅伯恩提出，恐惧唤起是否有效地产生态度改变，取决于三个因素之间的相互作用。这三因素是事件的有害性、事情发生的可能性、处理的有效性。只有在让人们意识到威胁的严重性、可能性的同时，告诉他们一个解决的方法，那么唤起恐惧心理的信息才会更加有效。

## 三、生活应用

### （一）学校教育

对于学生学习行为的规范亦是如此，老师和家长应该利用实际的且有可能发生的不良结果来发挥"敲警钟效应"。例如，对于一个平时学习成绩稳定在一本线左右的高中学生，老师和家长应该强调不够积极主动的学习态度一方面会错失绝佳的证明自己的机会，另一方面会错失未来与更优秀的人一起学习和生活的机会。同时，创造机会参观其理想中的学府，共同探讨未来的职业规划和人生目标，同时给予适合他的提分路径和学习方法，而不是单纯性恐吓提醒，且不给予任何建设性意见，比如考不上大学人生就没有意义、学习是成功的唯一路径等违背现代教育观和成才观的说法。"敲警钟效应"在学校教育中的运用需要教师把握一定的"度"，避免出现使用过度使学生产生负面情绪的现象。

### （二）婚恋家庭

要转化伴侣的身上一些不喜欢的行为习惯，我们可以利用"敲警钟效应"进行一定程度的修正。例如，恋爱期的双方，一方如果经常"断联"，另一方也可以来一次时间不长的"失踪"，让伴侣知道"断联"对于你的伤害和对你们关系所造成的不可忽视的危害，并一起商量出合适的联系方式与时间。长久爱恋本身就是对于人性的挑战，适当唤醒失去爱人的恐惧，使伴侣平静、反思自己。在成功的婚姻中爱情、物质固然重要，而适当、有效的心理学技巧，更是恋爱和婚姻中的黏合剂，使爱情更加坚固、忠诚。但是，"敲警钟效应"并不是婚恋关系中解决问题的首选，不少问题还是可以通过充满温情的沟通来解决的，所以我们还是要优先使用"好心情效应"。

### （三）人际交往

有个段子，小伙子给老人让座，老人问："小伙子多大了，结婚没？"

小伙子答道："27了，还没结婚呢。"

老人讽刺道："唉，27了哟，我儿子早换保时捷了，你还在一个人挤地铁，真可怜。"

小伙子反讽道："我爸早开上他儿子给买的车了，您都这么一把年纪了还要挤地铁，碰上心善的年轻人还能有人让个座，碰不到不得一路站着？真可怜。"

老人不再说话，周围人一笑而过。

人际交往的边界与原则因人而异，当感觉自己的边界与原则被对方有意无意地打破时，我们要学会利用"敲警钟效应"来维护自己。我们要学会善意地提醒他人"此路不通"，让他们绕道行驶，过程中处理得当，反而会被别人欣赏和钦佩。人际交往中，当你以合理的方式表达出自己的不同意见时，大多数人都会尊重你的边界与原则。

### （四）单位工作

具备一定规模的企业在工作考核上都有一套严格的奖惩机制，惩罚不是目的，修正员工行为才是目的，本质上依旧是"敲警钟效应"。希望利用惩罚让员工意识到其行为对于公司和个人的危害，减少有害行为。例如，外卖行业刚刚在国内兴起时，外卖员供不应求，送餐准时度难以保证，送餐态度恶劣，客户投诉很多。通过罚款的惩罚方式常常引发集体罢工，导致平台运营困难。为了解决高投诉的问题，外卖平台不罚钱，而是停止外卖员接单，处罚写检讨。大多数外卖员写检讨还是很费时间的，而时间又和他们的工资息息相关，于是外卖员的工作态度逐渐产生了变化。这种惩罚方式变化引起的结果改善，揭示了行为的有害性和危害发生的可能性，能够规范员工行为。由此可见，"警钟"的设置需要管理者慎重考虑，要结合实际情况，既不可惩罚过重，也不可轻轻放过，这样不仅达不到"敲警钟"的实际效果，反而会适得其反。

## 四、敲警钟效应的启示

### 启示1：生活需要适度恐惧

当恐惧被唤起后，因为警觉和害怕，人的本性会让其作出避免所恐惧的事情发生的反应。自身的恐惧使其态度、行为朝着避免恐惧的方向发生改变，从而达到自身想要的结果。大部分情况下，引起恐惧心理的严重程度与是否进行态度改变之间呈"倒U型"关系，即中等强度的恐惧心理最能引起态度改变，太低或太高都不能引起很好的态度改变。太低不会引起人们注意，太高会使人觉得不可信。

**启示2：面对严重恐惧，需要指明出路**

事件严重的危害性和发生的极大可能性有时会同时并存，这时给出有效的应对措施就极其重要。例如，艾滋病对健康危害严重，某些不健康的行为后感染可能性极大，因此广泛宣传防范措施让艾滋病得到了控制。当人们害怕的事情可以避免，人们往往愿意做出改变。但如果不给恐惧者"指明出路"，巨大的恐惧会吞噬他们，让他们困在无助的深井中，恐惧者甚至会因为太过恐惧而放弃自己。

# 安慰剂效应

## 一、名词释义

安慰剂效应指病人虽然获得无效的治疗，但却预料或相信"治疗"有效，从而让病患症状得到舒缓的现象，又称伪药效应、假药效应或代试剂效应。

## 二、发现背景

1801年，约翰·海加思首次报告了安慰剂控制的实验结果。当时常用的一种治疗疾病的方法是将金属棍放在身体上，认为人体可以通过接受金属电磁的影响而缓解症状。海加思在第一天给5个病人使用木头仿造的金属棍治疗，发现四个人病情缓解。第二天使用真正的金属棍进行治疗得到相同的结果。他说："医学上要学习的重要一课是要了解心灵的热情对身体状态和疾病会产生神奇而强大的影响，这一点在治疗中常常被忽略。"实验结果清晰地表明，想象引起的希望和信任有多么大的神奇效应，尽管他没有明确提出安慰剂效应的概念，但显然他已经有了与现代安慰剂效应相似的观点。

## 三、生活应用

### （一）学校教育

学校教育中，教师与家长可以通过安慰剂效应让孩子们相信，他们的智力有所提升，能够通过自身的努力实现对知识的掌握。例如，用一些所谓"权威"的测评来给学生一些虚拟的但又是带鼓励性质的结论来给学生一些自信。爱和信任是最容易变成安慰剂的，所以对学生的爱、信任和鼓励可以对学生产生很大的影响。老师对孩子进行"你可以，你能够做得更好"等鼓励，能让受教育者认识自我，挖掘潜能。我们知道，爱迪生在小学仅仅上了三个月就被开除了，理由是"智力低下"，但是爱迪生的母亲坚信自己的孩子绝不会是傻瓜，经常鼓励自己的孩子，要他坚持读书，爱迪生得到母亲的鼓励，经过不懈努力，最终成为伟大的发明家。

### （二）婚恋家庭

当今社会诈骗手段层出不穷，无论是在现实生活中，还是电视剧所演绎的那样，而老年人则是最容易受骗的群体。朋友最近总是愁眉不展，经询问后才知道，原来他的父母被骗子骗了几十万，还鼓动亲戚朋友都去买所谓的"灵丹妙药"，最主要是父母还坚信自己没有上当受骗。原来骗子们在小区内售卖一种药品，他们说吃了这个药可以缓解腰疼、头疼，还能长命百岁。父母本就担心自己的身体，于是抱着试一试的心态就买了，在吃了一个疗程后感觉身体越来越好，头也不疼了，精神状态也好了很多，于是买了很多的药囤在家里。这就是明显的安慰剂效应，其实朋友父母吃的只不过是普通的钙片，但是他们坚信骗子的话，于是心理上产生了一定的安慰效果。这就是典型的"安慰剂效应"，并不是药本身起了效果，而是老人的心理上有了效果。由此可见，安慰剂效应如果运用得当会对我们有所帮助，但若是被有心之人利用，则会产生负面影响。

### （三）人际交往

我国酒文化历史悠久，在现代生活中，喝酒已成为人际交往必不可少的一个环节。酒，作为思想交流的载体，可以让人的感情加深。"良药苦口利于病，忠言逆耳利于行"，但是这样的话，一般的人都很难开口，但是酒能壮胆，在酒的作用下，往往容易说出来。如果意见相左，第二天还可以找借口说：是酒喝多了说的胡话，不要往心里去。这样借酒打个圆场，也不至于丢了友情。所以有一些人是通过酒来结识朋友，交流感情。在一次同学聚会上，大家都把酒言欢，聊的不亦乐乎，只有小李一个人不会喝酒，显得有点尴尬。这时一个服务生发现了他，低声询问过后，拿来了一个装着水的酒瓶给小李倒上，并让他装作是酒与大家碰杯，几口下来，小李也顺利地融入了进去。在这个案例中，水就是安慰剂，给了大家畅所欲言的机会，促进了朋友之间的友情。当然，千万不要劝酒，以免让人扫兴，严重时可能会伤身又伤财。

（四）单位工作

某公司最近一段时间业绩不好，经观察发现，部分员工存在着一些消极怠工的状态，有迟到早退代签到的、有上班时间吃零食、刷手机、还有带薪上厕所的（指工作想偷懒的时候，借由上厕所，带着手机把明明5分钟可以结束的事情拖到20分钟），剩余努力工作的员工多少也会受到影响，导致了公司业绩的整体下滑。该公司经理为了改善员工消极怠工的风气，在公司内部宣称开始购入监控来观察大家的工作状态，如发现以上那些情况，将会处以不同的处罚。通知一经发出，员工们害怕受到处罚，全都改变了工作状态，不再迟到早退吃东西刷手机等等，一时之间整个公司萦绕着积极向上努力工作的良好氛围。其实该经理并未购入监控来监视大家，他只是通过"安慰剂效应"，让大家以为自己被领导关注着，所以要勤恳工作，一段时间后业绩果然得到了有效的提升。

## 四、安慰剂效应的启示

### 启示一：安慰是一种艺术

"安慰剂效应"所获得的效果本质属于通过心理暗示让人建立"自信自强"的自我意识，提高战胜各种困难的能力。在"安慰剂效应"的具体操作上，应该取其精华，去其糟粕，避免"给假药"、说假话，切忌盲目承诺遥不可及、不切实际的事情，而是要通过给对方一定的积极心理能量，不断训练、提升他们的综合素养和能力，顺利地越过成长瓶颈。因此，安慰不仅是一门技术，更是一门艺术。

### 启示二：唤醒关爱，多些信任

企业管理中的"安慰剂效应"，主要是唤起单位人员之间的人性关爱，搭建起人与人之间的信任桥梁。如果企业的干群关系不良，彼此出现信任危机，互相猜忌，甚至互相敌视，企业领导者就很难指挥下属。因为下属失去了对顶头上司的信赖，在任何岗位上做什么工作都会感到没劲，心存芥蒂。人性关爱一旦缺席，人心冷漠，甚至可能终日惶惶不安，这种巨大的心理压力比工作压力还具有破坏性。因此，在工作过程中，领导要唤醒人与人之间的关爱意识，多些信任，做到我中有你，你中有我。

# 奖惩效应

## 一、名词释义

奖惩效应是指通过奖励或惩罚对人的行为产生"强化"或"弱化"的现象。

## 二、发现背景

心理学实验表明，鼓励、赞赏和奖励，常常能提升一个人的自信心，增强动力。但奖励的原则应是重精神轻物质，不然就会导致学生形成错误的价值取向，产生虚荣、攀比、物质主义的心态。另外，奖励要考虑时机的把握，以奖励为主，惩罚为辅，保护学生的自尊心和进取心。在学生表现出正确的行为时，进行嘉奖，肯定学生，增强学生的自我效能感；在学生表现出错误的行为时，适度批评或惩罚，及时纠正，帮助学生改掉错误的行为习惯。在训练过程中，要注意奖惩的频率。心理学研究发现表明，当奖惩比例为5：1时能取得最佳效果。

## 三、生活应用

### （一）学校教育

在学校教育中，实施有效奖惩是老师教育学生的重要手段。比如小学低年级阶段，学生表现好的时候，教师会奖励给学生小红花、奖状等等；同样，学生表现不好的时候，教师也会及时惩罚，如打扫卫生、多做练习等等。有效的奖惩不仅是教育某一人，实质是以点带面，让班级全体学生都能吸取教训。同时，作为教师必须认识到"数子十过，不如奖子一功"。因此，虽然都是想通过奖惩达到预期目标，但是，积极的奖励效果往往胜于严厉的惩罚。当然，有时教师会凭借个人情感或对学生的主观印象而盲目实施奖惩，没有明确的规则也没有明确标准，这样无法收到很好的训练效果，无法达到"奖惩效应"的教育目的。

**（二）婚恋家庭**

在家庭教育中，"奖惩效应"使用面很广。比如，孩子调皮捣蛋，不小心打碎了家里昂贵的花瓶，为了逃过家长的数落责罚，孩子可能会选择说谎，此时往往会被家长惩罚。事实上，家长可以不急着惩罚，而是让孩子认识到诚信比花瓶更可贵，养成良好的行为习惯、诚实和勇于担当的品格更重要。如果真能实现这个效果，虽谈不上奖励，但却收获了诚实的品质，也是值得的。另外，家长设立奖惩规则去约束孩子的行为，也要意识到自己就是行为标杆，也许孩子的不良行为就是从自己身上习得的。比如，每天晚上孩子不愿写作业，就想着玩手机、打游戏、看电视。殊不知，作为家长也是一进家门就刷手机，家长在此时又给孩子起到了什么样的"榜样作用"呢，与其责怪孩子，不如反思自己的行为。因此美好积极的家庭氛围需要每个人共同的努力，作为家长要以身作则，用自身的力量感染孩子。最后，在表明奖惩结果的时候，要以理服人，遵守规则，履行约定，珍惜孩子的信任，保护孩子的自尊心。

**（三）人际交往**

古人云："赏不可虚设，罚不可滥用"。同朋友交往中的"奖惩效应"也是一样。谁都喜欢和会说话的人在一起相处，远离出言不逊的人。因此，良好的互动关系需要奖励。奖励可以是对朋友有理有据、实事求是的赞赏，这是朋友真心付出后获得的回报。在朋友一番努力终于成功时，给予积极的情绪回应和毫不吝啬的夸赞，会激励朋友的继续努力，不断超越。当然，需要注意奖惩的时机和频率，对于轻易取得的进步和成功，不用过多赞赏，显得不够真诚。总之，通过奖励让朋友享受和你待在一起的时光，同时也能成为更好的自己。

**（四）单位工作**

一个公司里面对员工所做的工作难免会有相应的奖惩措施，所以在工作过程中，"奖惩效应"起何作用呢？例如，小王所在公司中采用积分制管理，所谓积分制就是员工完成相应任务，就加分；如果没有完成任务就扣分，根据积分进行反馈和评价。这里的积分与金钱没有直接关系，积分是用来衡量人的价值，而不直接影响员工的薪酬，易于员工接受。这样，假使小王在工作中做错事情就要扣分，虽然扣分不影响他的工资，但会影响到他的福利，还有年底各种奖金，所以小王自然就会在工作中更加努力。另外，小王的公司会通过积分排名的方式评选出每月度最佳员工，季度最佳员工，年度优秀员工等项目，并会在公开会议上加以表扬，领导对员工工作的认可和夸赞无疑是对员工最好的精神激励。这样的方式，不仅可以鼓励优秀员工，还能激励其他员工努力工作。所以，"奖惩效应"的目的就是全方位调动人的积极性，为了获取更高的积分，员工会自觉改进和提升自身，积极工作，进而形成良好的工作氛围。

## 四、奖惩效应的启示

### 启示一：奖励激发积极性

著名心理学家马斯洛认为，促使个人成长和付出的动机，不外乎生理、安全、社交、尊重、自我价值的实现这几个需求，人的一生都在围绕这些需求努力着，而努力和行动的最终目的是获得别人的认可，即自我价值的最大化。如果顺应个人的努力，对其行动进行积极肯定甚至奖励，将极大地激发个人的积极性。在企业的运行中，奖励制度有助于提升员工对企业的忠诚度，从而实现其人生价值。健全的奖励制度是提升企业管理效率，打造具有超高执行力的有效法宝。在企业的奖励制度中，比较常见的手段有鼓励、表扬、加薪、升职等，对于一个有进取心和责任感的员工来说，这些奖励都是对他的肯定，在得到肯定的基础上，他往往会为单位尽心尽力，尽职尽责。

### 启示二：惩罚激发反省心

相对奖励而言，惩罚是否定员工在工作中的某些不合理观念和行为。一般来说，通过惩罚，会引起员工的羞耻心，而知耻的过程也是反省的过程。这样通过促使员工主动反省，有助于员工获得经验与教训，有助于员工正视问题进而解决问题，从而不断提升个人素质，适应企业需求。

# 角色效应

## 一、名词释义

一个社会使其成员的行为遵从社会现行的，适合一定阶级要求和需要的行为规范与道德准则，或是倡导其成员如何遵从本民族的文化规范的现象，称为"角色效应"。

## 二、发现背景

心理学家通过观察发现：有一对同卵双生的女孩，她们的外貌非常相似，生长在同一个家庭中，从小学到中学，直到大学都是在同一个学校，同一个班内读书。但是她俩在性格上却大不一样：姐姐性格开朗，好交际，待人主动热情，处理问题果断，较早地具备了独立工作的能力。而妹妹遇事缺乏主见，在谈话和回答问题时常常依赖于别人，性格内向，不善交际。原因是两人充当的"角色"不一样。父母要求姐姐照顾妹妹，并对妹妹的行为负责，同时也要求妹妹听姐姐的话，遇事必须同姐姐商量。这样，姐姐不但要培养自己独立处理问题的能力，而且还扮演了妹妹的"保护人"的角色，妹妹则变成了被保护的角色。

## 三、生活应用

### （一）学校教育

学生在学校、班级扮演的"角色"很大程度上会影响学生能力和性格的养成。例如，长期担任班长一职的学生领导力和组织力会更强；担任宣传委员的学生更有创造力和号召力；担任课代表的同学大多细心尽责，更会在该科目上用心学习做好表率。那么，怎么来发挥"角色效应"的最大作用呢？我们不妨使用伙伴选择法，将班级同学的人际关系图描绘出来，从中可以看出每个学生班级中的不同表现，如哪些是"交际达人"，哪些是"隐形人"，哪些是"中间型"的。然后给不同的同学确定角色，让原本性格内向的"隐形人"渐渐发生变化。因此，学校教师要能够敏锐感知每个学生在班级中所处的地位，哪些是"中心"，哪些是"边缘人"。然后采取措施，用充当角色的方式促使"边缘人"发生变化，如让"边缘人"充当图书管理员或其他一些必定要与同学们发生交往的角色。

### （二）婚恋家庭

婚恋家庭中也存在"角色效应"，一种称呼的背后隐含着一种角色规范。例如，热恋时的"宝贝"，婚姻中的"老公""老婆""爱人"，各自有着不一样的角色规范。恋人希望爱情长久并日趋成熟，可以在恋爱时就以"先生""夫人"相互称呼，这类称呼容易让人联想到成熟而长久的爱情：互相关心、负有责任、彼此尊重且深入了解。一种特别的称呼，可以让恋人不自觉地带入婚姻后的角色，其行为也会遵循一位长久恋爱伴侣的角色规范，在每次称呼时，双方也会无意识地思考这个称呼的内涵。

### （三）人际交往

一位在外贸公司任职的高级员工小李，精通一口流利的英语，在跟外商谈判中，他时常露脸。相比之下，他的顶头上司——部门经理比小李逊色多了，不但个头矮，学历、水平和能力好像都没有他高。在一次与外商谈业务的宴会上，高级员工得意地跟外商频频举杯，潇洒飘逸，用英语跟外商海阔天空地闲聊，竟把自己的上司冷落到一旁。最后，跟外商分手时，他竟抢在上司前面跟人家握手道别，这下使上司满脸不高兴。没几天，他就被调到另一个不太重要的部门去工作。像这种由于没有找准自己的角色位置而失去领导喜欢的例子，在人际交往中时有发生。作为一个合格的职员，要分清场合，尊重彼此的角色身份。如果喧宾夺主，旁若无人，在公众场合抢"镜头"，就会使上司陷入尴尬的处境，从而对他产生不满。人际交往中的一大忌讳就是"越位"，人们在社会生活中，往往在某一特定的时间、场合，必须扮演某种角色，行为受其角色约束，相互

"补位"。

## （四）单位工作

对公司的管理者来说，要让每位员工都爱岗敬业，首先要做的就是赋予他们合适的角色，并让他们相信自己就是被赋予的角色，这样才能激发"角色效应"，让他们向着目标努力。如果只盯着员工身上的弱点，那就会使事情向着相反的方向发展。一般来说，在心理上越认可这个角色，在行为上越接近这个角色，成功扮演角色的概率就越高。一方面，古语云"不在其位，不谋其政""肉食者谋之，又何间焉？"就告诫我们在工作中要定位自身角色，做好自己分内的事，不随意插手其他人的工作，工作行为受工作角色规范指导；另一方面，我们要对自己的事业有所规划，对我们现在分外的却是将来分内的事有所涉猎与研究，学会多角色转换。

## 四、角色规范效应的启示

### 启示1：角色规范是一种基本的社会规范

"角色效应"不仅表现在社会对每一个成员的总体要求，希望大家在法治观念和道德观念的规范框架内活动，而且还反映在对个体扮演某一具体角色时也要符合特殊的角色规范。这好比在舞台上演出，每一个演员都必须首先贯彻导演的总体要求，诸如台风要正，思想集中、听从安排等等；此外，你扮演的是旦角或者是武生，还应该根据角色的特殊要求去唱、去做。这两方面的紧密结合，才是角色行为的统一体。我们在社会的大舞台上扮演社会角色，也是同样的道理。你要表现出良好的角色行为，请别忘了，所谓的"导演"就站在你的身边。关键是要你认识他的面貌、理解他的意图、落实他的要求，"导演"就是角色规范。

### 启示2：角色的普遍性和特殊性有机结合

一方面，我们要遵守社会规范对所有社会角色扮演者的共同要求。另一方面，还要内化对某一种角色扮演的特殊规范。比如，你在家里已经扮演起年轻的父亲角色，那你就应当懂得社会对家长角色的一些特殊要求，表现出为社会教育好子女等方面良好的角色行为。假如你是小学教师，那么你在各方面都应当符合为人师表的角色规范，如此等等。你都可以且应当根据你的角色位置，去思考、去行动，以使自己的角色行为既符合角色规范的普遍要求又落实了特殊要求。普遍性和特殊性的结合，共性与个性的体现，社会舞台上的角色扮演者既阵营整齐、又多彩多姿。

# 锚定效应

## 一、名词释义

"锚定效应"亦称"沉锚效应",指的是人们在对某人某事做出判断时,容易受第一印象或第一信息所支配,就像沉入海底的锚一样把人们的思想固定在某处。

## 二、发现背景

1973年,卡纳曼和特沃斯基指出,人们在进行判断时常常过分看重显著且难忘的证据,甚至从中产生歪曲的认识。1974年,卡纳曼和特沃斯基通过实验来进一步证明锚定效应。实验者对非洲国家在联合国所占席位的百分比进行估计。因为分母为100,所以实际上要求实验者对分子数值进行估计。第一步,实验者被要求在其面前摆放的罗盘上随机旋转地去选择一个在0到100之间的数字;第二步,实验者被暗示他所选择的数字比实际值是大还是小;第三步,要求实验者对随机选择的数字向下或向上调整来估计分子值。通过这个实验,卡纳曼和特沃斯基发现,当不同的小组随机确定的数字不同时,这些随机确定的数字对后面的估计有显著的影响。例如,两个分别随机选定10和65作为开始节点的小组,他们对分子值的平均估计分别为25和45。由此可见,尽管实验者对随机确定的数字有所调整,但他们还是将分子值的估计锚定在此数字的一定范围内。

## 三、生活应用

### （一）学校教育

学生总是坚信他们知道自己在做什么，总是以曾经某次的学习成绩来定义自己的学习能力，或以某次不具代表性的学习表现锚定自己所有的学习表现，他们倾向于高估自己的能力，低估别人的能力，往往会忽视自己未知的知识和能力。所以，在教育中，让学生觉察到他锚定之外的内容十分重要。"锚定效应"的解毒剂是元认知能力，就是能够思考和认识自己的优势和局限。比如，一项研究发现，经过元认知培训的学生，能够准确地估计自己的能力，在考试中得分更高了。事实上，这个效果当然不仅限于考试，元认知培训可以应用于所有的学习过程中。一旦学生能意识到"我以为这个知识点我会做，但其实我还不理解"，那么他就能调整学习模式，在自己最弱的地方做好准备。

### （二）婚恋家庭

男女在第一次相亲的过程中，如果女生表现出以自我为中心，说话直来直去，不考虑他人感受。那么即使女生平时还是温柔体贴的，但那次约会却情绪不稳定，男生也不再想和她有更多的交集。女生事后还认为，那次相亲是自己真实的一面，如果希望有更深入的了解，对方就得接受这一现实。"锚定效应"在婚恋中的启示是：一方面注意自己的印象管理，因为你给别人留下来的第一印象往往决定了你能不能成功地开始一段约会，能否开展一段恋爱关系。尽管我们希望伴侣能接受最真实的自己，但暴露自己的深度应该随着时间的推移不断增加，并非初次见面就彻底暴露自己；另一方面，我们要克服"锚定效应"的消极影响，不要因为对方出身好、外貌佳、经济能力强等刺激强度极强的特质，就认为对方是值得托付终身的人，婚恋需要双方三观一致、真诚相待。

### （三）人际交往

兰兰上大学后极度焦虑，自从她担任学生会干部后，总感觉自己时间不够用，被学校安排的事务性工作消耗了大量时间。有时还会因为任务质量未达要求而受批评。某段时间里，兰兰不但没有得到能力上的锻炼，反而影响了自己的生活。意识到这点，她开始尝试拒绝超出自己工作范围且不喜欢的工作任务，给自己更多时间集中精力和自我反思，不再有意无意地被他人和自己锚定为"工具人"。人际交往中，我们不能给自己种下一个"工具人"的印象。否则，它会像一个锚一样，定在人们的思想中，即使你付出了很多，人们也会觉得"这是你自找的""这是你应该的"。有时候学会拒绝，会让你在人际交往中更加和谐，更加受尊重。

（四）单位工作

在HR面试时，应聘者对于薪酬的要求，通常会在两个方面受制于"锚定效应"。一是根据应聘者现在的薪酬设定了一个心理预期；二是当前市场行情作为基准设定的心理预期。那么HR就要打破应聘者心中的"锚定效应"。应聘者心中的"锚"已经定了，HR无法通过说服或者否认来改变这一事实。所以，一方面，单位可以在面试一开始或者在招聘广告上抛出一个"锚"，给出一个大概的薪酬范围。如果对方看到招聘广告上的薪酬范围，仍然愿意来面试，说明这个"锚"在他心里已经起作用了。面试一开始就"无意"中说出薪酬范围，应聘者一般不会觉得进入了薪酬谈判阶段，但是在无意识当中，这个数字也会成为他心中的"锚"。另一方面，面试官会以一个经验老到的前辈身份，通过提供他所知道的同行薪酬信息，来打破面试者以当前市场行情作为基准设定的心理预期，提供一个更低的薪酬作为"锚"，这样就便于面试者会选择接受这家企业的薪酬。

## 四、锚定效应的启示

### 启示一：建立大脑预警机制

当我们面对决策时，大脑要时刻保持警惕和思辨精神，对外界的信息进行科学论证，多去思考信息的准确性和客观性，多问自己几个问题，是不是对方在设锚？我的决策是否理性？有了这种大脑预警机制，就相当于自己家里安装了报警器，随时可以监控和过滤锚定信息。

### 启示二：摸清底线反向设锚

在谈判中，如果对方的开价过高，你要敢于反向设锚。例如，一般来说，某些商场的衣服零售价是基础价的 5 倍，那么即使半价仍然可以获得不错的收益。此时，如果对方要价1500元，你就要敢于反向设锚300元，这样就可以避免对方锚值1500所带来的决策偏误。可见，在谈判中，能够把握锚值的人，往往能占主动地位。

# 莫扎特效应

## 一、名词释义

"莫扎特效应"是指当人听到莫扎特音乐或是具有与莫扎特音乐相似曲式结构的音乐后，大脑活力提升，出现正性情绪，继而提高人们认知加工水平的现象。

## 二、发现背景

哥伦比亚大学的罗斯彻和加州大学的肖在1993年大胆提出了一个设想：音乐和空间推理能力之间存在关系。实验方法是让学生单纯欣赏音乐，10分钟后，采用斯坦福-比纳智力量表对学生进行测验，发现听了莫扎特音乐的学生的测验成绩比其他组高出8-9个百分点，这种效果保持10-15分钟后就会消失。罗斯彻还认为如果经常给孩子听莫扎特的音乐或类似音乐会永久性地提高这种能力并影响终身。美国大众媒体对此实验进行了广泛的渲染和宣传，引起了人们的极大兴趣，各大唱片商店里有关莫扎特音乐的CD很快被销售一空，最终法国医生托马提斯首次提出了"莫扎特效应"（Mozart Effect）。

## 三、生活应用

### （一）学校教育

在课堂教学领域，受到"莫扎特效应"的影响，音乐摇身一变成为一种学科教学的辅助工具。据一位历史教师说，她在讲授鸦片战争的历史时，会在课堂开头先放一段电影《末代皇帝》的配乐，华丽而忧伤的旋律会将学生的注意力慢慢吸引到课堂内容上，从而为接下来的授课做平稳的铺垫；当讲述二战历史时，该教师则会放一段电影《辛德勒的名单》配乐。这种音乐的导入可以丰富学生对课堂内容的感受，调动起多种感官也能使学生上课不易产生疲劳，引起上课兴趣，利于教学效果的提高。随着多媒体技术的发展，音乐教育融合学科教学已成为可能，这就是"莫扎特效应"在课堂上的运用和实践。

（二）婚恋家庭

了解胎教的家长都知道，几乎所有的胎教机构都会推荐莫扎特的曲子作为胎教音乐。这就是受"莫扎特效应"的积极影响。胎教音乐选莫扎特，并非因为莫扎特是神童，而是因为他的作品的旋律性非常明显，和声非常和谐。频率和节奏适中，纯净而简洁，最适合给天真烂漫的孩子听。而贝多芬晚年创作的音乐偏激烈，比如第五交响乐章中的"命运在敲门"，那种歌颂生命伟大的旋律可能无法引起孩子的共鸣。当然，"莫扎特效应"并不局限于莫扎特，而是一种音乐的表现形式。因此，莫扎特音乐并不是胎教的唯一选择，其他的音乐家也有很多适合做胎教的作品，比如，巴赫的《小夜曲》等也是非常经典的胎教音乐曲目。

（三）人际交往

某医疗中心曾经进行过一个试验，结果显示，莫扎特的音乐中有这样一个规律，每过30秒，音乐中就会出现一个频率高峰，而大脑中枢神经的许多功能运行，间隔的频率正好也在30秒左右，这解释了"莫扎特效应"的存在。人际交往中可以应用"莫扎特效应"来调节人际冲突。例如，再好的朋友之间也难免会有冲突的时候，从而一方造成另一方心里低落、失望、生气，乃至抱怨等等负性情绪心理。此时，不妨播放些"莫扎特音乐"，让舒缓、放松的音乐缓解当前的氛围，也许有助于双方冷静思考刚才争吵的原因，从而解决人际矛盾，改善人际关系。

（四）单位工作

一般来说，不同的音乐类型对人的情绪有着不同的影响。因此，在不同的工作场所，如何选择合适的音乐来影响员工的工作积极性，这就是"莫扎特效应"在单位工作中的衍生品。例如，餐厅选择背景音乐很有讲究，一方面要营造与主打菜式、餐厅格调更协调的环境来吸引顾客；另一方面，也会用快节奏的音乐悄悄的"轰"走用餐完毕的顾客。事实上，工作场所选择使用舒缓的音乐，让人放松下来，享受生活的时光的现象也经常发生。例如，一些单位在工作休息间隙播放轻音乐，还有商场、书店等公共场域纷纷选择舒缓的乐曲，就是在使用"莫扎特效应"对人产生的积极效应，让人们在包容、温暖的环境中优雅地生活。

## 四、莫扎特效应的启示

### 启示一：爱音乐，爱生活

生活中，音乐是我们最好的朋友。她能够让我们静下来思考一些问题。尤其是遇到挫折的时候、年岁渐老的时候，音乐更能够让们我静下来思索人生的真谛。功名利禄都是身外之物，看淡一些；爱恨情仇都是人之常态，宽容以待。唯有身体属于自己，唯有快乐属于自己。追求健康，淡泊名利，乘着歌声的翅膀，简简单单地生活。这是一种健康的生活方式，也是做人的一种境界。人生有限，快乐无限。热爱音乐的我猛然发现，我一如热爱音乐那样热爱生活……

### 启示二：赏音乐，享人生

音乐是打开心灵之门的金钥匙。在改善心情的同时，音乐对于提高人的认知水平也有帮助。在学习音乐的过程中，记忆乐谱对锻炼人们的思维能力有很大好处；学习乐器也未尝是一件坏事。比如弹钢琴在锻炼了大脑、左右手的灵活性和协调性、增强记忆力和智力的同时，弹奏的音乐也可以帮助演奏者舒缓情绪。所以，人生的乐章需要音乐谱写出更美妙的旋律，这样的人生才更有意义。

# 瓶颈效应

## 一、名词解释

"瓶颈效应"是指当人在进行某个创造性活动时，要求与之相关的各心理要素及环节协调并进、相互配合，若某一要素或环节出现问题，就会阻碍整个心理活动的有序进行。

## 二、发现背景

美国心理学家威廉·詹姆斯将TOT现象（Tip Of the Tongue）形象地称为解决问题的"先声"。这种现象是指正要说出来或几乎要说出来的时候卡壳了，而没能说出来的情况。有点像是打喷嚏前的状态，但却没能打出来，令人憋屈。通过社会心理学家多年的深入研究，这个TOT现象就是一种"瓶颈效应"，反映出来的是在一定社会心理过程中，每个因素及环节之间的相互关系，只有当一项心理活动的所有因素和环节协调进行时，才能保证整个活动或行为的正常运转。

## 三、生活应用

### （一）学校教育

在学习中常常会出现理解、记忆、掌握、运用等困难，因而很难进步。因为涉及了不曾了解或未掌握的知识和方法，这些困难往往无法轻易地解决。小明在初中时成绩很好，并以优异的成绩进入了当地最好的高中，可进入高中后却发现自己无法将知识掌握得得心应手。高中的数理化更加抽象，使得小明很多次都听得一知半解。高中语文也更讲究逻辑，英语则有很多的单词不认识，因此成绩无法达到小明的预期。之前在初中，自由支配的时间较多，小明可以多花点时间在不会的知识上，可高中的时间非常紧张，前面的知识还没掌握，就要学习新的知识，这让小明很焦虑。无法克服困难的小明去寻求老师的帮助，老师敏感地发现小明的课堂效率较低，由于没有预习导致课堂无法紧跟老师的节奏、很多课堂上的知识无法准确地接收，企图在课后多花时间，因此又影响了新知识的预习。所以老师建议小明改变自己的学习方法，课前一定要预习、课上紧跟老师的节奏，不放过老师说的任何一句话，课后及时复习、加深印象。在一段时间的努力后，小明终于掌握了高中的学习节奏，恢复了自信。因此在遇到瓶颈时要能够及时了解在哪个方面存在不足，并准确找到突破瓶颈需要哪方面知识、需要掌握什么样的技巧、需要哪些能力的相互配合，这样才能更快更有效地突破瓶颈。

### （二）婚恋家庭

随着社会节奏的不断加快，婚姻中"七年之痒"的说法早已"过时"，已成为更为现实和普遍的"七年之痛"和"三年之痒"。这是婚姻中每个人都必须面对的实质问题。因此，如何处理婚姻早期出现的各种矛盾，比以往任何时候都更加重要。经过三到五年的婚姻，婚姻的激情会减退，爱情在慢慢转变为亲情。绝大多数夫妻将面临来自贷款、子女教育、工作或养老的压力。与此同时，两个家庭之间的融合和冲突将日益明显。夫妻双方将在个人空间、生活习惯、时间、精力、物质条件、心理状态以及婚姻秩序的建立等方面面临前所未有的考验，彼此基本上都暴露了自身的个性和习惯。因此，与早期的幸福和甜蜜相比，克服婚姻的"瓶颈效应"，关键是夫妻双方对幸福的理解需要转变。婚前是彼此追求个人幸福的阶段，婚后是双方共同生活创造未来，转变了身份，同时也增加了责任。当夫妻双方意识到身份的转变时，一些因为日常琐事而产生的摩擦也会逐渐减少。为人妻，为人夫，为人父母，定义和认识自身身份的转变，明确和履行自己的义务，共同承担维持家庭幸福稳定的责任，共同奔赴未来的美好。

### （三）人际交往

打破人际交往中的"瓶颈效应"，需要我们认清行为背后的正面能量。

琪琪从小笃信不能成为麻烦他人的人。打车时，她从来不让司机开进院子，这样就不用麻烦司机在小区绕一圈才能出来。高中参加排球赛受了伤，琪琪独自到医务室接受治疗，队友们要陪她去被她严词拒绝，因为她认为会影响接下来打比赛。时间一长，琪琪发现自己好像没有几个能说真心话的好朋友，这令她很费解，明明自己不会麻烦别人，给他人节省了很多时间，为何自己和朋友却是渐行渐远呢？直到琪琪接触了心理学，看见了一条颠覆她认知的心理学法则：别人对你的每次付出，都是一次情感投资，随着投资增多，他对你的亲近感才会加深。理解了这个心理学法则后，琪琪开始尝试着"麻烦"别人，她发现正如法则所说的那样，朋友们不仅没有厌烦她，反而与她更亲近了。由此可见，打破人际交往中的"瓶颈效应"，还需要我们为目标勇敢地创造机遇，用积极的眼光看待行为背后所能释放的能量。

### （四）单位工作

卫星定位导航在现代生活中发挥着举足轻重的作用，没有自己的卫星定位系统，可以说随时都会被别人扼住咽喉。1993年，中国银河号货轮载着零件等货物，计划运往中东地区，却被美国无理质疑载了违禁化学药品，银河号所在海域GPS信号被关闭，银行号被迫在印度洋上漂泊了33天。这时中国意识到要拥有自己的定位系统，第二年北斗卫星导航正式启动。然而研发的过程并非一帆风顺，遇到了一个又一个瓶颈。前有与欧盟合作却被排挤出领导层，无法掌握关键技术、后有无法在境外建立地面站等难题，既然被排挤，那我们就单干；既然不让在境外建站，我们就提出了星间链路。在突破了一个又一个瓶颈后，2020年6月23日北斗系统最后一颗卫星终于成功上天。我们相信，在不久的未来，我们科学家还会继续打破瓶颈，克服困难，将我国的科技工作推进到一个新高度，逐渐从"跟跑"到"并跑"直至"领跑"。

## 四、瓶颈效应的启示

### 启示一：环环相扣，突破瓶颈

"瓶颈效应"启示我们，一件事的顺利完成，需要各个环节的完美配合。有的时候在完成某件事时，人们总是想着快速完成，但是却忽略了事情完成过程中需要的必要配合。比如，在学习过程中，一味地追求记忆的速度，却忽视了记忆的策略与方法，那很有可能在提取知识时产生瓶颈；在工作中，有的员工拖拖拉拉，总想着在截止日期前完成任务，或是敷衍了事，这会影响整个团队的进度。由此可见，每个环节、每个部分都有着举足轻重的作用，正是这一个个小的环节构成了成功的关键。

**启示二：学会放松，打破瓶颈**

通常一件事情的完成包括四个阶段：紧张的检查清理期、松弛的酝酿期、再到顿悟以及最后的完善期。瓶颈期，其实就是检查清理期。所以，当我们在工作、生活中遇到瓶颈时，我们的思维是高度紧张的。这时越去想，可能就越想不起来了。既然这样，不如给自己腾出适当的放松时间，也就是进入酝酿期，为之后的顿悟做准备。来一次积极的休息，听几首喜欢的音乐，回忆一下美好时光，看本难得的好书，也许在不经意间，问题的解法突然就会出现，顺利打破瓶颈。

# 社会唤醒效应

## 一、名词释义

"社会唤醒效应"也被称作"观众效应",指的是有他人在场的情况下,个体完成简单任务的成绩会提高,完成复杂困难任务的成绩会下降。

## 二、发现背景

1969年,罗伯特·扎荣茨发表了一则关于蟑螂实验的报告。他将蟑螂放入一个径直的透明跑道中,从出发处向尽头处打光,让蟑螂穿过整个跑道到达黑暗的一头,并记录下时间。然后再让蟑螂完成一次,这一次在透明跑道的两边放了许多蟑螂当"观众"。结果表明,在觉察到有"观众"后,蟑螂跑的时间更短。之后,他又测了蟑螂在有无观众的不同情况下的转弯能力。在一个十字迷宫中,蟑螂要从横着的一端到达竖着的一端,中间要拐一个弯。结果显示,蟑螂在有"观众"时完成的时间是无"观众"时的两倍,这次"观众"的存在会使困难任务更难完成。

## 三、生活应用

### (一)学校教育

小夏是初二的学生,最近的几次模拟考试考得并不太理想。她告诉父母,自己考试的时候特别担心监考老师走到自己的身边看自己答题,尤其是当自己遇到难题时。她的父母向班主任反映了孩子的这个情况,希望老师能够给予她帮助。小夏的班主任发现她下课总是喜欢坐在自己的座位上睡觉,不喜欢和其他同学一起交流。为此,每次班主任上课,都会叫她回答一些基础问题。当布置一些较简单的课堂作业，班主任就会站在小夏的旁边看着她完成题目。久而久之，小夏逐渐习惯在被人注视的情况下完成题目，自信逐步建立起来，成绩也慢慢提升了，她变得更加开朗、活泼，也逐渐融入了班级生活。针对这类学生，利用简单的任务完成树立学生的自信，让学生感受到自己在集体中的价值，逐渐提升学生的心理适应能力，这是"社会唤醒效应"在校园里的运用。

### （二）婚恋家庭

毫无疑问，婚恋关系中也存在着"社会唤醒效应"。小李和小赵是一对十分恩爱的夫妻，他们在一起相处了十几年仍然十分甜蜜，他们彼此信任，共同度过很多难关。小赵向我们讲述了他们之间保鲜的秘笈，小赵说："每次我先生在家做家务时，我总是会在身边陪伴着他，看着他认真的样子我觉得很幸福，同时我先生也会干劲十足。而当先生遇到工作上的难题而我又无法帮助他解决时，我总是会先给他一个拥抱，然后给他空间和时间，让他自己处理问题。一开始我也不太懂 在他完成很困难的任务时就看着他工作，他的效率反而会下降，后来我才知道我在他身边时他的压力更大"。小赵对待丈夫的方式就是典型的"社会唤醒效应"，在简单任务中，妻子的陪伴会给丈夫带来被鼓励与支持的感觉；而在困难的任务中，妻子则选择给予丈夫足够的空间，让他专心解决问题。由此可见，在婚姻中学会使用"社会唤醒效应"对于爱情的保鲜尤为重要，但同时对方遇到困难时也不可直接离开，而是要给予对方足够的呵护与关心，否则直接走开可能会给对方留下你不关心他的感觉。

### （三）人际交往

小张是一个热爱打球的高中生，他时常利用闲暇时间打篮球，结识了一帮同样爱好篮球的伙伴，他们经常聚在一起探讨篮球、锻炼消遣。凭借敏捷的身姿、进退自如的变换，时常引得一些小学妹在球场边驻足观看，小张不禁有些窃喜，这份小小的满足感极大地鼓舞了他的自信心，他更加尽力完成好自己的每个动作，潇洒流畅却不可抵挡，引起一阵场边"观众"的赞叹。连进几球后，朋友们也不得不佩服，升起一股崇拜感，向他请教投篮技巧，小张也慷慨分享，他们的友谊日渐深厚。没过多久，校篮球队选拔队员，小张和小伙伴们有幸进入了校篮球队。第一次代表本校参赛，对手是本市另一支实力强劲的队伍，体育馆内坐满了观看比赛的学生，小张倍感紧张，心态出现很大波动，出现了多次失手，比分不尽人意。比赛中场休息时小伙伴发现小张很懊恼，便与他进行了深入的沟通交流，在了解到他因为观众多而紧张过度时，朋友们及时地安慰小张，让他放松心态，将这次的比赛当作和平时一样。在朋友们的安慰下，小张马上调整状态，终于和队友们一起拿下了这场比赛。案例中的小张，在重要程度不同的比赛面前状态有很大的不同，但是他的朋友及时发现并疏导他的情绪，让他能恢复常态。因此，虽然"社会唤醒效应"在起作用，但是他人的关注与支持，依然可以缓解"观众"对困难任务完成情况的影响。

**（四）单位工作**

在单位工作中，如果一个人对某项工作非常熟悉，在他人旁观的情况下，希望受到被人正面评价的心理影响，在无意识中提高个体的工作效率，是他人在场所激发起来的表现心理，给个体带来的以认知他人评价进行自我归属的社会促进趋势，使工作表现更加出色，属于社会促进。如果处理某项不擅长的工作，在他人旁观的情况下，同样受到希望被人正面评价的心理影响，但是由于工作的娴熟程度有限，过于紧张、急于求成反而降低工作效率，甚至会导致失误，属于社会惰化。因此，利用"社会唤醒效应"理论，我们要充分利用其原理达到预期的结果。例如，在演播厅里的岗位主要是监督岗和记录岗，在有领导参观时保证由最熟悉该岗位工作的人员来完成，防止出现记录工作不到位、监督无效等失误。其实这个理论的运用是很广泛的，根据效应的两面性影响，合理安排人员就可以达到预期效果。

## 四、社会唤醒效应的启示

### 启示一：化难为易，无惧观众

社会唤醒是一种含蓄的期待，是一种信念的点燃。社会唤醒效应告诉我们：个体在完成一个简单的任务或者熟悉的工作，若有他人在场，那么将有助于提高工作效率。因此，在现实生活中，我们每个人要充分了解自己熟悉的领域，这样才能跟更多的人分享属于你的快乐时光。但当自己在做一道不太会的题目的时候，这时老师的出现会心跳加速、大脑空白，难以下笔。所以，在认识了"社会唤醒效应"后，我们要明白强大自己是解决问题的根源。同时，要提高自身的综合能力，补齐短板，让自己游刃有余地应对困难和挑战。

### 启示二：灵活运用社会唤醒效应

当身边的家人、朋友出现社会唤醒效应时，一方面我们需要在他们面临简单任务时给予帮助，另一方面，当他们面对复杂任务时，我们不能直接套用社会唤醒效应的规律，一走了之，此时我们可以在给予他们适当安慰与支持后，留给他们解决任务的时间和空间。当他们需要帮助时，也可以适时地伸出援助之手。

# 顺序效应

## 一、名词释义

刺激呈现的顺序影响人们对刺激评价的现象，称为"顺序效应"。

## 二、发现背景

1957年，美国社会心理学家洛钦斯证明了顺序效应的存在。他用两段杜撰的故事做实验材料，描写的是一个叫詹姆的学生的生活片断。一段故事中把詹姆描写成一个热情且外向的人，另一段故事则把他写成一个冷淡而内向的人。洛钦斯把这两段故事进行了排列组合：第一组是将描述詹姆性格热情外向的材料放在前面，描写他性格冷淡内向的材料放在后面；第二组是将描述詹姆性格冷淡内向的材料放在前面，描写他性格外向的材料放在后面。洛钦斯将组合不同的材料，分别让水平相当的中学生阅读，并让他们对詹姆的性格进行评价。结果表明，第一组被试中有78%的人认为詹姆是个比较热情而外向的人；第二组被试只有18%的人认为詹姆是个外向的人。可见，人们的记忆存在一定的顺序效应。

## 三、生活应用

### （一）学校教育

学校教育中，教师与学生、学生和学生间相处时间久，接触频繁。根据顺序效应原理，近期呈现的信息比之前出现的信息对个体影响更大。一般来说，教育中的"顺序效应"有利有弊，一方面，受教育者的积极改变能够引起教育者的印象改变，获得表扬，积极行为得到强化；另一方面，近期某一次的消极表现容易引起老师和家长的消极情绪和行为反应。另外，避免顺序效应的危害，教师和家长需要正确看待分数。学生参与考试是为了证明对知识的理解程度、自身的数理逻辑和语言表达能力达到了一定的要求。老师、家长应该关注学生综合能力的培养，欣赏学生身上不断的进步和变化，而不是唯分数论，过多关注考试成绩。考好了给予表扬；发挥失常，寻找原因调整再出发，切忌单纯性焦虑，这对解决问题没有任何积极作用。情绪是会传递的，面对考试，老师、家长、学生都要摆正态度，坦然面对，正视结果，用积极的情绪去解决问题。

### （二）婚恋家庭

现代社会的快节奏社交中，没有好的第一印象，心仪的异性很难对你进行深入了解，"顺序效应"就难以发生作用。因此，恋爱进程中第一印象很重要。男性可以不帅，但要面容整洁、穿着得体、言谈礼貌，选择一款适合自己的香水；女性与男性第一见面时，除妆容、着装、言谈、香气得当外，还可以选择一家美味而实惠的餐厅，这些都是加分项。另外，伴侣长期生活中，可能因"顺序效应"产生负面影响。这大多发生在善意被误解时，或感到自己受屈时，其情绪多为激情状态。在激情状态下，人们对自己行为的控制能力、对周围事物的理解能力，都会有一定程度的降低，容易说错话，做错事，产生不良后果。事缓则圆，凡事防止激化，待心平气和时，彼此再理论，调整情绪。

### （三）人际交往

在人际关系中，"顺序效应"也有着重要的影响。一般来说，人际交往中人们都喜欢那些流露出友好、大方、随和情感的人，因为在生活中，我们都需要他人尊重和注意。这个特点在儿童身上表现得最为明显，小孩子都喜欢第一次见了他就笑呵呵的人，如果再给予相应的赞扬，那么儿童就会更加的高兴。心理学研究表明，在人与人的交往初期，尚处在生疏阶段，"顺序效应"的影响重要；而在交往的后期，就是在彼此已经熟悉时，"近因效应"的影响才会起作用。这也就可以解释大众认同的那句"始于颜值，陷于才华，忠于人品"。

### （四）单位工作

面试考官在对多名应试者依次进行评定时，往往会受面试顺序的影响，而不能客观评定应试者的情况。例如，当考生给面试考官留下比较好的第一印象时，考官往往会在后面的作答中关注考生的正面形象，努力寻找考生作答中的亮点来加强第一印象，证明自己的判断是正确的。此时考生的一些小失误，往往会被考官忽略，最终得到比较高的分数。反之，面试考官对考生的第一印象比较差，就会在后面的作答中重点找考生的问题所在，从而忽略了考生其他的优异表现。在面试考场上，考官要测评每个考生3～5道题目，由考生顺序作答。在考生答后面的题目时，考官对前面题目的作答有些淡忘，即使做了简单的要点记录，也很难回忆起全部的内容，这样就造成考官可能会根据最近的一道题目的作答情况来评判考生的整体表现。因此，单位工作中要注重制定合理的制度，客观评价，动态评价，避免"顺序效应"带来的消极方面，营造公平公正的工作氛围。

## 四、顺序效应的启示

### 启示一：人际交往需要循序渐进

在人际交往过程中，由于存在顺序效应，很容易在第一次见面时就给对方贴上标签，而这种标签会在后续的交往过程中不断提醒你，导致你对他的印象局限在了第一眼。比如说衣着随意，浓妆艳抹，还染着奇异发色的女孩会让人下意识给她贴上"坏女孩"的标签，从而拒绝和她产生交集；而文静腼腆的女孩则会让人下意识地觉得她很懂事很有礼貌，但其实前者可能是狂放外表下包裹的温柔灵魂，后者反而会在背后给你一刀。因此，"一眼定终身"这种交往方式是非常冒险的，或许小人穿着华服，也许君子衣衫褴褛，衣装只是他们的修饰，真正的品性需要长久的观察评判，交往还需循序渐进，避免"顺序效应"。

### 启示二：学习工作拒绝负面联想

"顺序效应"很容易让他人产生联想，也就是"联想效应"，而负面联想则会产生一定负面影响。这种现象在学习中会体现，比如小明平时是一个数学成绩很差的学生，他会在做难题时觉得自己肯定做不出来，这是他对于难题产生的负面联想，这种联想会局限他的能力。同样，在工作中，这种现象所产生的影响会更加明显，比如说在工作中员工一旦犯错，领导就会对该员工的能力产生怀疑，认为他在其他方面也不值得委以重任，这种负面联想势必会对员工的发展产生影响。可见，根据片面信息所产生的联想必定是主观且狭隘的，我们应该拒绝负面联想，学会积极联想。

# 蚁群效应

## 一、名词释义

"蚁群效应"是指人们从蚂蚁群体的组织和分工中总结出来的灵活的组织建设和运转方式，从而高效完成任务的现象。

## 二、发现背景

实验发现，把一盘点燃的蚊香放进蚁巢，巢中的蚂蚁先是惊恐万状，但20秒钟后，许多蚂蚁向火冲去，并喷射出蚁酸。因为蚁酸有限，一些蚂蚁甚至葬身火海。但他们前仆后继，不到一分钟，终于将火扑灭。存活者将"战友"的尸体移动到一起，盖上一层薄土。一个月后，在同一个蚁巢进行一样的实验。蚁群有了经验，集结迅速，协同配合，有条不紊。不到一分钟，明火即被扑灭，而蚂蚁无一遇难。这种团结就是力量的现象，就是蚁群效应。

## 三、生活应用

### （一）学校教育

经济社会的快速发展注定了社会成员要不断进步以匹配社会发展速度，"内卷"盛行的当下，同学之间似乎就只剩无休无止的竞争。大多数学生自幼接受的教育，身边重要他人都在对学生强调"吃得苦中苦，方为人上人"，很多学生被局限在竞争与朋辈压力中，忽略了合作的价值，缺失了合作的能力。有不少能力较强的学生遇到团队合作时，会一个人接下绝大多数任务，自己经常筋疲力尽，效果也没有那么惊艳。他们难以与其他同学正常合作，始终认为自己发展多方面能力就能完成整个任务，殊不知，社会对于专才的需要远大于通才。"蚁群效应"是希望学校能激发每个学生的能力优势，多元化培养学生的综合能力，为社会各行业培养所需人才，同时也要注重学生合作能力与合作精神的培养。

### （二）婚恋家庭

恋爱婚姻中的伴侣也可以视为一个"蚁群"，两位成员各有分工，相互扶持，而不是盲目追求婚姻中的绝对平等。在《爱的艺术》一书中，弗洛姆提出积极的爱要具备四种基本要素：关心、责任、尊重和了解。如果你爱一个人，那你就应该关心他，而不是漠视他，保证"蚁群"内部的和谐。爱情当然也意味着责任心，意味着一生相许誓言背后的担当，而不是一场可以随时退场的感情游戏，保证"蚁群"的稳定性。相爱的人也应该互相尊重，而不是一味要求他成为我希望的样子，否则爱情就要沦为控制和奴役，尊重与了解让伴侣找到生活的真谛。这四个要素有助于防止恋爱婚姻中的伴侣这个"蚁群"的崩溃，两人共担风雨，在双方共同投入下，爱情让两人成了更好的自己。因此，良好的婚姻关系也要求夫妻双方共同承担，有很多婚姻失败的案例都是因为家庭分工不明确导致的，有很多丈夫或妻子并没有承担起家庭的任务，抑或是过于强势，将所有事情一人包办，这两种倾向都不利于良好婚姻关系的形成。

### （三）人际交往

良好的人际交往能让人们建立和谐的自我同一性，在社会这个"大蚁群"中，学会合作，认识自我同一性，这是心理健康的关键因素。良好的人际交往有助于人们弄清"我是谁"和"在别人眼中我是谁"的自我认识，把"生理我""心理我"和"社会我"统一起来，找准自己在人际交往中的正确角色规范，和不同个性特征、生活经历的个体进行合理的交往。有研究表明："与同事真诚合作"是成功的九大要素之一，而"言行孤僻，不善与人合作"是排在失败的九大要素之首。只有在良好的人际交往中，才能形成与人合作的意识，培养与人合作的能力。正确对待自己和他人的关系，尤其要正确对待竞争与合作的关系，培养合作精神，树立"竞争"意识，促进人们心理健康发展。

### （四）单位工作

研究发现，在蚂蚁出现食物危机的时候，勤蚂蚁常常表现得无所适从、茫然失措，反而是平时游手好闲、好吃懒做的懒蚂蚁们，带领大家找到了新食物的来源。小米公司的创始人雷军说过："不要用战术的勤奋，掩盖战略的懒惰。"组织管理中，既要选择脚踏实地、任劳任怨的"勤蚂蚁"，也要任用运筹帷幄、对大事大方向有清晰头脑的"懒蚂蚁"。不能仅仅强调"务实"，或者仅仅把"勤奋做事"等同于"务实"；也不能把"懒蚂蚁"等同于真的"无所事事"，"懒蚂蚁"是因为"勤于动脑"，所以无暇顾及其他，才会"懒于杂务"，不能颠倒因果。作为单位管理者，只有分清员工中的"勤蚂蚁"和"懒蚂蚁"，才能充分发挥每一只"蚂蚁"的潜能，从而促进单位工作效率的提升。

## 四、蚁群效应的启示

### 启示一：人心齐，泰山移

单个蚂蚁虽小得微不足道，但成千上万的蚂蚁聚在一起，就汇聚成了一股无坚不摧的力量。就像单个小动物，比如猴子、兔子、小狗等，虽然它们力量也不大，但团结起来，齐心协力，可以共拒凶猛的狼。"小"不是"弱"的代名词，"大"也不是"强"的代名词，只有团结才是最有力量的。在当今社会，科技高速发展，社会分工精细，而每个人的思维、知识面都是有限的，这时候懂得合作就等于向成功靠近了一步。如果凡事单打独斗，不懂得利用他人的力量，就会走入孤立无援的死胡同。

### 启示二：善于发现"懒蚂蚁"的闪光点

单位工作中，既要选择脚踏实地、任劳任怨的"勤蚂蚁"，也要任用运筹帷幄，对大事大方向有清晰认识的"懒蚂蚁"。这些"懒蚂蚁"不被杂务缠身，可以有更多的时间思考前进的方向，想大事、想全局、想未来。"懒蚂蚁"很好辨认，他们有共同的特点：喜欢思考、分析、寻求市场中新的发展机会，喜欢学习、充电；善于发现组织中存在的问题，找出组织管理的弊端，提出建设性意见；他们表面上有些懒惰，但懒的同时，工作效率很高。如果发现了企业里有"懒蚂蚁"员工，那么只要你发挥他们所长，就可以为企业的发展注入动力。

# 最后通牒效应

## 一、名词释义

"最后通牒效应"是指人们在任务期限即将临近截止时，才表现出努力去做的心理现象。

## 二、发现背景

教育家曾经让一个班的小学生做过一个实验，任务是让他们阅读一篇课文。实验的第一阶段，没有设定限制时间，让他们自由阅读，结果全班学生平均用了8分钟时间阅读完；第二阶段，要求他们必须在5分钟内读完，结果他们不到5分钟就读完了。这个实验反映出了"最后通牒效应"对人们心理活动的促进作用。"最后通牒效应"是指人们对于任务产生的拖延情绪——对于不需要立刻完成的工作任务，人们往往会等最后一刻来临时才会拼命去完成。

## 三、生活应用

### （一）学校教育

美国麻省理工学院的心理学家丹·艾瑞里曾经做过一个有趣的实验。他给学生布置了三篇论文作为学期作业，并给出了两个选择：要么设置三个独立的截止期限，要么在期末时三篇一起上交。而且一旦超过了截止期限，会被扣除一定的分数。但是即便早交了论文，论文还是会被留到期末评分。因此，从理智的角度考虑，早交论文是没有什么好处的。但是，大多数学生还是选择了设置三个独立的期限，为不同的论文设置不同的截止日期。这是因为他们知道如果把三篇论文都留到期末交，很可能导致期末压力太大。学生的选择恰好反映了"最后通牒"的效用，他们用外部的"最后通牒"来约束自己，督促自身完成任务，尽可能地将时间和精力合理地分配。因此，教师在管理学生、帮助学生制订和执行有关计划时，一定要给学生设置具体的完成任务的时间，向学生发出"最后通牒"，让学生有章可循，走向自律。

### （二）婚恋家庭

可可是个准备上小学的小女孩，妈妈给她买了一堆绘本，她每天看得不亦乐乎。但是问题出现了，她经常抱着书一直翻阅不肯睡觉。第二天早上还要起早上幼儿园，睡眠不足怎么办呢？妈妈很担心，于是跟可可"约法三章"，晚上8点半洗澡刷牙。9点再看绘本，9点半收拾好绘本上床，9点45分铺好床关灯。也就是无论如何，必须在9点45分关灯。可可为了适应这些时间的"最后期限"，还是做了一番挣扎。第一天她洗澡拖拉了一会儿，9点半才洗完澡。她跟妈妈哭闹，但是妈妈的态度很坚决，这是规则，必须遵守。可可知道哭也没有用，第二天就迅速洗完澡，不到9点就吹干头发坐在书桌前开始翻书了。9点半，妈妈过来，发现可可已经把绘本收拾好了。这样通过几个"最后期限"，可可有了一套完整的睡前仪式。她每天既可以看喜欢的书，又能睡得好。

### （三）人际交往

在人际交往过程，灵活运用"最后通牒效应"能促使友谊长久地维持。小娟有一个好朋友晓丽，她们从小就是朋友，一直相处得很愉快。但是她们之间也会存在争吵，其原因主要是晓丽缺乏时间观念，每次她们约好一起出去玩的时间，晓丽总是会迟到，这样小娟非常不开心，但是每次沟通后，晓丽下次还是会迟到。因此，小娟决定采用"最后通牒"的方式，督促晓丽按时赴约，在约定前一天小娟会多次提醒晓丽，在约会当天她也会"还有两个小时""还有一个小时"地督促晓丽，经过一点时间的提醒与监督后，晓丽终于可以在约定时间前到达指定地点。当与人相处时，面对这样的事情，我们可以采取"最后通牒效应"，提升他们的时间紧迫感。

### （四）单位工作

美国的谈判专家柯英，在担任美国某企业的代理期间，曾和日本某企业进行过一次谈判。柯英刚下飞机，代表日本企业与他谈判的两名职员已经在出口处迎接了。这两个人热情地接过柯英的行李，用高级轿车送他到已预定好的旅馆。路上，日本职员彬彬有礼地询问柯英，预定哪一天的班机回去，他们好预定汽车。柯英受到如此礼遇，自然地从口袋里取出回程机票给日本人看，上面写着返程的时间。令他万万没有想到的是，因为无意中泄露了行程，让自己在谈判中陷入了被动的局面。在前十天里，日本方面每天只是招待他到各个名胜古迹参观游玩，对有关谈判的重要内容一句也不提。直到柯英快离开的最后两天，谈判才正式开始，到了最后一天，双方的谈判才真正进入主题，当谈到最重要的问题时，接柯英去机场的小轿车已经等在门口了。于是，最后的谈判只好在车里进行，直到柯英临上飞机时，才最终达成了谈判的协议。当然，谈判的结果对美方非常不利，日本人因为巧妙地运用了最后期限的技巧，大获全胜。

## 四、最后通牒效应的启示

### 启示一：制订时间管理计划，学会进行任务分解

在没有外部期限的时候，我们便很容易拖拉。这时候，我们需要给自己定一个时间期限。父母可以帮助孩子制定。例如，如何合理安排假期的时间。良好的时间安排，可以使生活更加有规律，培养自身的日常生活中的行为管理，我们也容易进入一种健康模式，精神会更加充沛。拖延的一个原因就是恐惧。当我们面对一个大任务的时候，会不自觉地产生恐惧之情，害怕自己无法完成这个任务，也不知道用什么方法去完成。这个时候我们可以将大任务拆分成小任务。在规定时间内，先完成一个一个的小任务。当小任务全部完成的时候，大任务也就完成了。小任务相比大任务也更容易理解，可以将完成任务的工作从抽象转换为具体。

### 启示二：增加时间的感知度，设置奖惩机制

拖延者擅长塑造时间假象，"还有时间""还有机会""还有下

次"，直到临近才发现，完成任务需要的时间比自己想象的更少。由此引发的焦虑、恐慌和自责会自然地促进人们用撒谎、逃避和放弃的方式来应对可能出现的人生机遇。我们需要培养自己合理计算时间的能力，增强对时间切实的感知，并且要培养自己的紧迫感。因此，给自己要完成的目标设置一个可以得到的好处或者阶段性的奖励，会加强你的动力。这样机制的设立，可以有效避免拖延症，不会让工作拖到最后期限才开始行动。

# 齐加尼克效应

## 一、名词释义

齐加尼克效应是指因未顺利完成某项任务或事件带来的压力导致心理紧张的现象。

## 二、发现背景

法国心理学家齐加尼克曾做过一个颇有意义的实验：他将受试者分为两组，让他们完成20项工作。对其中一组不加干预，使其顺利完成任务；对另外一组受试者进行干预，使其不能继续工作，任务无法完成。实验结果显示，虽然所有受试者接受任务时都显现一种紧张状态，但顺利完成任务者，紧张状态随之消失；而未能完成任务者，紧张状态持续存在，他们的思绪总是被那些未能完成的工作所困扰，心理上的紧张压力难以消失。齐加尼克效应告诉我们：人在接受一项工作时，就会产生一定的紧张心理，只有任务完成，紧张才会解除。如果任务没有完成，则紧张持续不减。

## 三、生活应用

### （一）学校教育

刚走上工作岗位的新教师在课堂上总是面面俱到，认为知识的完整灌输才算工作的完成，这样心里才踏实，才不会辜负家长和学生的期望，只有这样才能使新教师不会因为感觉工作未完成而紧张。这种让学生省去了自主探索的学习过程，只会对提高学生素质、培养学生能力产生不利影响，反而会引起学生对教师的依赖和对知识的机械性学习，从而导致学习和考试的焦虑。因为教师的过多干预，使得学生在学习过程中出现"齐加尼克效应"。就像家长一样，应该让孩子有更多的自主成长的空间，教师对待学生也应如此。教师应该学会对抗自己的齐加尼克效应，在课堂教学中，教师应当根据教学的具体内容、结合学生的实际情况，认真做好引导学生的角色，充分发挥学生的主体作用，启发学生思考和想象。例如，在习题讲解中，不需要从头讲到底，分析过程要掌握"火候"，及时"刹车"，让学生接替你的"工作"，要知道"百闻不如一见"，而"百见不如一做"，让学生拥有自主探索和解决问题的学习能力是教育的重要目标。

**（二）婚恋家庭**

婚恋家庭中，有时候我们不得不同时面对很多未完成的任务。比如，未还完的房贷车贷，监督小孩完成作业，吃完饭后厨房的一片狼藉，如此等等。这时齐加尼克效应发挥影响，使得人们烦躁、焦虑，进而导致家庭不和睦，夫妻之间小摩擦增加。因此，想要创建和睦的家庭关系就需要知道如何处理好齐加尼克效应。人们可以试着提高自己的控制力来疏解自己的焦虑，比如试着做自己最擅长的，或者容易一些的事情。另外，人们还可以将自己需要完成的任务列一份清单，一项项任务完成后打钩。尤其是面对繁琐复杂的家务活来说，家庭主妇采用这种方式一定程度上消减没完成工作带来的焦虑，从而有效缓解压力。

**（三）人际交往**

每个职场人都会遇到不同程度的人际压力，所以人际交往中也存在"齐加尼克效应"。现代社会竞争压力越来越大，处理人际关系，不仅需要智商，也需要情商。有人说："大公司是做人，小公司是做事"。很多时候即便努力了很久，也不一定得到领导或老板的赏识和认可，无法获得职位的晋升。但是需要注意的是，不要因为工作中的负面情绪迁怒他人，不要将这些压力带给自己身边的亲朋好友而影响了自己的人际关系。在感到工作压力而疲惫时，可以适当休息，补充睡眠，避开焦虑的峰值，以此来有效回避因为齐加尼克效应导致的关系摩擦。另一方面，当了解了齐加尼克效应后，我们也要学会多多体谅他人，在他人心烦意乱的时候，尽量不与其产生冲突，这对维持良好的人际关系至关重要。

### （四）单位工作

随着当代科学技术的飞速发展和知识信息量的增加，作为"白领"阶层的脑力劳动者，其工作节奏日趋紧张，心理负荷日益加重。特别是脑力劳动是以大脑的积极思维为主的活动，一般不受时间和空间的限制，是持续而不间断的活动，紧张也往往是持续存在的。在实际工作中，他们大多无法集中精力专注一项工作，往往几项工作交叉在同一段时间内来完成，这种大脑不间断的工作和身心的焦虑带来的"齐加尼克效应"在单位工作中普遍存在着。有些压力是良性的，能让人振作和亢奋。但因超出个人精力和能力范围的事务性压力则会导致"齐加尼克效应"，使我们更疲惫。这种长期用脑过度，精神负担过重，引起能量减低而产生的疲劳无法从休息中得到完全补偿的话，久而久之，就酿成了知识分子最常见的多发病之一——神经衰弱症。如果对快节奏的工作处理不当或不能适应，则会诱发身心疾病。因此，单位工作中，分清轻重缓急，聚焦重要任务，缩短工作时期，提高八小时内工作效率。当你全身心攻克了某个难关，或完成了一件重要工作，达到"柳暗花明又一村"的境地时，心情会豁然开朗，愉悦之情油然而生，这种完成任务后的欢愉对抒解心理紧张、促进身心健康是极其有益的。

## 四、齐加尼克效应的启示

### 启示一：学会自我放松，提高工作效率

在高度紧张之时，更应注重给自己放个小假。每天都给自己一定的休息时间，养成散步的习惯或是定期旅游，尽量让高度紧张的精神得以放松。科学地安排工作、学习才是美满生活的有效途径。对待事业上的挫折要有清醒的自我认知和坦然宽广的胸怀，不执迷于某个结果，而追求过程中的成长，也是心理成熟的一个标志。每天保证一小时体育锻炼，找到适合自己的体育运动是能坚持下去的关键因素。适当的体育锻炼，不仅能增

强体质，还能放松身心，娱乐生活。

### 启示二：学会主动减压，注重心理调节

对于超出能力范围的目标和欲望，学会放手。通过其他形式上的满足来填补代偿，或是改变自己的认知来自我宽慰、自我解嘲，或是充实自己的生活，转移焦点，使自己没有时间去顾虑、踌躇或后悔。采取制定小目标的方式，一步步去完成，获得自我效能感，加强对自我和未来的信心。生活总是充满挑战，压力固然存在，前进的道路总是潜藏着小怪兽，我们就配备好大无畏的冒险家态度去应对它。在成长的过程中，学会承认焦虑与紧张的存在，学会与自己的焦虑和紧张坦然相处，但也坚信通过自我心理调节，这些难关终会渡过，最后这些阻挠都会变成永恒的财富武装在身，陪伴左右。

# 约拿情结

## 一、名词释义

约拿情结是指个体对成长恐惧，对成功畏惧的一种心理现象。

## 二、发现背景

"约拿情结"是美国著名心理学家马斯洛提出的一个心理学名词。他在《人性能达的境界》一书中称这种情结为"对自身杰出的畏惧"或"躲开自己的最佳天才"。我们害怕变成在最完美的时刻、最完善的条件下，以最大的勇气达到所能设想的样子，但同时我们又对这种可能非常地追崇。这种对最高成功、对神一样伟大的可能既追崇又害怕的心理，便是约拿情结。它来源于心理动力学理论上的一个假设："人不仅害怕失败，也害怕成功。"它反映了一种"对自身伟大之处的恐惧"，是一种机遇面前自我逃避、退后畏缩的心理，是一种情绪状态，并导致我们不敢去做自己能做得很好的事，甚至逃避发掘自己的潜力。在日常生活中，约拿情结可能表现为缺少上进心，或称"伪愚"。它有两个基本特征：一方面是表现在对自己，另外一方面是表现在对他人。对自己，其特点是：逃避成长，拒绝承担伟大的使命。对他人，其特点是：嫉妒别人的优秀和成功、幸灾乐祸于别人的不幸。"约拿情结"充分反映了人类的心理是复杂而奇怪的：我们渴望成功，但当面临成功时却总伴随着心理迷茫；我们自信，但同时又自卑；我们对杰出的人物感到敬佩，但总是伴随着一丝敌意；我们尊重取得成功的人，但面对成功者又会感到不安、焦虑、慌乱和嫉妒；我们既害怕自己最低的可能状态，又害怕自己最高的可能状态。

### 三、生活应用

#### （一）学校教育

我国人民素来以谦逊这一美德被赞誉，传统的继承使得人们都喜欢"低调"的言论和行动，讨厌甚至敌视喜欢"高调"行事的个体。学校教育中，也经常会听到这样一句俗语——"枪打出头鸟""人怕出名猪怕壮"等等，这些观念就一定是对的吗？不然，这就是"约拿情结"在学校教育中的典型表现。从马斯洛的需要层次理论来看，每个学生都有追求成长、渴望成功和自我实现的内心冲动，但长期的生活经验和老师的教导却告诉他们，张扬的个性和行为是不受欢迎的，这就导致了许多学生在面对老师和同学们时要像变色龙一样披上谦虚的外衣，隐藏自己的真实情感，以防冒犯别人而遭到众人的敌视。例如，在学校中当老师推荐优秀的同学去参加重大比赛时，同学们往往表现出为难、恐惧的心理，很难当机立断，需要在老师反复地鼓励下才会勉强答应。教育理念的偏差使得"约拿情结"的种子很容易在孩童时期就深埋在学生们的心里。为此，在学校教育中，要实施科学教学，鼓励学生发表见解，勇于表现，从根源上摆脱"约拿情结"。

#### （二）婚恋家庭

自我国高等教育进入普及化以来，高学历女性的比例逐年提升，这与传统印象中"女子无才便是德"的情况大相径庭。然而，优秀的学业并没有让她们在成立的家庭中更有吸引力。相反，随之而来的是社会大众对高学历单身女性的歧视问题，各种带有贬低、偏见的标签应运而生。"约拿情结"在婚恋家庭关系中的表现体现在，高学历女性在寻找婚恋伙伴时，虽倾向于选择更加优秀的男性，但往往在有机会与优秀男性建立关系时又出现不自信、恐惧心理和退缩行为，从而放弃。随着高学历女性年龄的增长，匹配到合适男性伴侣的机会也会随之降低，迫于社会、家庭等多方面压力，多数人会"草草了事"，选择一个与自己条件不相匹配的伴侣进而恋爱结婚。婚恋关系的确立不是一蹴而就的，而是一个循序渐进的过程。只有相识，才能相知直至相恋。为此，克服"约拿情结"所带来的恐惧，第一步就是树立自信，相信自己，只有勇敢迈出交往的第一步，才可能把握机会，收获爱情。

### （三）人际交往

根据班杜拉的社会学习理论，个体行为的获得是通过对榜样的学习，并且我们从小就接受"要向优秀的同学学习"这样的教育理念，所以名列前茅的学生是其他同学学习的榜样之一，理应受到其他学生的拥护。然而奇怪的是，在学校、班级中往往存在这样一种现象，成绩名列前茅的同学看起来总是没有学习成绩一般的同学"受欢迎"。为什么会这样呢？排除成绩优异的同学们的性格影响，这种现象就是"约拿情节"在学生人际交往中的具体表现，即"约拿情结"使得同学们对优秀与成功产生了的一种恐惧，名列前茅本身就是一种学业成功的象征，因此这种恐惧抑制了同学们主动与成绩优异学生的接触，导致他们看起来"不受欢迎"的假象。要消除这种现象，帮助同学们建立稳固的友谊，老师们要引导学生们多多了解、相互接触，以此来克服恐惧，解除"约拿情结"在人际关系中的消极影响。

### （四）单位工作

不少企业都将奋斗、创新、拼搏精神作为企业文化，期望通过激励和价值引导培养出优秀的从业者。在各类单位中，也不乏资质优秀，才艺出众的人。然而，我们不难发现，面对工作机遇和表现机会，不少有能力承担任务的人不是勇于接受工作机会或自信地展现个人能力，而是更多地抱着"我还是别出风头了吧""这份工作我是不是能做好""万一没完成好会不会对我的职业生涯造成负面影响""这次成功了，下次领导万一又找我怎么办""这次就算了，下次准备好再说"……的心态，持着观望的态度，选择"潜水"，或是退缩不前；而当身边的其他同事抓住机遇获得成绩时，内心又十分羡慕或是嫉妒，渴望能同样获得成功，同时伴随着对自身的责备，但当下次机遇来临时，依旧是踌躇不前，畏惧使命，逃避成长。这些都是单位工作中常见的"约拿情结"现象。事实上，人的一生能遇到的机遇并不多，其中工作单位能给个人提供的机遇占据着较大比例，"约拿情结"的存在给职业生涯发展和价值提升带来了不小的阻力，只有克服"约拿情结"，才能有效发挥自身价值，激发更多的能量，产生更多的获得感、成就感和认同感。

## 四、约拿情结的启示

### 启示1：随心所欲，顺则成人

"约拿情结"告诉我们，虽然很多人面对真实的自我都是优柔寡断，缺乏勇气的，可是不和真实的自己接触，就会永远错失了解自己的机会，永远活在"我本可以这样，本可以那样"的懊恼和悔恨里。为什么会出现这种"我本可以更优秀，但却显得很平庸"的现象呢？这是因为每个人内心都有两个自我，其中一个是"顺"的自我。所谓"顺"的自我，是指人们顺从自己内心偏舒服的声音，如顺从自己的心意、习惯、欲望，乃至惰性。整天过着充实且碌碌无为的生活，掉进了"约拿情结"的陷阱，最终只能成为一般意义上的"人"！

### 启示2：激流勇进，逆则成才

"约拿情结"告诉我们不仅要倾听"顺"的自我，还要学会倾听"逆"的自我。所谓"逆"的自我，就是倾听内心另一个"敢于突破自己、超越自己"的自我，"需要打破常规"的自我，就是"要变得更好"的自我。尤其是当你在接近自己渴望的目标时，正是内心"成功"与"失败"双重压力斗争最激烈的时候，这时更需要我们鼓起勇气来打破内心压力的平衡，让"逆"的自我勇敢地表现出来。虽然这样做也许有些痛苦，但只有这样你才能真正地走向你内心所渴望的目标，而不是一直压抑它，埋藏于你的内心之中。正因为如此，我们希望每个人要尝试去做你们不喜欢做的事情，逆流而上，才能真正挖掘你的潜能，实现自我的另一面，让自己成为一个有"才"之人，最终成为一个完整的"人"。

# 参考文献

［1］Amanda.《踢猫效应：一种心理疾病的传染》.《职业教育（上旬刊）》.2020-03-10.

［2］白洁；马惠霞.《对暗示的心理学分析》.《中共山西省委党校学报》.2006-02-01.

［3］边极.《心理效应三则》.《冶金企业文化》.2016-10-20.

［4］边玉芳.《人际互动中的"首因效应"——洛钦斯的"第一印象"效应实验》.《中小学心理健康教育》.2012-12-15.

［5］曹君芝.《巧用霍桑效应，打造高校团队》.《新课程（中学）》.2012-12-08.

［6］曹志鹏；刘刚.《警惕日常管理中的"踢猫效应"》.《企业管理》.2015-01-15.

［7］陈宝田.《"蝴蝶效应"的启示》.《安全与健康》.2006-10-10.

［8］陈海芹.《毕业班学生为何学习如此紧张——析心理学中的齐加尼克效应》.《大众心理学》.2003-10-15.

［9］陈海英.《你的满足延迟了吗》.《知识就是力量》.2012-04-01.

［10］陈剑.《基于蝴蝶效应的客户投诉风险管控机制研究》.《机电信息》.2021-05-11.

［11］陈珏.《浅谈教育中的心理效应——贴标签效应》.《教育前言（理论版）》.2008-03-15.

［12］陈礼仁.《二八定律在学生管理中的应用》.《中小企业管理与科技（下旬刊）》.2011-10-25.

［13］陈云南.《蝴蝶效应与预防群体性事件》.《江西公安专科学

校学报》. 2008-03-20.

　　[14] 程蒙. 《郎才女貌的二八法则》. 《财会月刊》. 2013-03-15.

　　[15] 褚永杰. 《从众效应在学生教育中的反思》. 《文教资料》. 2012-10-05.

　　[16] 崔慧娟; 孙福新. 《四种心理效应在教育细节上的应用》. 《班主任之友》. 2006-05-01.

　　[17] 崔萍. 《职场中的"心理效应"》. 《心理与健康》. 2013-08-11.

　　[18] 邓伟; 张秋芳; 宣华. 《"蝴蝶效应"在高校教务管理中的应用》. 《黑龙江教育（高教研究与评估）》. 2012-10-22.

　　[19] 丁钢伟. 《"半途效应"须防范》. 《人民武警报》. 2018-11-11.

　　[20] 董源源. 《心理效应在中学历史教学中的运用——以《美国的独立》一课为例》. 《时代报告（奔流）》. 2021-02-20.

　　[21] 冯丹. 《马太效应对现代管理的启示》. 《合作经济与科技》. 2009-04-01.

　　[22] 傅慧秋. 《心理效应与班级管理》. 《办公自动化》. 2007-06-15.

　　[23] 高巧利. 《从首因效应谈对大学生的个人礼仪教育的必要性和对策》. 《华章》. 2010-05-10.

　　[24] 耿志刚. 《谨防产生"德西效应"》. 《秘书工作》. 1994-06-15.

　　[25] 龚艳萍; 陈胜. 《群体极化现象研究综述》. 《价值工程》. 2013-11-18.

　　[26] 郭韶明. 《"踢猫效应"与"吸引力法则"》. 《冶金企业文化》. 2011-04-20.

　　[27] 郭毅然. 《道德教育中恐惧唤起的社会心理分析》. 《教育学术月刊》. 2010-12-20.

［28］郝琦，麦清．《"莫扎特效应"与音乐治疗》．《天津市教科院学报》．2005-08-25．

［29］何清，肖久灵．《〈孙子兵法〉的"赏罚"思想对现代企业管理的借鉴》．《北方经贸》．2005-04-25．

［30］何欣梅．《浅谈马斯洛层次需要论与企业管理》．《中小企业管理与科技（下旬刊）》．2009-01-01．

［31］贺茂臣；王中卫．《"蝴蝶效应"的启示》．《经营管理者》．2008-11-20．

［32］侯建成；刘昌．《国外有关音乐活动的脑机制的研究概述——兼及"莫扎特效应"》．《中央音乐学院学报》．2008-02-15．

［33］侯玉峰．《"破窗效应"在农民信息服务的反向应用探讨》．《浙江农业科学》．2012-09-11．

［34］胡慧珍．《空白效应在构建外国诗歌欣赏专题网站中的运用》．《语文学刊（外语教育与教学）》．2009-03-05．

［35］胡颖．《"过度理由效应"在体育教学中的应用》．《博击（体育论坛）》．2009-07-18．

［36］华章．《十大经典管理效应的营销启示》．《现代营销（经营版）》．2010-04-15．

［37］黄罗家．《校园文化的蝴蝶效应》．《科技资讯》．2008-04-13．

［38］黄盈．《浅析几种心理学理论对教育管理的启示》．《邢台职业技术学院学报》．2010-12-28．

［39］吉纳．《心理效应三则》．《冶金企业文化》．2016-02-20．

［40］季光旭；汤效禹．《心理效应对企业经营十启示》．《齐齐哈尔师范高等专科学校学报》．2010-11-25．

［41］季金凤．《浅谈心理效应在教育教学中的应用》．《教育理论与实践》．2013-12-20．

［42］蒋婷．《别当坏情绪的"踢猫"者》．《家庭医药》．2015-08-01．

［43］金磊.《从首因效应引论证据认知制度的科学构成》.《广州市公安管理干部学院学报》. 2011-06-20.

［44］鞠慧卿.《生活中的"旁观者效应"》.《中小学心理健康教育》. 2013-08-01.

［45］康民.《齐加尼克效应》.《养生月刊》. 2002-11-25.

［46］康钊.《登门效应在心理健康教育中的运用》.《教学与管理》. 2006-11-20.

［47］兰素萍.《在英语教学中巧用"拆屋效应"》.《考试周刊》. 2013-03-12.

［48］雷同.《从"鸟笼效应"激活学习——谈如何给中职学生学习的动力》.《时代教育》. 2014-01-23.

［49］李方.《几种心理效应在班主任工作中的应用》.《考试周刊》. 2011-01-04.

［50］李刚.《浅析激励与德西效应》.《科技信息（学术研究）》. 2008-03-25.

［51］李佳勋.《马太效应下的高校教师薪酬激励策略重构》.《河南师范大学学报（哲学社会科学版）》. 2013-09-10.

［52］李军兰.《利用"心理效应"增强课堂吸引力》.《中国体育报》. 2008-04-16.

［53］李兰瑛.《交流从对话开始对话从心开始——吴正宪课堂教学中"心理效应"的运用和启示》.《中小学教材教学》. 2015-01-05.

［54］李曼.《宗教"晕轮效应"下的美国对外政策研究》.《吉林省教育学院学报》. 2009-08-05.

［55］李美华.《利用社会助长效应和社会抑制效应进行有效教学》.《考试周刊》. 2011-03-25.

［56］李强.《运用心理效应给图书馆工作的启示》.《成功（教育）》. 2012-03-08.

［57］李瑞琴.《运用效应理论优化教育教学》.《赤峰学院学报（自然科学版）》. 2006-02-25.

［58］李绍元；张志忠.《"南风法则对企业人力资源管理的启示"》.《职业》. 2007-06-01.

［59］李士红.《班级管理中的暗示效应》.《班主任》. 2011-01-01.

［60］李巍；王玉芹.《对"需要层次论"的深入理解和借鉴》.《长春理工大学学报（社会科学版）》. 2003-08-15.

［61］李文献.《"南风效应"对心理健康教育的启示》.《中小学教学研究》. 2005-03-30.

［62］李扬.《从四个效应谈团队研发能力建设》.《企业家天地》. 2009-01-10.

［63］李扬.《"多米诺骨牌效应"在少儿阅读推广中的应用探析——以开封市图书馆少儿阅读推广系列活动为例》.《科技视界》. 2018-09-05.

［64］李云清；安军；寸若标；赵湘；杨颖飞.《身体素质教学运用霍桑效应对教学效果影响的分析研究》.《考试周刊》. 2007-04-30.

［65］梁其才.《正确认识高校新生中的"巴纳姆效应"现象》.《辽宁行政学院学报》. 2009-10-20.

［66］廖军和，冯宇.《趣谈心理效应》.《心理世界》. 2000-06-15.

［67］林慧娜.《把心理效应引入中职语文课堂》.《语文教学与研究》. 2010-03-15.

［68］刘加柱.《莫扎特效应与音乐疗法》.《大舞台》. 2010-12-20.

［69］刘军.《"温水效应"的启示》.《党建与人才》. 2002-04-05.

［70］刘雷.《教育领域中的"蝴蝶效应"》.《语数外学习（数学教育）》. 2013-06-29.

［71］刘青.《面试中的心理学小技巧》.《工友》. 2021-03-15.

［72］刘荣付.《育儿中的手表定律》.《心理与健康》.

2013-12-11.

　　［73］刘世伟.《思想政治教育过程中的过度理由效应浅析》.《学理论》. 2009-10-25.

　　［74］刘志海.《霍桑效应：额外关注会提升员工绩效》.《中国建材》. 2007-04-06.

　　［75］龙曼莉.《大学英语教学中"马太效应"的分析与对策》.《长春教育学院学报》. 2014-02-14.

　　［76］吕斌.《丽人走职场，打好"阿伦森效应"牌》.《校园心理》. 2007-12-01.

　　［77］吕斐宜.《社会心理学视野中的医生道德问题研究》.《湖北社会科学》. 2007-03-10.

　　［78］吕英.《农村留守儿童的社会心理学视角解读》.《校园心理》. 2011-08-01.

　　［79］陆杰.《几种心理效应给图书馆工作的启示》.《山东图书馆季刊》. 2007-06-30.

　　［80］陆晓明；卜伟.《利用首因效应提高高校工资管理工作质量》.《辽宁经济》. 2009-05-15.

　　［81］罗洪程.《试析鲶鱼效应及其在领导艺术中的运用》.《黑河学刊》. 2003-05-30.

　　［82］罗茂才.《英语课堂教学中的"空白"效应》.《中小学教材教学》. 2004-03-10.

　　［83］罗仕奎.《懒蚂蚁效应——懒于杂务，才能勤于动脑》.《北京农业》. 2011-03-15

　　［84］马彩霞.《营造后进生转化工作中的良性蝴蝶效应》.《教育科学论坛》. 2007-02-28.

　　［85］马际娥.《巧用心理效应，提高德育效果》.《青少年研究（山东省团校学报）》. 2005-12-30.

　　［86］马利文.《阿西效应》.《人民教育》. 2000-04-25.

　　［87］马燕.《浅析"首因效应"》.《科教文汇（上旬刊）》.

2009-11-10.

［88］毛世英.《打破墨菲定律的"诅咒"》.《人力资源》.
2014-08-01.

［89］南江霞.《心理效应及其在数学课堂教学中的实证研究》.
《学理论》.2010-09-30.

［90］倪晟喻.《心理学效应在政治教学中的巧用》.《中学教学参
考》.2017-01-01.

［91］倪云华.《请做我的皮格马利翁》.《工友》.2021-04-15.

［92］潘道奎.《把握学生心理促成教育有效——刍议善用心理效应
管理教育学生》.《中学教学参考》.2012-04-01.

［93］潘丽琴.《妙解"心理效应"HOLD住音乐课堂》.《画刊（学
校艺术教育）》.2012-11-15.

［94］彭红.《首因效应对高职课堂教学的影响及其对策》.《无锡
职业技术学院学报》.2012-01-20.

［95］齐治平.《手表定律》.《决策》.2014-09-05.

［96］钱玉娟.《如何打破中学化学教学中的天花板效应》.《新课
程研究（上旬刊）》.2015-09-01.

［97］秦秋香.《论激励管理中的"德西效应"》.《河南商业高等
专科学校学报》.2007-07-15.

［98］秦旭芳；赵静.《心理学效应在幼儿行为塑造中的运用——
"阿伦森效应"巧用》.《教育导刊（下半月）》.2012-02-15.

［99］邱兆兰.《活用"空白效应"的智慧》.《小学时代（教
师）》.2010-03-01.

［100］阮直.《懒蚂蚁的价值》.《意林》.2015-12-25.

［101］若黎.《心理现象：巴纳姆效应》.《科普天地（资讯
版）》.2009-01-15.

［102］邵敏.《班级管理巧用"从众心理"》.《科教导刊（上旬
刊）》.2012-11-05.

［103］沈裔.《不容忽视的"蝴蝶效应"》.《小学教学参考》.

2007-07-25.

［104］史歌．《基于提升地铁品牌形象的乘客心理效应应用》．《甘肃科技》．2014-02-15.

［105］孙振华．《小学高年级学生逆反心理的成因与对策》．《教育教学论坛》．2010-10-05.

［106］汤金洪．《妙用"角色效应"转化后进学生》．《安徽教育》．2003-04-25.

［107］唐名淑．《大学生心理咨询中"安慰剂效应"的应用策略》．《达县师范高等专科学校学报》．2006-03-10.

［108］唐宁．《手表定律》．《河南教育（下旬）》．2012-11-20.

［109］唐宁．《巴纳姆效应》．《河南教育（职成教版）》．2013-02-16.

［110］佟云飞．《警惕霍布森选择效应》．《师道》．2007-08-05.

［111］王蓓．《"青蛙效应"引发对过度包装的再思考》．《西安美术学院硕士论文》．2009-03-01.

［112］王鸿政．《从"酸葡萄"与"甜柠檬"心理说开去》．《中国教师报》．2005-11-02.

［113］王建芳．《新解马斯洛需求层次论》．《人力资源》．2020-08-07.

［114］王乐乐；斯姣．《基于"懒蚂蚁效应"的创新型人才管理探究》．《巢湖学院学报》．2019-01-25.

［115］王力纬．《过度理由效应：以结果为导向的思路没意义》．《期货日报》．2018-05-02.

［116］王丽萍．《生物教学中的"空白"效应》．《中学生物教学》．2005-08-25.

［117］王丽霞．《心理效应在读者服务工作中的应用》．《当代图书馆》．2009-09-15.

［118］王梅．《苏东坡效应》．《校园心理》．2006-08-01.

［119］王明慧．《论名人效应在图书馆中的应用》．《世纪桥》．

2012-06-10.

[120] 王茹. 《"首因效应"的特点及在"职场"中的运用》. 《河南职业技术师范学院学报（职业教育版）》. 2006-10-28.

[121] 王小鱼. 《巧用职场中的"近因效应"》. 《工会博览（下旬刊）》. 2012-05-20.

[122] 王秀利. 《浅议工作中的情感效应》. 《中共山西省委党校学报》. 2006-04-01.

[123] 王雪祥. 《心理暗示在治疗疾病中的作用》. 《双足与保健》. 2012-06-15.

[124] 王之强；胡春光. 《巧借心理效应助力学生成功》. 《青年教师》. 2007-09-15.

[125] 王治衡. 《自己人效应》. 《小学科学（教师论坛）》. 2011-05-25.

[126] 王智明；钟宇静. 《利用"心理效应"增强高校体育课堂吸引力》. 《辽宁工业大学学报（社会科学版）》. 2009-08-15.

[127] 吴宾；赵清. 《心理学效应启示录（三）权威效应&投射效应》. 《中国西部》. 2014-11-19.

[128] 吴传开. 《"刺猬效应"对作文教学的启示》. 《江苏教育》. 2020-11-08.

[129] 吴敏. 《月朦胧，人朦胧：晕轮效应》. 《大众科学》. 2019-01-15.

[130] 吴溢华. 《"破窗效应"在农民信息服务的反向应用探讨》. 《浙江农业科学》. 2021-02-08.

[131] 吴子成. 《消费之从众心理与攀比心理比较》. 《中学政治教学参考》. 2007-10-10.

[132] 伍志鹏；龚新云. 《"过度理由效应"对教育的启示》. 《当代教育论坛》. 2006-09-18.

[133] 西门媚. 《爱情的马太效应》. 《意林》. 2017-12-27.

[134] 夏帮青. 《走出生物教学心理效应运用的认识误区》. 《中学

生物教学》. 2010-12-10.

[135] 肖峰. 《心情快乐体操-心理知识注意"齐加尼克效应"》. 《人民军医出版社》. 2012-04-01.

[136] 肖祥云. 《人际交往中的"异性效应"》. 《家庭中医药》. 2007-07-08.

[137] 解筱文. 《安全生产与"蝴蝶效应"》. 《安全与健康》. 2004-09-25.

[138] 徐洪进. 《留守儿童自卑心理矫治的六大心理效应》. 《小学时代（教育研究）》. 2014-02-08.

[139] 徐莎莎. 《浅谈课堂气氛中的从众效应》. 《读与写（教育教学刊）》. 2011-01-15.

[140] 徐政权；薛立强；胡子美. 《体育教学中的鸡尾酒会效应与遮蔽效应研究》. 《体育科技文献通报》. 2015-10-20.

[141] 许建阳. 《玩转阿伦森效应》. 《保健时报》. 2010-01-14.

[142] 许亮生. 《安慰剂效应的启迪》. 《职业》. 2013-09-01.

[143] 许娜. 《心理学中的巴纳姆效应》. 《发现》. 2009-02-01.

[144] 许伟泽. 《后进生转化中的若干心理效应》. 《教育科学研究》. 2004-05-20.

[145] 许永杰. 《现代白领与齐加尼克效应》. 《生活与健康》. 2001-04-15.

[146] 鄢静. 《人际交往中的心理效应》. 《大众心理学》. 2004-03-15.

[147] 杨丙涛. 《班级管理中的半途效应》. 《班主任》. 2012-01-01.

[148] 杨凤娟. 《从"首因效应"谈大学生求职面试的礼仪》. 《辽宁广播电视大学学报》. 2012-02-15.

[149] 杨立行. 《不要让孩子的思想成为别人的复制品——从众效应》. 《家长》. 2016-02-01.

[150] 杨睿；肖威；张杰. 《我国通货膨胀预期的影响因素研究——

基于锚定效应理论与应力学理论》.《北方经贸》.2011-04-15.

[151]杨杨.《安慰剂："假药"也能治病》.《新知客》.
2008-12-01.

[152]杨业鸿.《语文教学中的角色效应》.《科学教育》.
2001-07-30.

[153]姚小林.《心理效应在学困生转化中的妙用》.《新课程研究
（基础教育）》.2007-10-15.

[154]叶士舟.《巧用"巴纳姆效应"寻找情感交汇点》.《班主任
之友》.2009-03-01.

[155]游宇.《马斯洛需求五层次中的八零后消费者行为特征》.
《企业研究》.2010-07-25.

[156]余俊婷.《关于德西效应对小学啦啦操训练兴趣的影响探
究》.《考试周刊》.2019-08-16.

[157]禹丰.《多米诺骨牌效应》.《理财》.2009-03-01.

[158]袁爱玲.《几种效应对教育者的启示》.《教育导刊.幼儿教
育》.2004-11-15.

[159]翟星红；仲子午.《蝴蝶效应与普世伦理》.《扬州教育学院
学报》.2013-06-30.

[160]张剑；宋亚辉；刘肖.《削弱效应是否存在：工作场所中内外
动机的关系》.《心理学报》.2016-01-15.

[161]张金平.《"黑天鹅效应"与"蝴蝶效应"》.《农药市场信
息》.2017-01-01.

[162]张菊香.《"二八定律"在医院人力资源管理中的应用》.
《中国误诊学杂志》.2008-11-05.

[163]张军.《破窗效应》.《科学大众（中学版）》.
2009-07-10.

[164]张梅花.《中职班级管理中巧用心理学效应》.《文教资
料》.2011-11-05.

[165]张宁.《对教育中"态度定势"的理性思考》.《牡丹江大学

学报》. 2012-02-25.

[166]张仁玉；吴国强.《蝴蝶效应下的经济学》.《商品与质量》. 2011-06-15.

[167]张锐，高琪.《班级管理中的二十五种心理效应》.《教学与管理》. 2001-11-10.

[168]张淑虹.《巧用心理效应开展德育工作》.《教育家》. 2018-04-22.

[169]张文彩；袁立壮；陆运青；罗劲.《安慰剂效应研究实验设计的历史和发展》.《心理科学进展》. 2011-08-15.

[170]张文文.《从"蝴蝶效应"看社会治安》.《中国-东盟博览》. 2012-06-20.

[171]张小明.《"比马龙效应"与适度激励》.《医药经济报》. 2004-04-19.

[172]张晓燕；王飞.《走出晕轮效应的迷宫》.《考试周刊》. 2008-06-10.

[173]张岩.《浅谈皮格马利翁效应及其在学生教育中的应用》.《商品与质量》. 2011-06-15.

[174]张彦军.《英语课堂教学中的"空白"效应》.《教学与管理》. 2005-01-25.

[175]张玉红.《在"童言课"中巧用心理效应》.《中小学心理健康教育》. 2019-05-01.

[176]章立早.《心理效应的管理启示》.《企业改革与管理》. 2011-02-15.

[177]赵春林.《从众效应》.《大众心理学》. 2017-04-10.

[178]赵俊国.《运用心理效应构建和谐师生关系》.《教育实践与研究（B）》. 2014-04-25.

[179]赵朋生.《浅析心理学中的暗示效应》.《青年文学家》. 2010-07-08.

[180]赵文汉.《几组流行心理效应的误读》.《班主任之友》.

2007-06-01.

［181］赵湘；李云清.《排球课教学运用霍桑效应对教学效果影响的分析研究》.《中国科技信息》. 2007-07-01.

［182］者永涛.《巧用心理效应促进学生成长》.《成功（教育）》. 2009-01-15.

［183］郑美群；李聪.《警惕员工激励中的"过度理由效应"》.《中国人力资源开发》. 2010-12-15.

［184］郑艳宇.《五种心理效应在教育过程中的运用》.《中小学心理健康教育》. 2003-03-15.

［185］志刚.《谨防产生"德西效应"》.《办公室业务》. 1994-08-15.

［186］周丁宇.《投资中的"手表定律"》.《理财》. 2013-04-01.

［187］周林.《催眠的原理与暗示效应》.《心理世界》. 2006-10-06.

［188］周敏；刘大君.《警惕基层管理中的"踢猫效应"》.《政工学刊》. 2012-08-01.

［189］周尚全；靳小群.《教育中几个心理效应的运用》.《语文学刊》. 2015-08-15.

［190］朱富强.《期望效用理论是现实生活的决策基础吗？——基于前景理论的反思》.《浙江工商大学学报》. 2013-05-15.

［191］朱玉萍；龙丽红.《用好心理效应和谐师生关系》.《湖北三峡职业技术学院学报》. 2006-12-10.

［192］朱远征.《〈体育与健康〉教学中的"空白"效应》.《体育教学》. 2004-11-15.

［193］祝传清.《合理利用心理效应提高班级管理效率》.《教育教学论坛》. 2013-12-25.

［194］庄选时；张应高.《社会惰化现象剖析》.《湖南经济管理干部学院学报》. 2006-11-20.

# 后　记

　　人类心理现象与其说"神秘"，倒不如说是"隐秘"。隐藏在说话者的语言里，隐藏在说话者的表情里，隐藏在说话者的动作里等等，加上说话者的主观修饰以及听话者的主观臆测，从而造成理解的偏差。正是因为"隐秘"，所以有时候我们对自身的心理及行为都难以做出合理的解释，即所谓的"当局者迷"。那么，如何对自身及他人的心理现象进行充分了解，并对其进行有效预测呢？这就需要我们对纷繁复杂的心理现象上升到规律性认识——心理效应。

　　心理效应是对人类心理规律的揭示，是心理学领域研究智慧的结晶，如何让人们更好地了解心理效应，实现心理学的应用价值，在当今社会显得尤为重要。然而，纵观已有的相关书籍，要么侧重于纯粹的理论介绍，要么侧重于简单的经验概括，鲜有学者把二者有效结合。为此，在前人研究的基础上，我们遵循"名词解释-发现背景-生活应用-经验总结"的逻辑思路，探讨心理效应及其在日常生活中的运用，以期对读者朋友有所裨益。

　　内容组织上，全书共收集78个心理效应，每一心理效应的阐释主要包括四个部分："名词释义"——该效应的心理学解释、"发现背景"——效应概念提出的背景介绍、"生活应用"——该效应在不同生活情境中运用的实例及操作技巧介绍，以及"经验总结"——该效应对人们生活的启示。其中重点论述内容为"生活应用"，其具体包括"学校教育""婚恋家庭""人际交往"以及"单位工作"四个部分，力求以相关实例的呈现给予读者实际操作的经验。

　　本书贴近人们实际生活的各个层面，不仅在理论探讨部分具有一定创新性，实践上尤为关注不同心理效应在实际生活中的运用及其技巧，即以生活过程中人们常见的心理现象为主线，然后遵循"理论指导"和"实践经验"为原则，从具体的案例入手，介绍相关效应的实用案例，这既增加了本书的可读性，也拉近了理论与实践的距离，有利于读者将理论应用于实践，跨越理论与操作的鸿沟。

本书的受益群体大致可以分为五类：一是教育者，既包括教育管理者，也包括从事教育一线工作的教育教学人员，他们是希望借助心理学与教育学的理论改善教学效果、助力学生发展的人；二是关心婚恋家庭的人，他们是希望得到心理学的理论及实践指导，从而营造和谐家庭氛围的人；三是希望提升人际交往能力的人，他们亟需借助心理学的原理与方法，改善人际关系、提升人际交往水平的人；四是企事业单位管理者，他们是关心员工心理健康、希望鼓舞士气，从而提升员工工作效率的人；五是对心理学抱有兴趣的人，他们是希望从心理学中了解人性、激发人性，从而发掘人生潜能的人。

在本书即将付梓之际，除了感谢编写组的辛苦付出外，还要感谢合作单位的大力支持。其次，本书在编写过程中，参考学界已有相关论述并在文后加以标注，若有错引或漏引之处，敬请及时指出，再版时一定加以更正；另外，特别感谢南通大学教育科学学院应用心理专业191和192班的同学们，从资料的收集、整理，到部分初稿的撰写和润色工作，默默地为本书付出了大量的智慧和精力。此外，孙苗苗、贺金山、刘星雨、杨怡瑶等同学，都为本书做了不少的秘书工作，在这一并表示感谢。

编写此书不遗余力，唯望帮助读者朋友揭开心理现象的神秘面纱，使得人们了解心理学的价值，让心理学的思想从"天上"来到"人间"，走进寻常百姓家，真正服务于社会，改善人类生存的心理环境。然而，因编写团队学识所限，本书中定有不少粗疏之处，恳请诸位批评指正，以冀不断改进，日臻完善。

张鹏程

2021年8月

于南通大学啬园校区